凝煉知識品味閱讀

航行避碰與港區操船

方信雄 著

五南圖書出版公司 印行

自序

近年來，隨著科技精進，船舶科學不斷創新，除了航儀設備的提升改良外，在船舶噸位與容積上更是屢屢突破，市場上二萬TEU以上貨櫃船，乃至十五萬噸以上郵輪隨時可見。

然不論科技如何精進，關係船舶操縱的流體動力學說與阿基里德原理是不會改變的，但隨著船舶的大型化、電子化、自動化、快速化、精簡化的發展趨勢，促使人們不得不重新審視傳統船舶操縱方法與習慣。

「國際海上避碰規則」乃是船舶航行海上避免碰撞的基本指導原則，因而也成為全球海員的必修課目。遺憾的是，儘管所有海員都曾研習過避碰規則，但是能夠精準解釋與活用規則的卻不多，使得海上船舶碰撞率一直無法降低。故而本書特針對「國際海上避碰規則」的立法精神與旨意，逐條提出釋義與註解，並輔以實際案例解說，期以提升海員對避碰規則的了解與船舶避碰能力。

另一方面，船舶操縱為船藝的核心技術，但坊間有關船舶操縱著作多屬理論辯證與傳譯轉述，而有關操船實務解說者甚少，尤其被喻為船舶操縱科學核心中的核心的「港區操船」更是鳳毛麟角，此或許與有實務經驗者終日與船為伍，對日常慣行的匠人技藝視之理所當然，而欠缺著作動機有關。筆者回顧任職引水人二十年以來，深深體會到港區的操船技術的提升純因熟練所致，加諸在職場上與各國船長分享操船經驗與技術，因而特將在港區內的操船相關經驗匯集成冊，期以協助我同行新進及早掌握操船關鍵要領與技術。

此外，國家考試有關船舶操縱一門科目，常是應考人考試及格與否的關鍵，然卻苦於坊間操船書籍多係早期出版，對當下船舶操縱的相關新知甚少著墨，因而可供研習參閱的書籍甚少，爲此，本書特納入歷屆試題並提出建議解答，期以協助應考人順利通過考試。

目錄

第一章　海上航行與船舶碰撞的本質

1.1 海上航行與事故發生的背景因素

儘管科技發達，不同區域與洲際間的商業與經濟需求，至今仍需藉由海上運輸完成。而此運量龐大的運輸需求，一方面增進了作爲運輸工具的船舶間的相互連結、技術性規範，以及結構性產業的組成；另一方面，則讓港埠成爲海上運輸的起始與終端點站，更是水路系統的聚匯（輻輳）點（Convergence）。而貴爲海上運輸最關鍵所在的港埠，通常位處沿岸淺水區與交通輻輳水域，故而港區及其附近水域也是海上事故最易發生的場所。必須強調的是，船舶在空曠大海上航行，如不謹慎亦會發生碰撞事故的，只不過在沿岸與港區水域事故發生率相對較高而已。

眾所周知，船舶一旦發生事故，除會造成人命傷亡、財產損失外，更會對環境生態與社會民生帶來重大的負面影響。因此，從事故防範的角度來看，不論船舶發生事故地點是在大洋、沿岸水域或港區內，都必須以相同的態度嚴肅面對。

另一方面，海上運輸的主體——船舶，終年橫越大洋，川航於世界各港口間，運航過程中必須面對許多大自然因素與海上環境變數，而且通常是人類難以掌控甚至預期的，也因此幾百年來海運相關業者一直將海上運輸的本質定義爲「海上冒險」（Marine Adventure），但也因爲「海上冒險」的背後充滿商機與希望，因此並沒有阻擋人們奔向海洋的意志與投資「冒險」的賭注，這也是海上事故發生率自百餘年前鐵達尼號觸礁沉沒至今不曾稍減的原因，更突顯出海運業高風險性與不確定性的特質。

依據國際海事組織（IMO）海事安全委員會（MSC）於 2008 年 5 月採行的「海難或海上事故安全調查的國際標準與建議實務規章」（Code of International Standards and Recommended Practices for a Safety Investigation into a Marine Casualty or Marine Incident；簡稱 Casualty Investigation Code），「海上事故」的定義爲：「凡與船舶運航、操作直接相關而發生，進而導致下列情況的事件或事件後果者：

1. 人員死亡，或嚴重受傷；

2. 船上人員失蹤；

3. 船舶滅失，推定滅失（Constructive loss）或棄船（Abandon ship）；

4. 船舶實質損壞；

5. 船舶擱淺、碰撞或不能使用；

6. 嚴重危及船舶本身、其他船舶或個人安全；船舶外部基礎結構的實質損壞；

7. 船舶損壞造成對環境的嚴重損害，或潛在的嚴重損害。」

必須強調的是，「海上事故」不包括意圖危害船舶、個人或環境的故意行爲（Intentional Act）。

如同前述，即使科技已步入高度開發的今天，但船舶仍會因自然因素、機具故障與人爲因素，導致事故不斷。很遺憾的，近年來的諸多事故研究結果都傾向於將事故原因歸諸於人爲疏失（Human error/negligence），有關硬體缺失的比率反而較低。而一般常見的人爲疏失原因，包括：

1. 情境警覺不足（Lack of Situational Awareness）：對周遭環境因素的認知不足；

2. 警惕性不足（Alerting）：不能對可能發生的危險情況或傾向保持敏銳的感覺；

3. 聯絡不良（Poor Communication）：包括橫向聯絡與垂直聯絡；

4. 自滿（Complacency）；過度自信於熟悉的職場環境與作業程序；

5. 文化衝突（Cultural Confliction）；源自不同國籍船員混乘；

6. 團隊作業（Teamwork）；

7. 能力（Capability）；

8. 壓力（Pressure）；

9. 分心（Distraction）；

10. 疲憊（Fatigue）；

11. 職務適任性（Fitness for duty）。

事實上，上述這些被認定爲「人爲因素」的缺失，早在八〇年代就被陸續提出探討與尋求因應對策，但直至今日依舊無法有效杜絕，難道這只是人類不願承認自己犯錯的本質嗎？還是人們根本不在乎事故的發生？前者或有可能，後者的機率極低，究竟沒有人會樂見事故發生。海上事故種類繁多，諸如碰撞、擱淺、機器故障、失火、傾覆等皆是。而從圖 1.1、圖 1.2 得知，海上事故占比最高的案件就是船舶間的碰撞事故，加諸本書以船舶避碰爲名，故而內文撰寫亦以船舶碰撞爲主軸。

其實，許多船舶碰撞事故都是可以避免的。而最令人不解的是，往昔諸多船舶碰撞的案例都是發生在非擁擠水域，天候、視界與海況良好，且船舶是由持有適任證照的當值者操控的情況下。顯然，儘管船舶的航儀配備日新月異，若當值者或操控者專業不足或怠忽職守，當然無法有效遏止類似事故的再發生（Reoccurrence）。

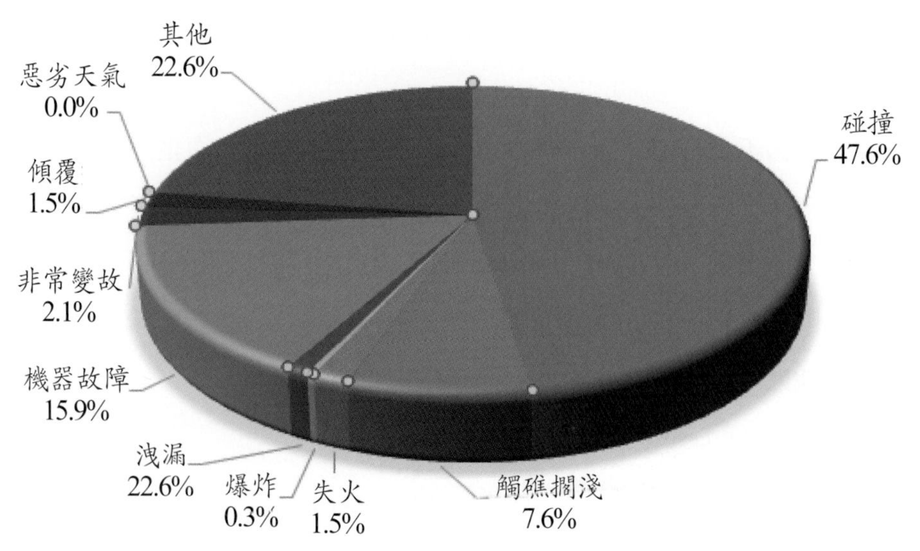

圖 1.1　民國 97～106 年國輪（商船）海事案件肇因占率

資料來源：交通部

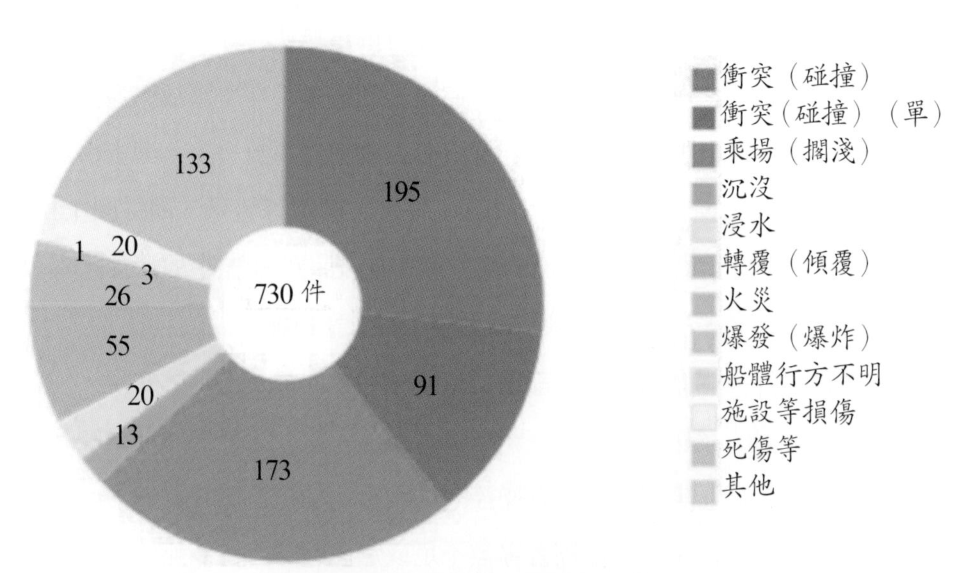

圖 1.2　海上事故統計：碰撞（衝突）195 件占比最高

資料來源：平成 29 年（2017）12 月 31 日日本海上保安廳

1.2 海上安全管理

由於近年來船舶的噸位愈造愈大，使得運輸規模亦隨之增大，故而一旦事故發生都會帶來嚴重的後果與財政損失，因此「海上安全」議題在現代海上運輸過程與環境條件中愈趨扮演重要的角色。

爲確保「海上安全」，國際海事組織（International Maritime Organization, IMO）一直致力於政府間的合作，並積極透過立法制定國際公約，以及資源的有效整合，期以解決有關海上事務的所有技術性問題。其中，IMO 下屬的海事安全委員會（Maritime Safety Committee, MSC）就是實際負責海事安全，以及處理任何對航行安全有直接影響的議題之專責機構。可以理解的，儘管 IMO 掌管事項繁雜，但無論如何，其最重要的工作目標就是督促所有會員國與海運社會遵守已經生效並且施行的國際公約。因爲所有這些關於確保海事安全的公約對所有 IMO 的會員國是強制性的。理想上，IMO 絕不希望看到重大事故發生，並持續透過制定與發布新的公約以防範類似事故的再發生，而且要求 IMO 會員國與國際海運社會的成員絕對要充分應用與遵守所有已制定並生效的法律文件與規定。

基本上，當前關係海上安全最爲重要的國際公約如下（To date international conventions which are important for the safety at sea are）：

1. 1974 年國際海上人命安全公約（Convention on the Safety of Life at Sea, SOLAS 1974）；

2. 1972 年國際海上避碰規則公約（Convention on the International Regulations for Preventing Collisions at Sea, COLREGS 1972）；

3. 1978 年防止船舶汙染國際公約（International Convention on the Prevention of Pollution from Ships, MARPOL 1978）；

4. 1966 年國際載重線公約（International Convention on Load Lines,

LOADLINE 1966）；

5. 1969 年國際船舶噸位丈量公約（International Convention on Tonnage Measurement of Ships, TONNAGE 1969）；

6. 1979 年國際海上搜尋救助公約（International Convention on Maritime Search and Rescue, SAR 1979）。

回顧過往數十年來的海上運輸進程，上述公約確實對海上安全，以及環境保護有很大貢獻。最重要的是，所有這些公約的特色都在於頒布施行的公約都有其應被遵守與採用的背景緣由。亦即，每一公約的制定，都是在查明已發生的重大海上事故的主要原因後，並認定其所造成的後果嚴重到足以啓動規範的必要，並將委員會作成的改正決定予以形式化，亦即採納專家的建議制定特定公約。

例如國際海上人命安全公約（SOLAS）就是英國政府在 1912 年鐵達尼號客輪沉沒後積極推動，進而在 1914 年的會議發布的。隨後在 1987 年駛上駛下型客船（Roll-on Roll-off Ship）「自由貿易先鋒號」（Herald of Free Enterprise）沉沒事件，催生了 1988 年 SOLAS 公約的第 II-I 章（Chapter II – I），並補充了第 23-2, 42-1 條的新規定。其次，1967 年油輪「Torrey Canyon」的擱淺事故，亦衍生出防止船舶汙染國際公約（MARPOL）公約。

顯然，一個事故對於制訂防範未來事故再發生的規則的重要性，並非只是 IMO 的行事特徵（Characteristic），最重要的影響是，新制訂的公約與規章可以被沿海國在其領海發生事故時遵循採用，並據以作爲制定防範未來事故發生的國內法（Internal Laws）的範本或參照。

最典型案例就如油輪「Exxon Valdez」1989 年在美國阿拉斯加擱淺造成嚴重海水汙染，因而催生了 1990 年美國油汙染法（Oil Pollution Act, OPA）。此法案之所以引起重視，乃是其條文加入比 MARPOL 公約更嚴謹的油輪建造標準（More rigorous standards on the building of tankers than

MARPOL Convention）。

然而，此一透過制定公約以防範類似原因事故的方法，並不見得完全有效，因爲徒具公約、規章但卻不被嚴格執行與遵守，等同沒有公約一樣。而普遍不遵守公約就是造成眼前海上事故原因繁雜的主因。毫無疑問的，此對當前風靡擬利用蒐集與分析已發生事故原因的大數據，並以之製作出事故因應標準範本的專家們可能造成一定程度的打擊。

事實上，船舶意外事故的防範，除需依賴嚴謹的規章制度，更應寄託於船上管理與安全文化的建立。從社會學角度觀之，生長在某一個特定社會的成員，其行爲多少是相同的，而且是可以精確預測的，那是因爲我們的行動有相當程度是受到我們所成長的環境之文化的影響。「安全」就等同於意外事故損失的管制，當然亦是上述文化的結果。而所謂的「安全文化」應被定義爲每一個人都應在自身職務上努力去降低個人、船舶及海洋環境的風險至「盡實際合理的低」（as low as is reasonably practicable）之水平的文化。

1.3 船舶碰撞

海上貿易活動的本質既爲「冒險」，事故當然無法避免，而當下船舶所有人（Shipowner）與運航管理人（Operator）最大的困惱就是儘管科技精進，船舶相關各種硬體設施被設計成讓船舶更有效率，且操作上更安全，但是事故依舊不斷。尤其相對於船舶的運航成本，高事故率衍生的保險成本提高、資產價值的下滑，以及環境災害的增加，都是船舶所有人與營運者無法承擔與忍受的。

再從教育端觀之，經過數十年來的統計顯示，最讓海運界不解的是，幾乎所有航海科系畢業學生與航海員都曾熟背過國際海上避碰規則，且參加國家考試也都能作答，並通過測驗取得證照，但船舶碰撞率就是居高不下。因此吾人不禁要探究爲何此門在教室內眾生皆懂的海上交通規則，一旦人到實船上就完全破功的背景原因。

至於爲什麼同樣的撞船錯誤會一再發生？海運社會常質疑是否因爲：

1. 國際海上避碰規則的寫法不當，進而造成讀者不易了解？（COLREGs are wrongly written and consequently difficult to understand？）；

2. 大多數船舶操控者【註 1】的教育與訓練是錯誤的或不足夠的？（The education and training of the majority having the con is wrong or insufficient？）；

3. 人類不願承認自己犯錯的本質？（Is it just human nature not to admit when you are in the wrong？）。

毫無疑問的，避碰規則的草擬與立法都經過國際知名海事專家學者的精心思慮過程，而當前全球各級海事院校的課程安排與教材內容亦都依據 IMO 與「海航人員訓練、發證及當值標準國際公約」（International Convention on Standards of Training, Certification and Watchkeeping for Seafarers, STCW）的相關規定施行，故而教育訓練不足或規劃錯誤亦不應被歸諸爲船舶碰撞事故居高不下的主因。

顯然，「人類不願承認自己犯錯的本質」與高事故率的關聯性相對較大，亦即航海從業人員對避碰規則的誤解與不知靈活運用，以及疏於注意責任，應是造成當前即使在避碰規則的約束下，船舶碰撞事故未曾稍減的主因。換言之，航海員專業素質不良與經驗不足，進而不知判斷危機與風險的存在，皆是不容忽視的原因，而非僅是規則制定完備與否的問題。

因此，當前海運社會的共識是，「避碰」毫無疑問的是航行安全的核心，而不遵守避碰規則絕對是許多事故發生的原因（Failing to follow the “rules of the road” is the cause of many accident）。

至於船舶碰撞事故原因的探究，我們通常所看到的調查報告不外：事故肇因於瞭望不足、情境警覺不夠、不當使用或誤用特高頻無線電話（VHF）等人為疏失，甚至是當事人運氣不佳。事實上，類此草率地將事故歸因於人為疏失，雖是最簡單也是最容易的結案方法，但常常不一定是眞正的事故發生原因。

若再從人為因素角度來看，船舶碰撞事故多因「疏忽」造成。「疏忽」一詞，即指「當注意而不為注意」之謂。依據我國民法第184條規定：「因故意或過失【註2】，不法侵害他人之權利者，負損害賠償責任；違反保護他人之法律，致生損害於他人者，負賠償責任。但能證明其行為無過失者，不在此限。」。另依據刑法第14條規定：「行為人雖非故意。但按其情節應注意，並能注意，而不注意者，為過失。」；「行為人對於構成犯罪之事實，雖預見其能發生而確信其不發生者，以過失論。」。至於香港的司法系統，「疏忽」一詞則是指「無法達到一般合乎理性之人所應達到的謹愼程度」。可見行為人因為「疏忽」肇事，勢必要負起法律責任，焉能不愼！

一位合理、謹愼的駕駛員或當值者必須以第一優先完全致力，並專心執行其航行任務，而執行任務必須植基於堅實的知識基礎，以及對船藝核心基本學理的認識（Solid foundation of knowledge and understanding of the core fundamentals of seamanship）。此等基本學理之一就是能夠正確解釋避碰規則的能力（Ability to correctly construe the Colregs）。如果海員不了解避碰規則的眞正意旨，我們就不能期待他們會遵守避碰規則，此一認知絕對是探討此議題的前提，蓋唯有如此才能期待駕駛員能夠確實遵守規則與較佳的實務運用。

如同前述，船舶「碰撞」通常會造成船毀人亡、生態浩劫、財產商業鉅額損失等後果。故而操船者務必謹愼行事避免「疏忽」，以防止船舶碰撞。而避免「疏忽」的最基本要求就是遵守航行與避碰規則的規定，注意與了解當下內、外在環境情況，並發揮優良的操船技術。

【註 1】船舶操控權（Con）

「Con」一詞等同「Conn」，但不同於「Control」，因爲無論「Con」或「Conn」，皆指船舶操控權，屬於船舶整體控制權「Control」的一部分。例如引水人登船引領船舶，船長只是將船舶整體控制權「Control」一部分的「船舶操控權」（Con）暫時轉移給引水人，而且船長隨時可取回「船舶操控權」，並非將船舶的「控制權」完全交給引水人，這也是海商法與海上保險領域責成船長負船舶最終責任的精神所在。實務上，在船長將船舶交由引水人操控時，應於交接當下，由駕駛臺團隊成員高聲傳誦：「Pilot take the con」。此主在確認船舶實質指揮與責任的分野，並提醒團隊成員提高警覺，目前船舶是由引水人這個「外來人（Outsider）」在操縱的。相同的，引水人離船前，駕駛臺團隊成員同樣傳誦：「Captain take the con」，並於確認船舶安全無礙後，將船舶操縱權交還船長始得離船。

【註 2】故意或過失

1. 侵權行爲損害賠償責任，採過失責任主義，有過失（或故意）才需賠償。
2. 故意，指明知並有意使其發生；或預見其發生而其發生不違背其本意。
3. 過失，指按其情節應注意、能注意而不注意；或對於構成侵權行爲之事實，預見其能發生而確信其不發生。

【註 3】「過去對的；現在不見得對」

法院判例：Tug Ocean Prince, Inc v United States, 584 F.2d 1151（2d Cir.1978）「使用於任何行業、生意或專業的方法，不論其維持（施行）多久，如果在事實上它是危險的（which is dangerous in fact），就不能在法律上被確立爲安全（cannot avail to established as safe in law）。」

1.4 船舶「碰撞」的定義

1.4.1 「碰撞」的傳統概念

「船舶碰撞」的概念在不同的歷史發展階段，具有不同的解釋與意涵。傳統海商法主張，「船舶碰撞」在解釋上有廣義和狹義之分。

1. 廣義的船舶碰撞。是指兩艘或兩艘以上船舶之間在海上，或在與海相通的可航水域（Upon the high seas and in all waters connected therewith navigable by vessels）發生實際接觸，並造成一方或多方損害的事故。其構成要件如下：

(1) 碰撞必須發生在海上或其他與海相通的可航水域；

(2) 碰撞必須發生在船舶之間；

(3) 船舶必須發生接觸，即僅限於兩船直接碰撞。至於浪損（Wash Damage）及其他不發生實際接觸的間接碰撞所導致的損害，不屬於船舶碰撞；

(4) 碰撞必須造成損害，損害範圍包括一方或多方的船舶、船上的貨物、人身或其他財產所遭到的損失或傷亡；

2. 狹義的船舶碰撞，是指對碰撞的船舶性質給予特別限定的碰撞。

1.4.2 「碰撞」定義的新概念

上述傳統的船舶碰撞概念已延續一百多年，面對海運業的快速發展，以及海上侵權行爲（Infringement act）的多樣化，實已不適應現代法律的需要，因此出現了船舶碰撞的新概念。這一新概念最早出現於國際海事委員會於 1987 年起草的《海事碰撞損害賠償國際公約草案》（里斯本規則草案）。該規則賦予「船舶碰撞」兩個新的定義；

1. 船舶碰撞係指船舶間，即使沒有實際接觸，但卻發生導致滅失或損害的任何事故；

2. 二船舶碰撞係指一船或多船的過失，造成的兩船或多船間的相互作用所引起的滅失或損害，而不論船舶間是否發生接觸。

此外，英國海上保險法另主張碰撞必須爲兩艘（含）以上船舶之已實際發生接觸，又其接觸物縱使非船殼本身，至少必須爲船舶航行所不可或缺的主要配備始稱之。

顯然「碰撞（Collision）」一詞包括輕微的船體擦傷，乃至船毀人亡的嚴重海難。從拉丁字首「Co」、「Col」所蘊含的「緊密、連接」意義來看，「Collide」一詞表示「以極大的衝擊力撞在一起」之謂（To come together with violent impact），而此正是吾人從事海上航行實務者平時所認知的「碰撞」。

該規則同時還規定，「船舶」係指碰撞中所涉及到的不論是否可航行的船隻，機器、鑽油平台（Oil rig，圖 1.3）等，它們相互間發生的碰撞，均構成船舶碰撞。此即表示「航行中」的船舶撞上「固定不動或浮動的」海上構造物（Stable or a floating structure），亦屬「船舶碰撞」範疇。

圖 1.3　海上鑽油平台

綜上所述，「船舶碰撞」新概念的構成要件如下：

1.「碰撞」的適用範圍包括船舶與船舶間、船舶與非船舶間的碰撞；

2.「碰撞」係指船與船間因碰撞而發生損害之謂。通常多爲兩船相撞，但兩艘以上船舶構成直接或間接碰撞亦屬之，且不限於航行中之船舶；

3.「碰撞」以過失爲要件，並排除了因不可抗力或意外事故所致的碰撞。例如停泊於港區內的船舶因強烈颱風來襲，而生他船或岸上構造物撞擊該船的碰撞事故，即不能稱爲「碰撞」；

4.「碰撞」以損害事實爲要件。這種損害可能是實際（直接）接觸造成的，也可能未發生實際接觸，但只要造成了損害，就構成碰撞。例如因某船的航行過失或違反航行規則，直接影響或誤導他船爲避免碰撞而採緊急措施，致發生擱淺損害者；又如因某船在限制水域（Restricted Water）內超速航行所生之波浪（Wave making）造成附近小船翻覆者皆屬之。

上述對於船舶「碰撞」的闡述，純爲海洋法律與海上保險領域的解釋。然在航海與操船實務領域，「碰撞」一詞就是指兩艘船舶在同一時間占據同一空間之狀況。

另一方面，由於海運經營具跨國性質，因而事故發生的善後，必須以全球海運與保險市場共通的英文作爲溝通聯絡、善後與文書處理工具，因此如何精準地遣詞用字是非常重要的。以船舶碰撞爲例，航行中船舶間的相互碰撞稱爲「Collision」。至於航行中的船舶撞上固定物，如碼頭、橋墩、鑽油平台或繫泊在碼頭上固定不動的船舶則稱爲「Allision」。但實務上常見，只要有船舶發生碰撞事故，不論其是否撞上航行中的他船，或碼頭橋墩，常被統稱爲「Collision」。類此不夠精準的用詞，不僅突顯專業不足，更會影響日後保險理賠，乃至肇事責任判定的困擾。

至於非劇烈性船舶間的實際碰撞，則稱爲「觸碰」（Contact）。而比「觸碰」更爲輕微的狀況則稱爲「擦撞」或「擦邊撞擊」（Sidewiped），顧名思義就是指兩船船體以接近平行的較小角度觸碰，通常不會造成嚴重損壞。

【註 4】船舶碰撞分類

1. Collision：航行中船舶間的碰撞；船舶與船舶間的劇烈撞擊（Strike violently against each other；To come together with violent impact；to come into violent contact.）；
2. Allision：航行中船舶與固定物間的碰撞（Vessel violent strike with a fixed object.）；
3. Contact：觸碰（the fact of being in touch.）；
4. Sidewiped：擦撞。

【註 5】日本海法界對船舶碰撞的分類

依兩艘船舶碰撞時的相對態勢關係，將船舶碰撞類型分類成：兩船同向、兩船反向對開、交叉相遇，以及船舶撞上靜止物，如碼頭、浮標、停泊船等。（衝突難時の 2 船間の見合い関係を同航船、反航船、横切り船および静止物に分類する。）

1.5 船舶碰撞原因分析

一般社會大眾常常不解茫茫大海中，水域空間廣闊，船舶猶如滄海一粟，怎可能會發生船撞船的事故？又現在船上不都裝置有避碰雷達嗎？若用陸上道路行車的概念看待此一問題，大海中船舶相互碰撞還眞的沒有道理。事實上，船舶航行海上相互碰撞自古即有，因爲海上航行存有下列環境背景因素，故而船舶碰撞事故難以全然避免：

1. 國際航路共用：全世界各主要商港間的主要航線固定，因而幾乎所有商船都在相同航路上往返航行。此群聚效應增加船舶間交叉相會，或同向競相追逐的機率；

2. 港口的輻聚、輻散現象，使得鄰近港口的單位水域面積內的交通流密度增加，當然增加碰撞機率；

3. 船員過度依賴航儀：近數十年來科技發達，使得航行儀器的功能不斷提升，進而造成航海員過度依賴航儀而降低應有的警覺性；

4. 當前國際貿易暢旺，海上運輸量隨之大幅增加，故而海上航行船舶數比起往昔更多；另一方面，現代船舶的速度比起以前的船舶加快許多，因而相對縮減船員對緊急或偶發事件的因應時間；

5. 船東爲降低營運成本，目前船上人員編制多採精簡，故而每呈現人少事多的窘況，結果造成船員常態性的疲憊（Fatigue），進而降低判斷能力與注意力。

從統計資料（Seaways JULY 2007），我們得知船舶碰撞的主要原因如下：

1. 對情境的評估不足（Insufficient assessment of the situation）——24%；

2. 瞭望不足（Poor lookout）—— 23%；

3. 在碰撞前未察覺他船的存在（Unawareness of the other vessel before collision）—— 13%。此項屬當值者怠忽職守，有別於第 2 項的「瞭望不足」。

另從英國航海協會（The nautical Institute）於 2002 年針對 30 個國家的 450 位船長進行「有關船舶碰撞事故發生原因的見解」問卷，得到下列一致見解：

1. 不熟悉或不遵守規則（Ignorance or disregard of the Rules）；

2. 不願意減速或偏離航線（Reluctance to slow down or deviate from track）；

3. 暸望不足（Poor lookout）；

4. 經驗不足（Lack of experience）；

5. 其他船舶採取錯誤的行動（Wrong action taken by other vessel）。

上述第 5 項，受訪船長之所以將碰撞事故歸咎於「他船」採行錯誤行動，乃因船舶航行海上，操船者面對的狀況，常非一船對一船的狀況，故而不能僅考量一對一的讓船方法，更要掌握一船對多船的複雜交通情勢。另從往昔船舶碰撞案例觀之，碰撞多屬單純的人爲疏失，因爲當事人常常無法掌控對手船舶的運動企圖。而爲建立海上交通秩序，以確保人命、船舶、財產與環境的安全，遂有制定避碰規則供普世船舶遵循之議。

其實，從早期的航海時代起始，爲避免船舶間的碰撞，海員們即隨時存有想知道「誰在哪裡？」的基本需要。並積極認清周遭的目標，以辨別哪船是海盜？哪船是官船？很顯然的，眼前海員辨別「哪船在哪裡？」的功用，最主要在判定哪艘船舶對本船具有碰撞危機存在。

實務上，一般大海上常見的船舶碰撞原因不外：

1. 視線不佳；如濃霧；

2. 過度依賴雷達及自動操舵儀（Auto Pilot）；

3. 過於熟悉航路或天候太佳致疏忽大意；

4. 注意力不足；情境警覺不夠；

5. 瞭望不足；

6. 船員過度疲憊（Seafarer Fatigue）；

7. 語言溝通能力不足；

8. 未能徹底了解國際海上避碰規則的意旨；

9. 經驗不足；

10. 不當的期待。

至於沿岸航行的碰撞原因，不外；

1. 交通密度高且航線相同；
2. 疏於瞭望，突然發現他船或障礙物，致緊急採取大角度轉向；
3. 操船者經驗不足；
4. 不當的期待，消極地等候他船採取行動；
5. 過度樂觀的判斷；心想厄運不會落到自己身上；
6. 抵港前心防鬆懈；出港後過度疲倦；
7. 雜務分心；如準備抵港前文書作業，或因應港口國檢查等；

而引水區內常見船舶碰撞原因則為：

1. 操船者不遵守航行秩序爭先恐後、缺乏耐性；
2. 視線不佳；如濃霧、大雨；
3. 水域過於熟悉或天候太佳致疏忽大意；
4. 機具故障；
5. 語言溝通能力不良；
6. 對慣性、速度的感應遲鈍；
7. 情境警覺不夠；低估外力；
8. 不作為（含經驗不足）；
9. 船舶操縱水域受限；
10. 船舶愈造愈大，配套設施不足，如拖船碼力不足。

另外，圖 1.4 則是船舶碰撞與擱淺的一般原因的統計資料，其中不僅列舉海員自身專業不足與敬業態度不佳的缺失，更涉及航運公司與船上管理層面上的問題，如超時工作與疲憊即是。

一般船東與運航人常將駕駛臺的值班工作視為船上人員的責任，並將管理者的責任局限於僅是依據 STCW 公約的規定，以及將國際海事商會的駕駛臺當值程序指南編製成詳細的避碰指南。不容否認的，上述規章的忠告都是經過周全的思考與模擬，然而無論規章的訂定是如何的周詳，甚

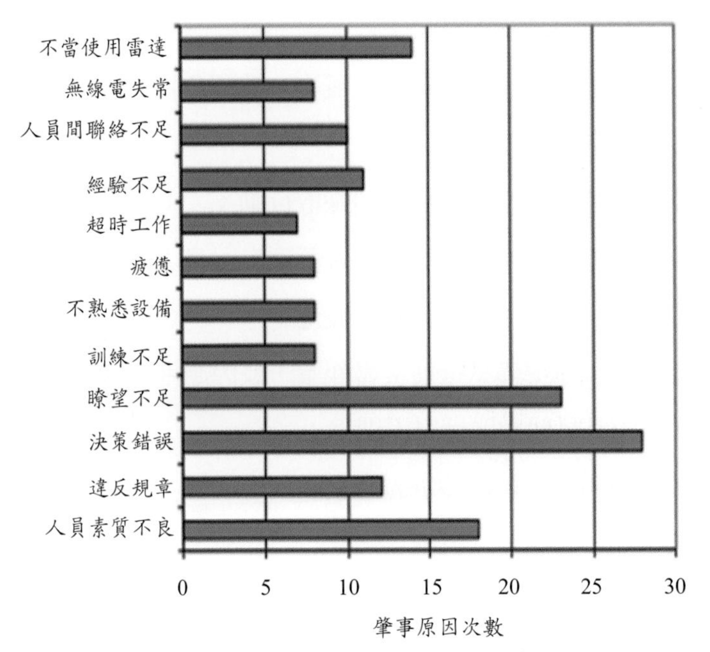

圖 1.4　船舶碰撞與擱淺的一般原因

Source: Ziarati, 2007

至在駕駛臺裝置錄影機全天候監視當值者的行爲，終敵不過使用者（船長與駕駛員）本身疏於對紀律的遵守。毫無疑問的，船長與當值駕駛員絕不可能故意違反當值守則，只不過有太多的現場情景與海上環境因素是陸岸端的管理階層所無法預期與防範的。

另從圖 1.4 得知，當值航海員必須兼具履行船舶航行責任的知識與經驗。很遺憾的，現時職場上確實有不少航海員欠缺必備的經驗，並經常應用其不正確的知識。

【註 6】疲憊（**Fatigue**）
疲憊沒有一個特定或專業的定義，但我們通常認定它是一種急性的精神狀態或身體上的勞累，而這狀態會令工作能力和警覺性逐漸下降。疲憊經常是發生事故的一個重要因素，但我們往往忽視它的影響。它與船上的人身安全及預防在船上發生事故是息息相關的。但最難的是，疲憊不僅與船員的教育背景或素質無關，甚且在船員的定期身體檢查中亦無法檢測到疲憊的程度或症狀。至於，如何發現疲憊的症狀？一般疲憊具有下列徵兆：

1. 難以保持清醒；
2. 經常粗心大意；
3. 頭昏眼花；
4. 食慾不振；
5. 失眠；
6. 情緒不穩、容易擔心；
7. 對距離、速度、時間和風險的判斷力減弱；
8. 反應遲鈍，難以集中精神。

又什麼因素會增加船員疲憊的風險？

1. 睡眠不足或睡眠質量差；
2. 工作與工作之間的休息時間不足；船期緊迫、文書作業繁重；
3. 過多的工作量；
4. 缺乏同事的支持；管理與被管理的壓力；
5. 沉悶或重複的工作；
6. 生活環境惡劣；伙食粗劣；
7. 噪聲和震動。

1.6 避免船舶碰撞與擱淺的應有作為

從海上實務經驗得知，決定船舶避碰能力優劣的因素，完全取決於當值駕駛員：

1. 對於空間與運動的警覺性（Movement and spatial awareness.）；

2. 關於避碰規則的知識，以及正確的引用避碰規則（Knowledge of and correct application of the COLREGS.）；

3. 控制船舶運動的能力（Ability to control the movement of the ship.）；此只有透過現場勤加磨練，別無他途。這也是海運業重視海員的海上服務資歷的原因所在；

4. 監督與修正操船作爲所產生結果的能力（Ability to monitor and correct outcomes）；

5. 使用駕駛臺航行儀器與設備的技術（Skill in using bridge equipment.）；

6. 航行經驗（Navigational experience）。

從行事謹愼與安全航行的角度來看，爲避免船舶碰撞與擱淺最重要的航行實務，不外：

1. 勤於測定船位

就是位於駕駛臺的操船者要掌握本船的確切位置所在，以及周遭船舶與航行障礙物（Navigational hazards）的相對位置與距離，因爲只有「知己知彼」，才能趨吉避凶。而爲掌握本船位置，首先就是要持續監督本船船位（Monitoring the ship's position）。當值駕駛員必須在適當的時間間隔測定船位，並據此資訊確保船舶位於安全的航線上（Keep the ship on a safe track）。

2. 保持持續瞭望

傳統的瞭望技術（Skill of look out）是經由瞭望駕駛臺窗外的情境，以確認自己所看到的景象與目標，是否與海圖上所標示的圖資，或電子航儀所顯示的顯像或數據相符。此爲安全航行的最基本原則。

3. 測定船位原則（Fixing the ships position）

(1) 在適當的時間間隔測定船位（Fix at appropriate regular intervals），沿岸航行以每 10～15 分鐘爲宜；

(2) 在限制水域應以更緊縮的時間間隔結合目視觀測、全球衛星定位系統（Global Position System, GPS）與雷達定位（Fix at more frequent intervals using visual, GPS and radar in confined waters）等方法，確實掌握船位所在；

(3) 如果發現所測定的船位與計畫航線不一致，應即查明原因；如果處於引水人在船引航的情況下，應即將此位置差異提醒引水人注意。

1.7 碰撞過失判定

眾所周知，一旦船舶發生碰撞事故並生損壞，終會進入責任與理賠（Claims）的判定階段，而當法院進行審理因碰撞所生之理賠時，首先就要判定各碰撞船之過失。過失判定應考量碰撞係因下列因素的那一項所致，或是促成碰撞發生的；

1. 不遵守國際海上避碰規則或該國的避碰規則（その国の衝突規則または過際衝突規則に従わなかったこと）；

2. 違反該國法律或其他規則；例如沿海國制定的分道航行計劃相關法律或規則（適用されるその国の法律またはその他の規則の違反、例えば航路分離計劃に関する法律または規則の違反）；

3. 未遵守當地已建立的習慣（確立された地方習慣を守らなかったこと）；

4. 未施行安全的操船術並盡相當的注意（安全な操船術および相当の注意を行わなかったこと）；

5. 船舶或其設備的缺陷（船舶またはその設備の欠陷）。

第二章　避碰規則緣起與適用範圍

2.1 緣起

眾所周知，國際海上避碰規則的制定，乃為防止船舶碰撞，確保船舶航行安全，並規定船舶在海上航行必須共同遵守的海上交通規則。基本上，海上避碰規則乃是將自古以來船員的部分「習慣」（Habit）予以明文化的產物，而「習慣」在海上航行與冒險活動中一直扮演著極為重要的角色。

毫無疑問地，一切的習慣，都是由最初的不習慣開始，習慣了，便覺得一切都是如此的理所當然。《韋氏新國際字典》的前身——《美國辭典》是由 N. Webster 於 1828 年所撰寫的，其中對「習慣」所作的解釋包含：「服裝、體態、體質等方面習久成自然而漸失抵抗的性癖、複習而成的性習或趨勢等。」另一方面，與該辭典同樣負有權威盛譽的《英國牛津大辭典》亦有類似的注解：「癖好、氣質、體質、習性、服裝等。」這兩部大辭典均表明「習慣」涉及「服裝」，因此吾人可以推測：「習慣和我們每天生活中不可或缺的衣服一樣，和我們有著形影不離的成對關係，它當然也和衣服一樣，初穿時感覺不自然、彆扭，但穿久了以後就可能開始喜歡上它，而且捨不得把它丟棄不要。」再者，「和衣服一樣，習慣也和個人的身分地位息息相關，不同身分、不同地位的人會養成與其有關的習慣⋯⋯ 」（古代不同職業、地位，著不同衣服樣式）。綜合該兩部辭典的解釋，「習慣」代表人類行為中較為固定、經常出現的行為，可能從不斷學習而來，但另一方面，也與體質、氣質等先天因素有關。前者就如同海員在職場上的歷練，後者則有如海員的職前教育訓練背景。

因此若從「習慣」的角度來看，則意味著海上避碰規則本質上就是海員奉行的日常實務（the ordinary practice of seamen），亦稱常規。然因海上狀況變化萬千，避碰規則僅能就一般常態性狀況作原則性規定，難以一一予以強制或具體訂明，故而條文中存有諸多保留餘地的文字，如「情況許可」、「如屬必要」、「於安全且實際可行時」等非絕對性用詞。

現行《1972 年國際海上避碰規則》，乃是 1910 年若干海運國家協商制定《1910 年布魯塞爾海上避碰規則》後，國際海事組織與各傳統海運國家針對海上環境與海上活動的變遷，歷經多次研討修訂的成果。儘管如此，各界對現行避碰規則仍存有不同見解與適用上的疑問，因此海運社會對這一部供全球海員奉行的避碰規則常有不夠完備之議。從往昔的經驗得知，任一新訂公約或規則公布施行或生效後，究竟會產生什麼適用疑義或問題，通常需要相當時間的累積才會顯現出來。

如同前述，避碰規則是由學者專家蒐集多年海上碰撞案例，經持續研究修訂所制定者，並用最簡潔詞句闡述，以為船員作為避碰依據，並為法庭審判船舶碰撞訴訟時所依據的準則。惟海上交通安全之維護是一種共同行為，仍需依賴所有海洋使用者共同遵行信守，始能達致其功。

事實上，儘管海上避碰規則已有數百年歷史，但直至十九世紀始具法律約束力。現行《1972 年國際海上避碰規則》（International Regulations for Preventing Collisions at Sea, COLREG 1972），係依據 IMO 大會決議於 1977 年 7 月 15 日生效，並經多次修正。最近一次修正係依據 IMO 第 25 屆大會通過的 A.1004（25）號決議案採行的。並於 2009 年 12 月 1 日生效。凡航行於與公海相通水域之船舶，都必須依據本規則之規定。因此，船舶航行於世界各水域，不論與任何國籍船舶相遇，皆需適用本規則中所要求的相關避碰規定。國際海上避碰規則內容如下所列，共分五章三十八條，以及附錄壹至肆：

第一章：總則（第 1～3 條）

第二章：操舵及航行規則

第一節　船舶在任何能見度下之措施（第 4～10 條）

第二節　船舶在互見時的措施（第 11～18 條）

第三節　船舶在能見度受限制時之措施（第 19 條）

第三章：號燈與號標（第 20～31 條）

第四章：音響信號與登光信號（第 32～37 條）

第五章：豁免（第 38 條）

另從立法旨意來看，國際海上避碰規則並非僅止於避免船舶碰撞，更要以避免「碰撞之虞」的意圖作爲前提。因此國際海上避碰規則之目的不外：

1. 防範於未然，避免船舶碰撞；

2. 確保不會使船舶陷入不可控制風險（Uncontrollable risk）中的局面；如陷入漁船群中或限制水域與淺灘區；

3. 相會各船能夠依據避碰章程的規定保持安全距離通過；

4. 讓船過程中隨時要有緊急應變的心理準備，因爲本船或他船隨時有突發狀況。

2.2 法條的解釋與爭議

如同其他海上事故一樣，船舶發生碰撞事故，勢必衍生有關理賠與索賠的主張，實務上都由雙方的保險公司透過律師協商解決。但若遇雙方在責任認定或理賠金額價差過大的爭議時，只有訴諸法庭對簿公堂。而法庭的判決，常隨著法官的法律與專業見解的不同令當事人產生很大的失落感與不平。

不容否認的，避碰規則自從其頒布以來就面對不斷的質疑與挑戰，有許多的誤解與爭論使得避碰規則看似較其本質更為複雜，例如「Under way」已被清楚定義，但是「Making way」則未定義即是，又如「Safety speed」亦沒有具體數字上的限制而單獨使用敘述形容詞，常引發肇事各方天差地別的解釋，而律師最懂得利用這些解讀上的差異取得利益。

古希臘哲學家柏拉途：「立法者為作者；法官則為讀者」（The legislator is a writer. And the judge a reader）。此話雖在現代仍具深意，但已過於簡化。因為從柏拉圖時代至今，社會上已分工成百行百業，故而在不同的職業（法律）領域，解釋者或裁判者應該如何適切地扮演法律上「讀者」的角色，也愈來愈不簡單。

法官作為各種法律的「讀者」，最重要的工作在於精確了解法條內涵，並將之適用到其所發現的現實。而其最根本的責任在於以「善意」（Good faith）為最高原則，維護條文的文義、體系與目的。又在作為契約的「讀者」時，如何理解當事人眞意，以維持當事人所自願建立的權利義務平衡關係（Balanced rights and obligations）最為關鍵。

原則上，遇有船舶碰撞事故欲引用避碰規則條文辯證或作為判決依據時，應優先以法律條文之表面文義或其通常含意為基礎，並參照其整體脈絡而為之。而為避免偏頗或專業不足，歐、美法官接到有關船舶碰撞案件時，凡訴訟文件有艱澀難懂或語意曖昧的辭彙，都會先查海事大辭典與高階辭典，以確保解釋與判決依據無誤。不容否認的，專業知識仍為海事審判公平公正的最主要條件，故而許多先進海事國家都設有海事法庭，並配置具備一定程度海事背景的法官。反觀我國法官率皆欠缺海事與船舶實務背景，因此遇有疑義或不解時，通常會在案件審理前委託專業機構，如中華民國船長公會就案件進行專業鑑定，再參酌鑑定報告進行審判。

另外，由於海事判決多有依據或引用往昔判例的習慣，因此儘管當前海運社會每有法律應與時俱進的呼籲，但因「習慣」與「經驗」在海上冒險過程中扮演很重要的角色，所以我們也不應該隨意推翻以往見解。然我們從諸多海事判決書中每每出現「參照」、「參酌」國際公約的用詞，不無草率簡略之嫌。需知尊重公約不是直接適用，而應透過解釋涵義較爲適當且具公信。如同前述，因爲海上避碰規乃是將船員固有的部分習慣予以明文化，因此若能回顧其歷史上與需求上的解釋變遷，相信對於當前法規的解釋定有相當助益。

另一方面，我國並無類似海上避碰規則的國內法，因此無論海事評議或法院審理幾乎完全引用國際海上避碰規則的規定作爲判定依據。似此，極可能忽略了自古以來我國船員的固有習慣，例如本國籍漁船爲搶豐收兆頭每喜穿越商船船艏致生海事即是長久陋習，故而吾人在催生海上避碰規則國內法化的同時，籲請所司在日後「海上交通安全法」立法時應審慎顧及我國的海上交通實況與船員固有習慣。

【註 1】契約

又稱合約，是雙方當事人基於意思表示合致而成立的法律行爲，爲私法自治的主要表現。

【註 2】經驗與知識（Experience & knowledge）

經驗可以告訴航海員危險的情勢正在發展，而知識則會指揮他們如何處理危險情勢。

2.3 避碰規則釋義——總則（第 1～3 條）

2.3.1 第一條　適用範圍（Application）

一、「本規則適用於在公海上，及在所有與公海相通可供海船航行之水域內之所有船舶。」

【釋義 1】國際約束力

國際海上避碰規則，具有國際法約束力。為配合國際性管轄公約（如 1982 年海洋法公約）及各國主權原則，並對涉外事宜作統合性之規定，而制定共同遵行之準則，俾達成海上航行安全避免碰撞之目的。同時為尊重各國政府對內陸水域之主權，故不干涉當地政府對其制定之特殊規則，惟求儘量與本規則相近似，以易於遵行與管理而已，如日本的「海上交通安全法」，美國的「USCG Inland Navigation Rules」即是。

【釋義 2】適用水域（Applicable waters）

指公海上及與公海相通可供航行之水域，包括分道通航制水域及國際海峽、水道。

【釋義 3】適用船舶（Applicable vessels）

指航行於適用水域上之所有船舶，包括無排水量船艇及水上飛機。

英文條文中使用「Seagoing vessels」一詞，意指「可以在海上航行的船舶」，明顯的指具適航性且能從事遠洋航行的船舶。因此，凡航行於與公海相通水域之船舶，都必須依據本規則之規定。亦即航行於世界各水域，不論與任何國籍船舶相遇，皆需適用本規則中所要求的相關避碰規定。

【釋義 4】公海（High seas）

指不包括國家領海（Territorial waters）或內水（Internal waters）的全

部海域（High seas: All parts of the sea that are not included in the territorial sea or in the internal waters of a country）。1982 年《聯合國海洋法公約》規定公海是不包括在國家的專屬經濟區（Exclusive economic zone；又稱經濟海域）、領海或內水或群島國的群島水域以內的全部海域。公海供所有國家平等地共同使用。它不是任何國家領土的組成部分，因而不屬於任何國家的主權之下；任何國家不得將公海的任何部分據爲己有，不得對公海本身行使管轄權。外國船隻在領海中允許的無害通過權，在內水是不允許的。

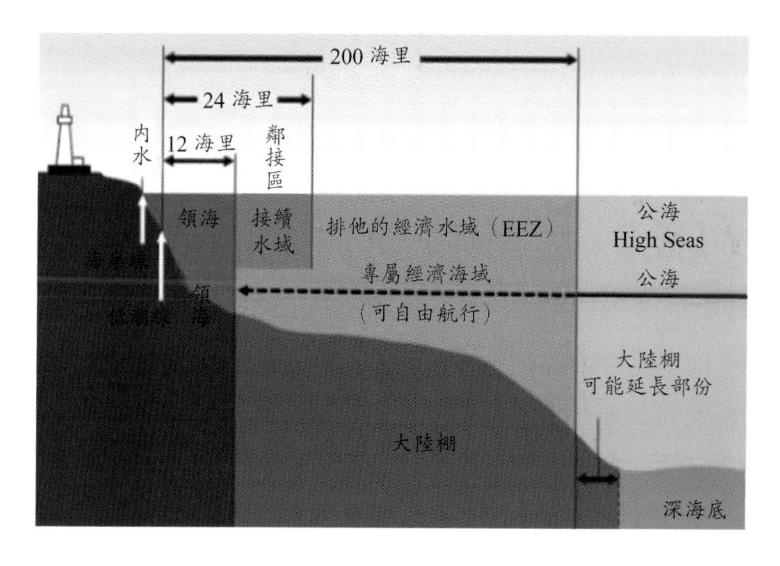

圖 2.1　公海、鄰接區、領海示意圖

2.3.2 第二條　責任（Responsibility）

一、本規則之任何規定，不得免除任何船舶，或其所有人、船長或船員，因疏於遵守本規則，或疏於爲海員常規上或爲特殊環境所需之任何戒備而引起後果之責任。

二、在解釋及遵行本規則時，必須顧及航行及碰撞之各種危機，及在任何特殊情況下，包括船舶因受限制，爲避免急迫之危險，必要時，得背離本規則之規定。

【釋義 1】允許背離規則規定條款

本條文爲確保船舶安全的適用性除外條款，因而每成爲事故後當事人主張無過失的引用依據，更是各級考試經常出現的考題，故而建議航海同業應熟背中、英文條文。

(a)Nothing in these rules shall exonerate any vessel, or the owner, master or crew thereof, from the consequences of any neglect to comply with these Rules or of the neglect of any precaution which may be required by the ordinary practice of seamen, or by special circumstances of the case.

(b) In construing and complying with these Rules due regard shall be had to all dangers of navigation and collision and to any special circumstances including the limitations of the vessels involved which may make a departure from these Rules necessary to avoid immediate danger.

【釋義 2】責任法律問題

從法律的角度來看，本條第一款爲疏忽條款，第二款爲審慎與法律容忍條款。違反第一款之規定，將負損害賠償責任；違反第二款之規定，則視當時情況，是否有不當或疏失，以負直接或間接所造成損失之責任。因此，本條規定，除不可抗力與完全無過失外，行爲人均應對其所引起之後果負責。

【釋義 3】條文旨意

1. 本條規定旨在救濟國際海上避碰規則缺乏罰則之缺點；
2. 本條文主在責成有關人員一般性的謹愼防備，以免導致後果而負法律責任。因本規則無罰則規定，故違反時究有何責任亦無明文。但以違反本規則的原因而發生碰撞或其他事故時，就造成推斷過失的理由根據，其結果不免要受其他法令上過失責任之處分。

3. 所謂「疏於」，是指欠缺注意之謂。即應注意而未注意，預見其發生卻又確信其不發生，未盡善良管理者之適當戒備及注意。又即使不違反航行規則，應注意而不注意，仍認爲有過失。至於過失，必須與碰撞發生關係或造成損害，否則不認爲有責任。

4. 條文中之「責任」，包括船舶所有人、船長或海員，以及船舶所有人僱用的引水人或其他受僱人。若因引水人過失所造成的損害，船舶所有人將負連帶責任。

5. 擴大規則的適用範圍與可能狀況。如「特殊情況」、「如屬必要」、「於安全且實際可行時」等，旨在彌補海上環境變化多端難以全面考量之不足。

【釋義 4】海員常規（Ordinary practice）的定義

「常規」一詞係指理所當然、傳統實務、例行作爲（a matter of course; conventional practice; routine）之意。很顯然的，「海員常規」指海員通常會知道的知識、經驗及習慣性的實務（"The ordinary practice of seamen" means "knowledge, experience and habitual practice that seamen usually know naturally".）。例如；

1. 早期環保法規不甚嚴謹時代，船員倒垃圾下海前必先舉手感測風向，確認自己立於上風側，免得灰頭土臉；

2. 船員施行油漆工作時，口袋或隨手必攜有破布或棉紗，以便隨時清理不慎滴落的油漆；

3. 天候海況不佳時，餐桌上必鋪以濕布，以防杯盤狼藉。

4. 比船長公告之「開船時間」（Sailing order）早一小時回船。因爲

「開船時間」表示該時間船舶主機、機具與人員皆已備便，隨時可以開船之意思。故而謹慎的船員多會提早返船準備開船相關之前置作業，而非將「開船時間」視同「返船時間」。時下很多船舶當引水人依照船務代理通報之「開船時間」早一、二十分鐘抵船時，每遇船員告知開船時間還沒到，所以機艙尚未備便，而且還有幾位船員未返船。姑不論將此項提早返船的習慣說成常規，或是歸類爲公司管理之紀律範疇，早期的海上同行確實都有比「開船時間」提早一小時返船的習慣。事實上，若能提早一小時返船讓繁雜的心境沉澱一下，對於船舶的安全運轉必定有所助益。

以上皆係勿庸特別叮嚀的海員習慣與常規，更是傳統海員遵守固有紀律的職人特質。

必須強調的是，即使 1972 年避碰規則第二條第一項規定「必要時得背離本規則」，但並不表示航海員得以「常規」需要爲由，作爲不遵守規則的辯駁條件。在船舶避碰領域中，「海員常規」更含有船員的技術、善行（意）的集結與不讓碰撞發生的決心之意。一般海員常規上或爲特殊環境所需之任何戒備與基本知識或習慣，包括；

1. 於沿岸交通密度較高水域、彎曲或狹窄水道航行時應加強瞭望；

2. 航行中船舶應避讓錨泊船；

3. 錨泊船舶的船位不應對可能從附近航行而過的船舶構成危險；如遇有濃霧應於不妨礙他船航行處錨泊；

4. 濃霧中航行，船舶務必開啓雷達運轉；如情況允許應先錨泊，等待視線改善；

5. 當兩船在河道彎曲處相會時，頂流船必須等候順流船先行通過；

6. 注意淺水效應、相互作用、岸壁效應可能對操船產生的負面影響。

其次，論及船舶碰撞，除了機器故障、戰爭或不可抗力的自然因素外，現行海事評議或海事審判中，只要遇有船舶涉及不遵守避碰規則中

「追越」、「交叉相會」、「迎首正遇」等三種情況下規定的航行（避碰）方法，通常都會被判定爲違反「海員常規」，並據以判定其違反海上避碰規則之規定，進而承擔相對的事故責任。因爲實務上，除了潛水艇與水上飛機外，海員航行在海上遭遇他船的相對態勢，通常不會脫離此三種趨近模式。

根據 1994 年到 2010 年日本海難審判廳的判決統計，自從 1972 年國際海上避碰規生效施行以來，日本海難審判中，因不遵守上述規定的航行（避碰）方法致被判違反「海員常規」的案例，從 1994 年的 29.09%，增加至 2010 年的 47.83%。從此統計資料明顯得知，在此期間違反「海員常規」項目的案例大幅增加。然而，最令當事人困惑與難以認同的判決結果就是「海員常規」一詞的定義與標準並不明確，例如有 100 件違反「海員常規」的判決，就有 100 種不同的判定基準。而海難審判廳也從未具體定義或闡述什麼作爲與不作爲是違反「海員常規」？也未針對各違反「海員常規」案例間，究竟具有那些共通性與類似性進行分析，更沒有適當的機制或管道將判決依據回饋給現職海員參酌。似此，終將造成無止無盡動輒以違反「海員常規」爲由輕率判定的案例，就如同當前海運社會每每輕率地將事故歸因於「人爲疏失」一樣。不容否認地，此與海事審判者的專業背景有相當程度的關聯。事實上，國內亦有類似判定傾向。

因此爲釐清事故眞相與責任，海員是否違反「海員常規」應尋求具相當海上資歷的專家證人協助，而不具相同實務背景的法官再據以判定責任。

【釋義 5】特殊環境（Special Circumstances）

指船舶處於「極端危險」之境地，如

1. 處於規則條款所未訂明之環境中者；

2. 相互趨近中的二船之一船，因第三船或其他船舶的存在，而不克照章行駛者；

3. 他（本）船提出背離本規則之規定，經本（他）船同意者；

4. 因讓路船不能作正軌之操縱，而直航船必須有所動作者。

【釋義 6】得背離本規則規定之情況

本條文賦予船舶在必要時得背離本規則（A provision for departure from the rules in the case necessity）的規定，這是最古老的有效防範之一，但是必須證明確實有背離規則的眞正需要（has to be proved that there was a real necessity to depart from collision regulation ），諸如在危險的狀況下必須在二個或三個利害關係者間作選擇。法律上，如果危險的情況是因被告本身的過失所造成者，則抗辯將是無效的（If the perilous situation was caused through the defendant's own fault, this defense is not available）。因此允許背離規則規定的條件包括（但不以此爲限）：

1. 不能以正常方式避免碰撞時；

2. 需爲航行或碰撞之緊急危機，不論是因本船或他船之過失或疏忽所造成者；

3. 需善意背離，即應以確保安全爲考量，而非僅圖自身之方便。應用本款規定，需特別愼重，切勿以爲假借事端即可任意行動。尤其處於他船不可抗力情況下，本船如何防範與自救，至屬重要。

【註 1】責任（**Responsibility**）

「責任」是一個空洞、寬泛的抽象概念，可解釋爲一個人分內應做的事情，也就是承擔應當承擔的任務，完成應當完成的使命，做好應當做好的工作。至於「責任感」則是衡量一個人精神素質的重要指標。

「責任」一般可以分爲法律責任和道義責任。在船舶避碰領域涉及的多屬法律責任，法律責任是指源於法律規定或當事人間所約定的契約而產生的法律效果。大多數情況都是在違反法律或契約之後，責任的內容才會具體顯現。例如：違反刑法的規定，行爲人會有刑事責任；違反民事契約，當事人通常要負債務不履行的責任。

【註 2】不可抗力（**Act-of-God：Force majeure**）

因無法以任何注意及技藝（Any care and skill）避免之船舶碰撞，在民法運送條文中的解釋爲：「已爲相當之注意而仍發生者」。因此，若船舶所有人、船長或海員均已遵守本規則，盡到海員常規上所需之任何預防戒備，並在該特殊情況下已顧及避免碰撞之預防措施，而碰撞仍然發生，就屬「不可抗力」之謂。基本上，「不可抗力」之範圍，可歸納爲：

1. 天災：爲不可預期及防範的異常情事，或由自然原因非人力所得預防者。如異常風暴、海嘯、河川暴潮等。
2. 機械故障：經注意與保養檢查而仍發生之瑕疵性故障所引起的碰撞。
3. 航行於適航水道，撞擊最新版本之海圖亦未標示之暗礁。

2.3.3 第三條　一般定義（General Definitions）

1.「船舶（Vessel）」係指用作水上運輸工具之各類水上船艇，包括無排水量之船艇、飛翼船艇及水上飛機。
2.「動力船舶（Power-driven vessel）」係指以機械推動之任何船舶。
3.「帆船（Sail vessel）」係指揚帆行駛之任何船舶，包括縱有推動機械而未使用者。
4.「從事捕魚之船舶（Vessel engaged in fishing）」係指以網、繩、拖網或其他漁具捕魚而限制其運轉能力之任何船舶，但使用曳繩或其他漁具捕魚而不致限制其運轉能力之船舶除外。
5.「水上飛機（Seaplane）」係指爲在水上運轉而設計之任何航空器。
6.「操縱失靈之船舶（Vessel not under command）」係指因某種異常情況，不能依本規則之規定運轉，以致不能避讓他船之船舶。
7.「運轉能力受限制之船舶（Vessel restricted in her ability to manoeuvre）」係指因工作性質致其運轉能力受限制，不能依本規則之規定避讓他船之船舶。

運轉能力受限制之船舶應包括下列船舶，但不以下列爲限：

(1) 從事安放、修護、撈取導航標誌、水底電纜或管線之船舶；

(2) 從事疏濬、測量或水下作業之船舶；

(3) 航行中從事補給或傳遞人員、給養或貨物之船舶；

(4) 從事發出或收回航空器（Aircraft）之船舶；

(5) 從事清除水雷作業之船舶；

(6) 從事拖曳作業時，其本身與被拖物之轉向能力受嚴重限制之船舶。

8.「受吃水限制之船舶（Vessel constrained by her draught）」係指因其吃水與可航水域深度與寬度之關係，致其轉向能力受嚴重限制之動力船舶。

9.「航行中（Underway）」係指船舶未錨泊，或未繫岸，或未擱淺者。

10.船舶之「長度（Length）」及「寬度（Breadth）」係指船舶之全長及最大寬度。

11.「互見」係指一船當能僅爲另一船由目視看到時，即視爲互見。

12.「受限制之能見度（Restricted visibility）」係指能見度受到霧、霾、降雪、暴風雨、暴風沙或其他類似因素所限制之任何情況。

13.「飛翼船（Wing-In-Ground Craft, WIG）」係指在主要操作模式上以貼近水面，利用表面效應飛行之各型船艇。

【釋義 1】「航行中」（Underway）

包括對水面有速率之船舶，以及停俥在水面不移動之船舶。「錨泊中」，指船舶已下錨且錨爪（Anchor Fluke）已抓住海底。至於走錨（Dragging），或拖錨（Dredging the anchor）轉向，或因操船需要利用拖錨調整速度皆屬航行中。

【釋義 2】受吃水限制之船舶（Vessel constrained by her draught）

並不限於某種船型、噸位與深吃水者。乃因船舶吃水與周邊適航水域面積、危險程度、可運轉範圍的關係，對其航行有所限制，致不能讓路的一種權力。此權利只有在運轉能力受嚴重限制時享有，一旦駛離該受限水域後，不得繼續主張。又即使航行於擁擠水域或分道通航制區，若左右兩側水深足夠該船運轉，則不得謂爲「受吃水限制之船舶」。依本定義則應考慮之事項有：

1. 淺水效應與可供船舶運轉水域之面積；
2. 龍骨下水深間隙（Under keel clearance）與船體下蹲（Squat）現象；
3. 轉向能力受嚴重限制之情況；
4. 當地政府或海事管理機關制定之特殊規則。

【釋義 3】互見（Be insight of one another）

僅限於目力能見及他船，不包括使用雷達或其他航儀探測者。而且「互見」不僅指單純的「看到」對方而已，更要明白看到對方當時的情況與操縱動態，以便作爲避碰與保持安全航行之根據，反之亦同。

又以正常之目力，應看到而未看到，或因疏於瞭望，以及視力、體質的限制，不應認定爲未能互見。

【釋義 4】能見度（Visibility）

係指沒有儀器或工具的協助，能夠在特定天氣條件下可以看到的最遠距離（The greatest distance under given weather conditions to which it is possible to see without instrumental assistance）。能見度的好壞對瞭望當值及安全速度有關鍵性影響，爲操船與避碰的主要考量因素。

【釋義 5】受限制之能見度（Restricted visibility）

能見度受限制之因素，如船舶排煙、岸上煙霧、工業煙塵受風向影響致使始能見度受限；又當船舶位於雷雨區、霧區內，縱有短暫的視界好轉，仍被認爲能見度受限制。

第三章　船舶在任何能見度下之措施

3.1 規則釋義

第二章　操舵及航行規則（Part B steering and sailing rules）

第一節　船舶在任何能見度下之措施（Section I conduct of vessels in any condition of visibility）（第 4～10 條）

3.1.1　第四條　適用範圍（Application）

本節條款適用於任何能見度的情況（Rules in this section apply to any condition of visibility）。

3.1.2　第五條　瞭望（Lookout）

「各船應經常運用視覺、聽覺及各種適合當前環境所有可使用之方法，保持正確瞭望，以期完全了解其處境及碰撞危機。」

【釋義 1】瞭望（員）（Lookout）

依據 Farleax 字典解釋，「瞭望」一詞就是爲防範危險（障礙）所採取的持續監視（看守）行動（The act of keeping watch against danger/hazard.）。航海實務上，「瞭望（員）」係指立於駕駛臺針對周邊海域保持持續監視，如發現有任何可能造成航行阻礙或傷害船舶的危險應立即報告的專職人員（A lookout is a person at the ship’s bridge who maintains a continuous watch of the sea to report any kind of hazard that can be an obstacle

圖 3.1　傳統瞭望～登高望遠

Source: deborahhauscr.com

in the navigation and cause harm to the ship）（參閱圖 3.1）。

自古以來，船舶航行海上的安全有相當程度取決於瞭望（Lookout）的確實與否，故而船員除了本能的憑藉目視與登高望遠外，無不尋求各種輔助瞭望工具，例如電影情節中，早期海盜船上常見之單眼望遠鏡，乃至二次世界大戰期間發展的雷達皆是。姑不論船員採用的瞭望輔助工具爲何？早期瞭望的目的不外想及早看到可資劫掠的目標、敵艦或傳說中的黃金島。時至今日，由於國際海法的有效規範，使得海上秩序相對安定，故而瞭望的傳統功能已縮減至僅在單純的觀測相對運動目標（其他船舶）的動態或航行障礙物的所在。

另一方面，由於航海儀器的大幅精進，「瞭望」的方法已從單純的利用「視力」、「聽力」，延伸至有效使用各種輔助儀器、工具與設備，如雷達、望遠鏡即是，以及透過 VHF 的有效語音聯絡完成瞭望的任務。而令人擔憂的是，眼前年輕一代海員本於對科技新知的追求與愛好，每捨棄傳統船藝將目視瞭望作爲確保船舶航行安全的最高準則，而將船舶避碰的評估與判斷作業藉由電子航儀爲之。不容否認的，航行中遇有視線不良或黑夜中，雷達確實是避碰不可或缺的航儀，但若因爲有了雷達就忽略瞭望的重要性，顯然犯了航行安全的大忌。

必須強調的是，「瞭望（員）」一職看似再簡單不過，但「瞭望（員）」的責任就是要忠於職守，而且要保持最嚴肅的態度執行任務。

【釋義 2】駕駛臺一人當值

實務上，船舶在大洋航行時多採一人值班，也就是由當值駕駛員兼任瞭望員。雖採一人當值，但只要當值者能夠利用附設有 ARPA 功能的雷達確實掌握目標船舶的動態，就不能將一人當值視爲肇事原因。惟在交通輻湊水域，爲施行充分瞭望與保有採取適當避碰措施的餘裕，應採取二人當值始符本條規定的「正確」要求。

【釋義 3】正確瞭望

即負責航行安全者在任何時間都應確保其瞭望工作不得有任何疏忽，並依當時狀況與人力作適當之部署或調整，期以完全發揮適合當時情況的瞭望功能。

因此，「正確瞭望」的解釋應包括：

1. 依據國際公約規定部署瞭望員；

2. 必須指派具相當經驗之人全神貫注，觀察四周燈光、聲音、移動目標、漂流物等有關航行安全事項；

3. 航行中應 24 小時持續不斷的保持瞭望；瞭望員不得分心（Distraction）從事其他妨礙正常瞭望之任務；

4. 在高風險水域或能見度不佳時，操舵之舵工與當值駕駛員不能兼任「瞭望」職務，應另指派專人執行瞭望任務；

5. 船舶在後退時，應派專人在船艉保持瞭望；在狹窄水域進行調頭或大角度迴轉時亦同；

6. 瞭望員一經發現任何狀況或目標，應即大聲報告船長或當值駕駛員，船長或當值駕駛員獲報後，應禮貌地複誦其所報告的狀況，並立即判斷危險的有無。

【釋義 4】應保持瞭望時機

為確保船舶安全，不論日夜或視界好壞、航行、錨泊或在特殊作業中都必須配置專職適任的瞭望員（Dedicated Competent Lookout）保持連續（at all times）的瞭望。尤其船舶對避碰的要求是極為嚴苛的，因而利用您的眼睛發現貴船周邊海域的船舶動態，是保持適當瞭望與航行當值的最基本要求。

【釋義 5】時間餘裕縮短

現代新造船舶的馬力較大，船速亦快，因而接近目標的相對時間間隔亦趨短暫，以船速 20 節的船舶為例，每秒移動 10.3 公尺，也就是只要 3 分鐘就可前進 1 浬，如果疏於保持瞭望，很快就會陷入具潛在碰撞危機的「逼近情勢」（Close quarter situation）。

【釋義 6】「瞭望」的執行

因為不充分的「瞭望」（Insufficient lookout）已被列為招致船舶碰撞的最主要因素，為確保航行安全，當值駕駛員應：

1. 在任何情況下都不得背離保持安全航行當值的職責（Do not under any circumstances be deflected from your duty to keep a safe navigational watch.）。

2. 當值時不得使用手機或是任何手提電子裝置（Do not use a mobile phone or any other portable electronic device while on watch.）。

3. 不要讓任何工作讓您自保持適當瞭望的過程中分心（Do not let others draw your attention away from keeping a proper lookout.）。

【釋義 7】瞭望必須與其他資訊源相互比對

保持瞭望是一個明顯與昭然的動作，同時也是當值者在其當值期間與其他資訊源保持固定比對的一個潛意識過程（A subconscious process during which watchkeepers make constant reference to information sources throughout their period of duty）。

【註 1】與瞭望員建立和諧關係

駕駛臺團隊配置的瞭望員（Lookout）旨在協助操船者掌控外部資訊，因此最重要的是，操船者必須與之建立和諧關係，展現自己是相信他們的。因此對於瞭望員的任何報告都應以謙恭的態度與禮貌的語氣表示感謝。不要以「我已經看到了！」、「那沒關係！」的敷衍語氣回應。因爲，如果瞭望員感覺自己被忽視或不被信任，他們可能選擇不再報告，操船者因此可能會漏失許多重要的外部環境訊息。

【註 2】瞭望紀律

儘管傳統航海紀律嚴禁當值者在駕駛臺當值期間聆聽音樂，但職場上少數船舶的駕駛臺仍會放置音響設備，可見部分船舶是允許聽音樂的，但務必記住大聲量的音樂絕對會干擾依照本條條文所要求的適當瞭望（參閱圖 3.2）。

圖 3.2　聆聽音樂影響瞭望品質

【註 3】盲區（Blind sector）

係指船舶駕駛臺外，正横之前的貨物、裝卸機具與其他障礙物阻擋到操船者在操船位置（Conning position）對海平面的視線。此也是吾人一直強調瞭望必須「持續」的原因，因爲如果不「持續」，可能有小船或小目標在瞭望空窗期進入盲區而不自知，唯有「持續」才能確實掌握船舶周邊狀況（參閱圖 3.3、3.4）。

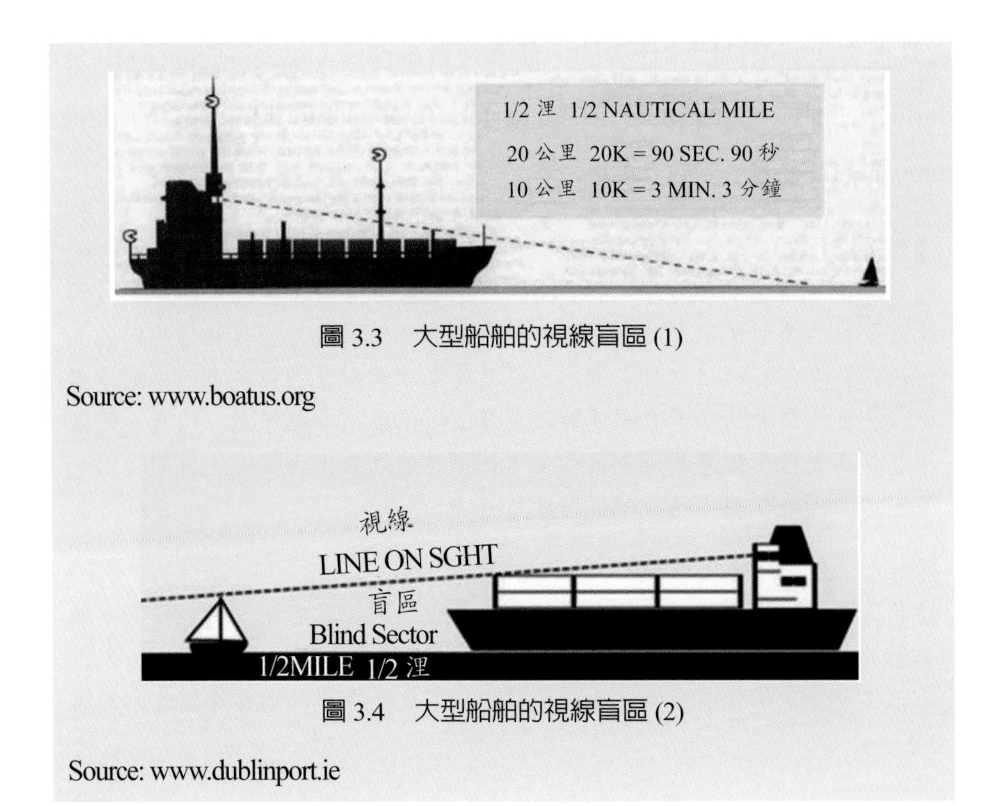

圖 3.3 大型船舶的視線盲區 (1)

Source: www.boatus.org

圖 3.4 大型船舶的視線盲區 (2)

Source: www.dublinport.ie

3.1.3 第六條　安全速度（Safe Speed）

「各船應經常以安全速度航行，俾能採取適當而有效之措施，以避免碰撞，並在適合當前環境與情況之距離內，能使船舶停止前進。」

在決定安全航速時，應考慮下列各項因素：

1. 對所有船舶：

(1) 能見度情況；

(2) 交通密度，包括漁船或者任何其他船舶的聚集度；

(3) 船舶之運轉能力，尤應注意當前情況下之衝止距及迴轉能力；

(4) 夜間現出的背景亮光，諸如來自岸上的燈光或本船燈光反射之散光；

(5) 風、浪及水流之狀況，以及航行險阻之臨近程度；

(6) 吃水與可航水深之關係。

2. 此外，使用雷達之船舶：

(1) 雷達設備的性能、效率及限制；

(2) 當時使用之雷達掃描距程所受到之任何限制；

(3) 海面狀況、天候及其他干擾對雷達偵測之影響；

(4) 在適當之掃描具程，雷達仍可能無法測知小船、浮冰或其他漂浮物之可能性；

(5) 雷達已測知之船舶數量、位置及移動狀況；

(6) 使用雷達測定附近之船舶或其他目標之距程時，對能見度可能有較正確的評估。

【釋義 1】安全（Safety）

「安全」是一種狀態，最簡單的定義是沒有危險，較詳細的定義是指受到保護，不受到各種類型的故障、損壞、錯誤、意外、傷害或是其他不情願事件的影響。

在勞安領域，「安全」一詞被定義為不要曝露於危險或傷害的威脅中（Threat of danger or harm），可見「安全」旨在保護「非故意的」不幸事件與危險，例如在工廠，採取許多安全措施（Safety measures）以保護工人在操作不同機具時可免於遭遇危險。而在船舶避碰領域，「安全」一詞，就是指船舶不論何時何地，應運用各種可行的措施或行動以達致船舶安全無虞之目的。其運用於速度方面，就是安全速度，運用於距離者，就是安全距離。至於本條規定的「安全速度」的具體條件為：

1. 經常性：即在任何時間都應保持安全速度。

2. 應變性：即隨時能夠採取適當而有效之措施，以避免碰撞發生之速度。

3. 適應性：即適合當時情況之需要，在安全距離內，能使船舶停止前進的速度。

【釋義 2】事故防範

從事故防範與人爲因素角度解釋，論及安全速度，最主要關鍵就是操船者要提高警覺，小心行事（To act with caution）。

【釋義 3】決定「安全速度」的因素

操船者決定安全速度應考量因素如下：

1. 安全速度需視環境因素而定，難以作明確或具體定義。意指船舶需配合「當前環境情況（Prevailing circumstances and conditions）」來運轉，以便在任何時間皆能採取適當有效之措施。「當前環境情況」係指操船當時的外在環境因素，如風、流等，以及本船內在的條件因素，如吃水、乾舷、主機馬力、衝止距（Stopping distance）、迴旋圈（Turning circle）等。考量上述影響船舶運動與操縱的因素，故而在某些特定環境情況下，船速過快或過慢皆不宜。因爲即使同一船舶在潮流湍急的狀況下，以八節速度行駛仍可能是危險的，但在無風、無流的狀況下，以五節速度航行卻是安全的。

可見在正常認知情況下，船速過快雖常是事故發生的主因，但在特定環境條件下，船速過慢並不一定安全。因此，依本條定義，並不排除在適宜條件下，允許船舶以較快速度航行。此亦是 IMO 將 1960 年避碰規則中的「和緩速度」（Moderate speed）改成現行之「安全速度」（Safety speed）的考量；

2. 能見度與交通密度通常是控制速度的最主要考慮因素；

3. 能滿足操船者的操作需求，且在操船者可以控制的速度界限內，足以脫離險境的速度；

4. 是否具備提供安全運航的餘裕水域（Adequate margin for a safe maneouvre）；

5. 抵達交通繁忙的引水區或錨地前應及早減俥（It is best to slow down well before arriving off a busy pilotage area or an anchorage）。

【釋義 4】交通密度（Traffic density）

係指單位水域面積或距離內的平均船舶運動數（Moves）或停占數量，通常以一浬爲基準。

【釋義 5】使船舶停止前進

「使船舶停止前進」的方法除拋錨與使用倒車（Astern engine）外，就是交互使用左、右滿舵（Rudder cycling），利用舵板阻擋水流產生的阻力使船速下降（參閱圖 3.5）。

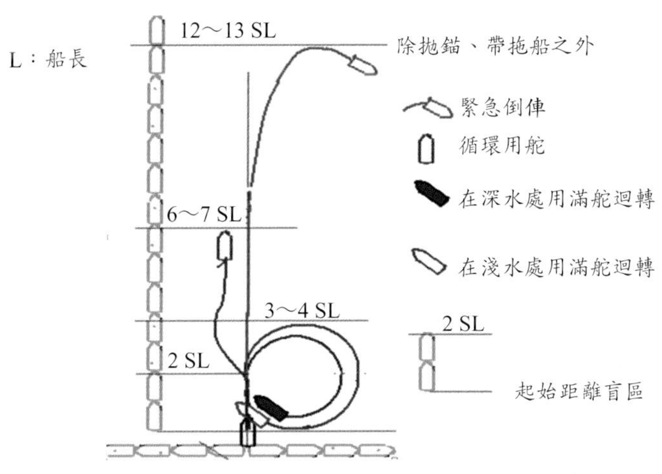

圖 3.5　各種操船運用之船舶停止距離示意

【註】實務上，亦有許多先進採用全速倒俥加以右滿舵的運用。只是在全速行進中改採全速倒俥的情形下使用右滿舵的「擋水」與「鎮偏」效果非常有限。

但在船速過快情況下拋錨，如果未能採取技術性的拋短鏈拖錨法，常會發生斷鏈，致無法產生有效的停船效果。至於使用船舶主機倒俥，則需視船舶慣性與主機的特質而定。又主機種類不同，亦會有不同倒俥效果，如可變螺距螺旋槳（俥葉）（Controllable Pitch Propeller, CPP）船藉由改變螺距（Pitch），可以快速地從前進運轉模式改爲倒退運轉（Quickly switches from forward operation to reverse operation）。但實務上，絕大多數CPP船的倒俥馬力都相對較小（參閱圖3.6）。

圖3.6　可變螺距螺旋槳（俥葉）船（CPP）

Source: Kamome-Propeller.co.jp

至於固定螺距螺旋槳（俥葉）（Fixed Pitch Propeller, FPP）船，絕大多數爲柴油（內燃）機船，都必須先將主機轉速降低，至螺旋槳停止旋轉後，才能啓動倒俥旋轉，進而漸次增加主機轉速。因而倒俥效應很難立即生效（參閱圖3.7）。

圖3.7　固定螺距螺旋槳（俥葉）船（FPP）

Source: Kamome-Propeller.co.jp

實務上，部分船舶的主機，當俥葉前進轉速（Revolutions Per Minute, RPM）未完全歸零前，無法使用倒俥。因此操船者在操船前應先確認船舶有無使用倒俥的特別限制？例如使用倒車時，RPM 是否要歸零？或是 RPM 一定要降至某一轉數值後始可啓動，例如某船在外海倒俥最低啓動門檻爲 18RPM，在港內則爲 11RPM。又有少數船舶即使 RPM 已歸零，仍非得降至在某一速度下才能使用倒俥。基本上，新式柴油機都無此限制，尤其在緊急狀況下隨時皆可啓動倒車操作，但少數輪機長爲保護主機每會自主設定較保守的保護性限制。

再者，當前許多新式貨櫃船多配置大馬力主機，其港內微速（Harbor dead slow）可高達 7～8 節，港內慢速（Harbor slow）則爲 9～10 節，如未事先確認速率表（Speed table）的速度級距，貿然使用大俥，則緊急狀況下因前進慣性過大，當然無法順利開出倒俥。

爲避免類似情況發生，操船者應預先確認：

1. 船速的運用上有無特別的限制？主機廠商說明書有無此等限制要求？

2. 船速在幾節下始能使用船艏橫向推進器（Bow Thruster, B/T）？

3. 船速在幾節下始能安全繫帶拖輪？

4. 船速過快拖船無法發揮預期效用。因爲當船舶在快速縱向運動狀況下，令拖船推頂，不僅無法產生預期迴轉效應，反而因拖船的斜向施力態勢，抵銷大船的倒俥動力而有增速作用。

必須強調的是，大多數柴油機船舶爲右旋螺旋槳（Right handed propeller）船，在無風、無流，且無初始迴轉趨勢（Initial turning trend）的情況下，自前進中停俥，除船舶因慣性仍會持續前進外，即使採正舵（Rudder amidship）倒車時，船艏大都有向右偏轉現象，因此操船者在下達倒俥指令前應預爲防範因應，此現象猶以重載的深吃水船爲最（參閱圖 3.8）。

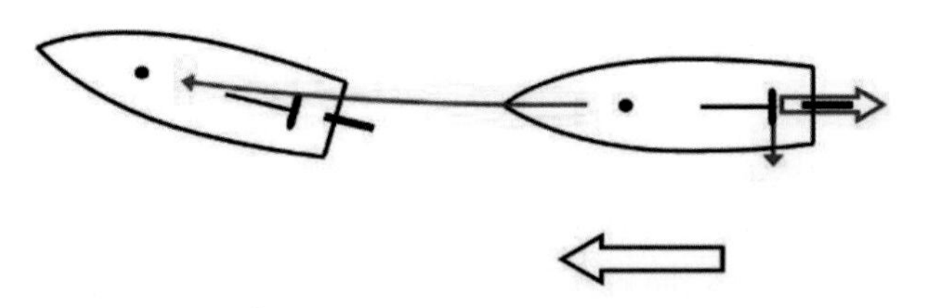

圖 3.8 船舶倒俥多有船艏右偏的傾向

Source: slideplayer.com

【註 1】安全速度

本條「安全速度」規定，爲所有海事相關各級考試常考試題，尤其英文條文更是海事英文類科的常見試題。此外，從實務面來看，無論立於第一線的海上航行人員或是公司管理階層，經常運用本條規定作爲辯證或立論依據，因此建議從事海運相關業務的人員務必熟背此條文的中、英文條文。

Rule.6：

「Every vessel shall at all times proceed at a safe speed so that she can take proper and effective action to avoid a collision and be stopped within a distance appropriate to the prevailing circumstances and conditions.

In determining a safe speed the following factors shall be among those taken into account：

(a) By all vessels：

(i) the state of visibility；

(ii) the traffic density including concentrations of fishing vessels or any other vessels；

(iii) the manoeuvrability of the vessel with special reference to stopping distance and turning ability in the prevailing conditions；

(iv) at night the presence of background light such as from shore lights or from backscatter of her own lights；

(v) the state of wind, sea and current, and the proximity of navigational hazards；

(vi) the draught in relation to the available depth of water.

(b) Additionally, by vessels with operational radar：

(i) the characteristics, efficiency and limitations of the radar equipment；

(ii) any constraints imposed by the radar range scale in use；
(iii) the effect on radar detection of the sea state, weather and other sources of interference；
(iv) the possibility that small vessels, ice and other floating objects may not be detected by radar at an adequate range；
(v) the number, location and movements of vessels detected by radar；
(vi) the more exact assessment of the visibility that may be possible when radar is used to determine the range of vessels or other objects in the vicinity.」

【註 2】波浪損害（**Wash damage**）

港區水域有限，連帶的使水體的流動亦受限制，如航行中船舶螺旋槳推力（Propeller thrust）推進船體作前進運動，會因水體被排散而產生興波（Wave making）作用，也就是隨著該船的前進，自船艏處的船殼起始發散的擴散波（Divergent Wave），此一因船體運動引起的波浪稱爲「船造波浪」（Wash）。「船造波浪」的大小與船舶容積、船速成正比，常會造成本船與他船或設施的無預期損壞（參閱圖 3.9、3.10）。

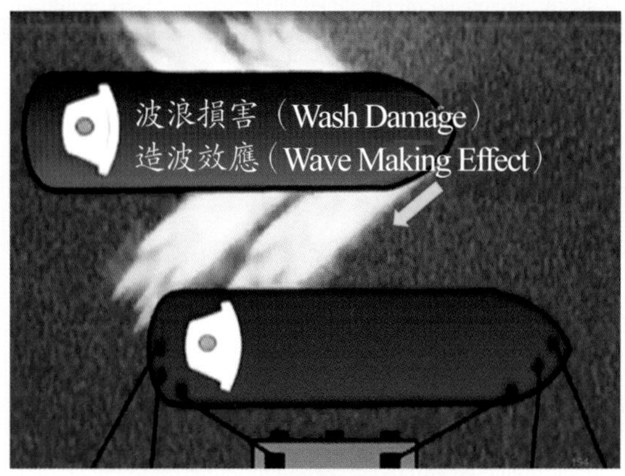

圖 3.9　波浪損害示意圖 (1)

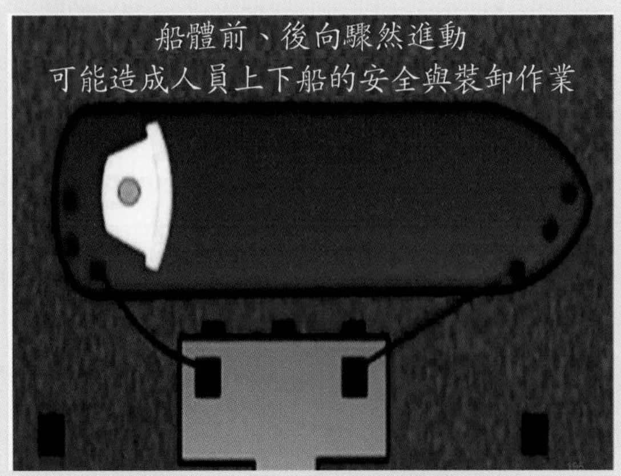

圖 3.10　波浪損害示意圖 (2)

爲防範波浪損害發生應注意事項如下：

1. 狹窄水域内的航行計畫應考慮安全速度與遵守速限；應緊密監督船速，並在需要時立即調整船速；
2. 船長與引水人在進行資訊交換（Master/Pilot Information Exchange, MPX）時，就應討論並確認速度限制水域（區）；
3. 良好的駕駛臺資源管理對於任何非遵守速限的潛在危機都能夠及時對船長與引水人提出示警；
4. 必要的降速在情況允許下，必須及早且漸次爲之；
5. 船長、駕駛員與引水人必須充分注意到吃水、操縱性，以及在狹窄水域内的船造波浪間相互作用的效應；
6. 繫泊在河道或航道兩岸船席的船舶，應督促船員經常巡視繫纜狀況，防止繫纜鬆弛或各纜受力不均，以免他船通過時產生之「船造波浪」讓船體產生前後進動與不對稱的迴轉，進而發生「波浪損害」。

【註 3】危險（**Danger**）

相對於「安全」，何謂「危險」？「危險」一詞係指易於受到傷害、損失、威脅的狀態（the state of being vulnerable to injury, loss, or menace）。

牛津字典：「危險」指發生某些討厭的或不高興的事情的可能性；可能造成問題或有負面結果。

【註 4】危險的（**Dangerous**）

因爲危險的存在或逼迫而產生非常不愉快或令人不安的感覺。

【註 5】危險的想法（**Hazardous thoughts**）

如同在其他工作領域，除了不可抗力的自然因素外，本於人性特質，海上職場上所產生的危險情境，大都源自於操船者對於「危險」的認知偏頗所造成的，最常見的就屬：

1. 過於自信：我無所不能（I can do everything）；
2. 心存僥倖：不會發生在我身上（It won't happen to me）；
3. 不負責任：無關緊要（It won't make any difference）；
4. 事不關己：推諉卸責（It's not my job）；
5. 墨守陳規：我們一向如此行事（We have always done this way）；
6. 投機取巧：草率魯莽（Do something quickly）。

3.1.4 第七條　碰撞危機（Risk of Collision）

1. 各船舶應利用各種可使用方法（All available means），在當前環境與情況下，研判是否有碰撞危機存在，如有任何可疑之處，此項危機應視爲存在。
2. 若裝有雷達並能作業時，應予適當使用，包括長距程掃描，俾能及早獲得碰撞危機之警告，並用雷達測繪或類似之系統設備，觀測已測出之目標。
3. 切勿依據不充分之資料，尤其不充分之雷達資料，擅作假設。
4. 在研判是否有碰撞危機存在時，應考慮下列各項：
   (1) 如駛近船舶之羅經方位無顯著改變時，碰撞危機應視爲存在（參閱圖 3.11）。
   (2) 雖駛近船舶之方位明顯改變，碰撞危機有時仍可能存在，尤其當接近一巨型船舶或一組拖曳船，或逼近另一船舶時。

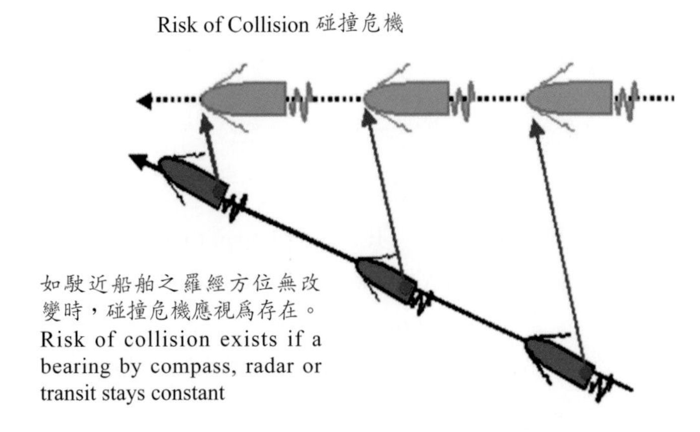

圖 3.11 碰撞危機的判斷

Source: www.skysailtraining.co.uk

【釋義 1】危機（Risk）

一位適任的當值駕駛員必須知道如何決定碰撞「危機」是否存在。「危機」係指潛伏的禍害或危險；遭遇嚴重困難的關頭。「危機」是有危險又有機會的時刻，是測試決策者解決問題能力的一刻，更是情勢發展的轉折點，攸關成敗的十字路口。依據劍橋英語字典，「危機」的解釋如下：

1. 遭受傷害、損失或危險的可能性（The possibility of suffering harm, loss or danger）。

2. 涉及不確定危險或危險源的因子、事物、元素或行事方法。

【釋義 2】碰撞危機（ Risk of Collision）

本規則涉及「碰撞危機」的適用條款包括第十二條，第十四條，第十五條及第十九條。至於兩船間究竟要接近至什麼程度或距離，始被認爲具有碰撞危機，IMO 在制定本規則時，迄未同意「碰撞危機」的設定建議值。究竟每一個駕駛員對「危機」的認定依其教育、訓練、經驗乃至膽識的不同有所差異，何況海上的環境因素是瞬間萬變的，這應是 IMO 未同意設定建議值的主因。然而法院判例對於「碰撞危機」的解釋為：「在兩船雙方，若任何一方有違反規則之行為，致引起碰撞危險時，始被適用」。顯然，若無任何碰撞危機存在，則不受本規則之限制。

【釋義 3】雷達之使用

本規則第六條、第七條、第八條、第十九條，皆有強調正確使用雷達的條文，第五條關於「瞭望」規定的「所有可使用之方法」之一，當然亦包括雷達。可見雷達已成當前船舶安全航行與避碰最重要的航儀，故而駕駛員一旦上船，務必要盡快徹底了解本船所配置雷達的操作、使用，以及雷達設備在機械上與物理上的使用限制。

基本上，正確使用雷達包括：

1. 必須適當調整顯像參數，並選擇適當掃描距程（Range），以減低干擾，及早判定碰撞危機的存在與否；

2. 儘管短距程之觀測效果較佳，尤其在能見度受限制與交通密度較高水域，但仍要定時變更掃描距程，因為距離因素在雷達測繪驗算上，若方位有稍微誤差，即可能導致重大影響，例如誤判交叉相遇情勢為迎艏正遇。

3. 不論能見度如何，應對任何趨近目標的方位與距離作連續性，與適當時間間隔的觀測。

4. 切記！「最近距離點」（Closest Point of Approach, CPA）才是判定碰撞危機與避免碰撞的最主要參數。至於「至最近距離點時間」（Time to Closest Point of Approach, TCPA）則應持審慎態度，因為「還有多少時間才會行駛到最近點」常會讓駕駛員自滿的認為「目標離接近還早」，進而疏忽大意卸下心防，終至貽誤避碰時機。

【釋義 4】不充分之雷達資料（Scanty radar information）

儘管條文中使用「雷達資料」，應指所有因電子航儀所衍生的負面效應，並強調駕駛員切勿過度依賴或誤用電子航儀。「Scanty」一詞原意爲不足的、缺乏的、貧乏的。可見「不充分」有相當程度表示對目標的觀測與資料研判次數太少，故而一定要對目標船作多次連續觀測。而爲求謹慎，駕駛員更要利用目視測定結果與雷達顯示資料作比對，以防過度依賴雷達失眞的資料而誤導操船者判斷。

【釋義 5】如何正確使用雷達避碰

雷達依波長（Wave length）與頻帶（Band）基本上分成：

1. 10cm（S band）雷達：在所有的距程（Range）偵測小型目標都會有較佳的功效，所以應作爲主要的避碰雷達。

2. 3cm（X band）雷達：可提供較佳的分析度（Definition），其可改善目標方位與距離的正確性，故應作爲定位時使用。

【釋義 6】目標方位的改變

誤判目標方位的改變可能帶來的危機有：

1. 如認爲近距離目標之方位明顯改變，即沒有危機，是不當的想法。因爲目標距離太近，受操船技術與水文條件影響仍具相當危險性，尤其在受限制之水域內。

2. 距離較遠目標的方位雖有明顯變化，常因他船可能陸續採取小幅度改變航向，而有危機存在，此猶以雷達觀測時爲最。

3. 目標方位雖有改變，爲判斷是否有碰撞危機，仍應對方位與距離作連續性之觀測。

【註 1】電子航儀的使用

儘管自動雷達測繪裝置（Auotmatic Radar Plotting Aid, ARPA）與船舶自動識別系統（Automatic Identification Systemm, AIS）爲有用的助航設備，但最可靠且有「直接關聯」的方法還是觀測趨近船舶的羅經方位。而最傳統的航行實務是操船者應積極地走出駕駛臺外，觀看趨近船舶的相對運動態勢，建立一個您正遭遇中的正確景象。

尤其利用 AIS 進行避碰時，必須注意小型船舶可能未安裝 AIS，因此過度信賴 AIS 是危險的。因爲 AIS 可以提供您豐富的訊息，但無法告訴您要如何讓船。

雖然當前駕駛臺設置的各種航儀可以透過整合（Integration），並具備提升情境警覺的附加功能，特別是在交通繁忙水域提供他船運動態勢的指示，讓當值駕駛員可較往昔易於取得更多有用的航行資訊，例如已裝有 ECDIS/ECS 的船舶，雷達與 AIS 的資料即可被聯結顯示於電子海圖顯示器（Display）上。因此時下許多當值駕駛員常常直接在電子海圖上研判趨近中的目標，但切記不能單憑此等資料決定碰撞危機是否存在。

此外，切記諸如 VHF、AIS 等航儀即使可以提供包括「最近距離點」、「至最近距離點時間」等訊息，亦不能獨立地用來作爲判斷碰撞危機存在與否的評估參考。

【註 2】CPA 的正確認識

1. 實務上，某些駕駛員在 ARPA 上觀測到目標的 CPA 在極小邊際值上（Small close point of approach margin），也就是操船者將容忍極限降至最低的程度，例如 0.5 浬，仍樂觀地認定沒有危險。事實上，「極小邊際值的 CPA」常會誤導駕駛員的判斷，例如種種海上環境內、外因素的變動，常導致數字上雖仍顯現出有足夠距離，卻可能因航儀的失眞變成危險的逼近情勢（Alarming close）。
2. 當一部 ARPA 顯示出您與趨近船舶的 CPA 爲 0.15 浬時，其正確意義爲兩船將以 280 米的距離通過，這可能僅是一個船長的長度。如果您的船速爲 18 節，那麼通過該距離的時間僅需 30 秒。

【註 3】所有可使用的方法（All available means）

我們在日常生活中經常要判定危機的存在，例如我們走在人潮密集的街上，當我們快碰到某人，或是他人要碰到我們時，本能上（Instinctively）就會警覺到並且做出閃躲動作。似此，作爲一位專業的航海者，我們在當值或瞭望時利用此人類固有的官能（Inherent sense），伴之以經驗的累積，通常都會具備能夠判斷與他船有無碰撞危機的直覺警戒潛能。

毫無疑問的，我們當然不能僅憑直覺（Instinct）作爲決定碰撞危機的單一方法。因此，如何解釋「所有可使用的方法」成爲決定碰撞危機的重要議題。

回歸到傳統航海，避免船舶碰撞最重要的工具當然是人類的眼球，加上利用設置於駕駛臺中央線的羅經復述器（Compass repeater）的協助。利用一定時間間隔小心觀測任何趨近船舶的羅經方位，將可提供航海者碰撞潛在危機存在的早期與有效預警。切記！在目標的羅經方位沒有明顯改變之前，您都不能認定碰撞危機不存在（Bear in mind there must be an Appreciable change in the bearing before you can be confident that risk of collision does not exist）。

【註4】過度依賴電子航儀的後遺症

雖然新一代的電子航儀，爲航海界在安全與效率上提供巨大的貢獻，但爲提升情境警覺性與協助瞭望者而引進電子航儀期望改善海上安全的動力，已經因爲當前世代最爲需要的核心專業能力的降低，以及醞釀出選擇最簡單方法的不良人性特質，進而不知不覺的向安全標準作出妥協。

不容否認地，雷達與ARPA是協助決定碰撞危機的最好工具，但相對的是，你必須注意此等航儀仍有無法克服的物理與機械上的限制。

至於海事法院期待船員如何使用「AIS」？當然就是比照已在職場上使用數十年的的「ARPA」。但國際海上避碰規則的條文中卻未見及「ARPA」一詞，因此究竟「AIS」與「ARPA」是否爲法律上認可的「所有可使用的方法」之一呢？

在In re Nat'l Shipping Co of Saudi Arabia（RADFORD –SAUDI RIYADH）【147F. Supp.2d 716（E.D.Va.2000）】的判例中，法院認爲只要船舶在船旗國或船級協會監督下裝置「ARPA」，並核發證書，則使用「ARPA」就應是強制的（Mandatory）；同樣的，在Dahlia Maritime Co, Ltd v The Nordic Challenger,【1994 A.M.C. 2208（E.D.La.1993）】的判例中，法院判定疏於使用「ARPA」是違反瞭望守則的（The failure to use APRA is a violation of the lookout rule）。顯然，縱使在國際海上避碰規則中未提及「AIS」，但規則應被解讀成必須使用「AIS」作爲避碰工具。因此不難想像未來法院在類似判決中，終會將整合「AIS」，以及「電子海圖顯示與資訊系統（Electronic Chart Display and Information System, ECDIS）」視爲「所有可用的方法」，並必須以之作爲避碰航儀。

【註5】人爲疏失：瑞士起司模式（Swiss Cheese Model）

如同其他職場一樣，海員在船上遭遇的風險（Risk suffered）也大都是因爲種種「缺失（Failure）」的合併效應，或是互爲因果所產生的。當然「缺失」有可能來自大自然因素（Elemental），也有可能來自船舶本身的硬體缺失，以及人員的疏失或失責。而有關人爲疏失的闡述最爲人知的當屬由曼徹斯特大學教授James Reason首創的「瑞士起司模式」（參閱圖3.12）。

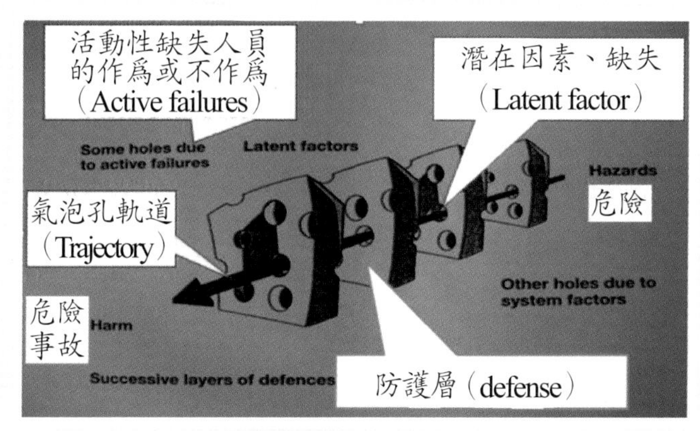

圖3.12　「瑞士起司模式」（Swiss Cheese Model）

「瑞士起司模式」乃是假設每一片起司代表一道防護層（Defense）。理想世界中，這些起司片都不應有氣泡孔存在的，所以「危險」會被層層起司片所阻擋而無法通過。但在現實世界裡，此等起司片都會有氣泡孔存在，而此氣泡孔就代表存在於系統中的「缺失」。許多「缺失」是潛在而不易被發覺的，稱爲「潛在因素」（Latent factors）。「潛在因素」在系統中存在一段時間或是單憑其並不足以產生事故，但「活動性的缺失」（Active failure）則幾可斷定是事故的主因，它們可是壓垮駱駝的最後一根稻草。在許多案例中，這些「活動性的缺失」就是人們的作爲或是不安全的動作（Unsafe acts）。在很少有的情況下，所有起司片的非特定氣泡孔竟會湊巧排成一線，則「危險」就會經由貫穿所有起司片的氣泡孔軌道（Trajectory）到達受害者（Victims），進而引起事故的發生。

【註6】化解碰撞危機——船長與駕駛員應有的作爲

1. 探查（Probing）：提高情境警覺（Enhance Situational Awareness）
2. 警示（Alerting）：建立聯絡（Established Communication ）
3. 質疑（Challenging）：合理的感受（Reasonable perception）
4. 緊急（Emergency）：確認明顯的危險（Clear/obvious danger）

5. 介入（Intervention）：接手船舶操控權（Takes over the conn）

【註7】建立「質疑文化」（**Challenging culture**）
理論上，每件事故的發生皆起因於導致事故的決定未被重新考慮或質疑（Reconsidered or challenged）。因此，我們應建立一個駕駛臺團隊成員隨時都可提出質疑，並採取動作的環境。並將這種「質疑文化」推廣至整個海運社會。因爲當前實務上常見駕駛臺團隊的資淺成員即使發現資深成員，甚至引水人的指令不合理時，大都不敢提出質疑。

3.1.5 第八條　避碰措施（Action to avoid Collision）

一、爲避免碰撞所採取的任何行動，應依照本章之規定。如當時環境情況許可，應及早明確地採取措施，並注意優良船藝之施展。

二、爲避免碰撞而採取之任何航向及（或）航速之改變，如環境允許，其改變幅度應足能爲他船由目視或雷達所明顯測知，並應避免對航向及（或）航速，作斷續而微小之變動（a succession of small alterations of course and/or speed）。

三、如有充分水域時，僅藉改變航向，可能即爲避免逼近情勢之最有效措施，但必須及早堅定行之，庶可不致發生另一逼近情勢。

四、採取避免與他船碰撞之措施時，應以安全距離相互通過；並應審愼校測此項措施之實效，直至他船最後通過並分離清楚爲止。

五、如必要時，爲避免碰撞，或容許有更多時間以研判當前情勢，船舶應減速或用停俥或倒俥，以制止船舶前進。

六、(一) 凡依規則規定不得妨礙他船通過或安全通過之船舶，在情況需要時，應及早採取措施，俾有足夠之水域以供他船通過。

(二) 凡依規定不得妨礙他船通過或安全通過之船舶，當駛近他船而有碰撞危機時，仍不得免除此項責任，並應於採取措施時，充分考慮本章各條可能要求採取之措施。

(三) 當兩船互相接近致有碰撞危機時，非讓路船仍應完全遵守本章各條之規定（參閱圖 3.13）。

圖 3.13　避免船舶碰撞原則

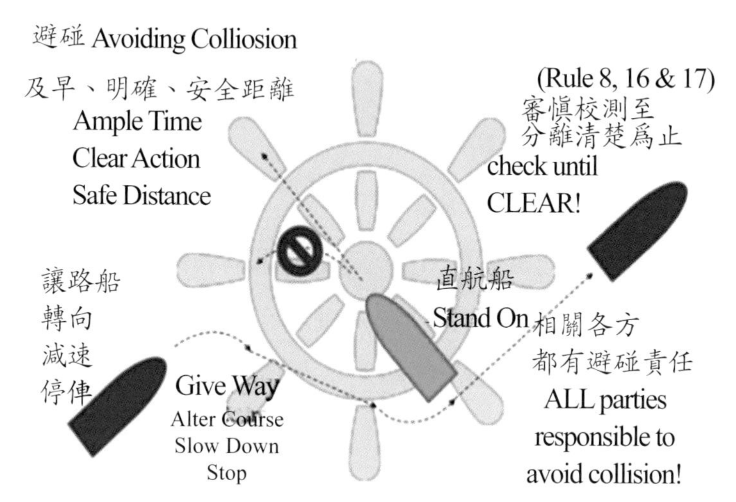

Source: slideplayer.com

【釋義 1】及早採取措施

碰撞的問題不在於碰撞危機發生時該作的已經都作了，而在於是否及早採取預防措施。

在海上避碰的情況下，船長應提醒所屬，首應考量他船可能面臨操船上的難處或其他限制的重要性，而且唯有及早採取行動才能享受置身於「舒服區（Comfort zone）」的感覺。但必須強調的是，只有操船者確實知道本船在操船上所受的限制，例如慣性、迴轉直徑、迴轉率等船舶運動參數，才會較早採取動作。特別是在採取避碰措施的最關鍵時刻，例如避讓一艘依照避碰規則原本應讓路予本船，但因該船也要讓路給第三船之緊急情況下。

【釋義 2】改變幅度應足能爲他船由目視或雷達所明顯測知

此包含在互見情況下之視力所能及，以及能見度受限制下的雷達測知。至於音響信號則必須在適當時間內發放，並配合燈光信號，俾能使他船確知本船動向或方位。

【釋義 3】「藉改變航向，以避免逼近情勢」應考量因素

1. 需有適當之安全距離，以及餘裕水深；

2. 考量能見度狀況、船舶性能、觀測方式等因素再決定通過目標船時之最短距離，並採取適當的轉向措施；

3. 對迎艏正遇或近於船艏方向的來船採取轉向避讓的效果最佳；

4. 轉向應明確，勿使對方誤解，進而形成逼近情勢；

5. 在追越情況下，勿讓本船與他船過於接近，應及早轉向，拉開與他船的距離；

6. 對於正橫附近的來船，變更航向不如變更船速有效。

【釋義 4】審慎校測所採措施之實效

從往昔諸多海事案例觀之，許多碰撞事故是在讓路船確已採取讓路措施後仍然發生者，例如駕駛員避讓漁船只知轉向，而忽略了轉向角度過大，船艏雖可讓過漁船，但卻因船艉「甩尾」幅度過大過快仍舊撞上漁船。

因此採行任何避碰措施，都應審慎評估效果，不能無視後果地採取輕率無效的措施。也就是要配合船舶運動，監督整個讓船的進程，以便視情況發展隨時採取更積極或權宜的讓船措施，直至他船分離清楚爲止。

【釋義 5】避讓時機與操作

1. 碰撞危機應及早加以求證，並及早建立聯絡，以確認他船企圖。

2. 關於採取避讓動作的時機，只要當值者覺得有安全上的顧慮就是採取讓船措施的最佳時機，永遠不會太早（Do not hesitate to take action

once feel uncomfortable）。實務上，常見許多資淺駕駛員礙於面子，唯恐提早採行動會遭長官或同仁嘲笑，因此明明看見目標趨近且有碰撞危機，卻故作鎮靜強裝處變不驚狀，內心則陷入天人交戰的煎熬，而不願果敢採取行動，終至因耽誤黃金時機而造成碰撞。

3. 碰撞之發生常因疑惑、猶豫或採取不當措施，導致形成逼近的情勢而造成的。

4. 凡事要預為籌謀，尤其要設想設若他船採取非您期待的動作時，您要如何因應？（Think ahead—think of the other vessel.）

【釋義 6】操船者應具備之避碰知識

駕駛臺團隊必須對其船舶的參數（船長、船寬、吃水）與限制要有共同的認識（Common understanding of their ship's parameters and limits）。一般包含下列因素：

1. 船舶的操縱特性（Manoeuvring characteristics），如舵效、迴轉性能；

2. 地理位置（Geographic location），如水域寬度與水深；

3. 當時情況（Prevailing conditions），天候、海況、能見度；

4. 與危險物的距離（Proximity to dangers），淺灘、暗礁的接近程度；

5. 交通及其型態（Traffic and type of traffic），交通密度；

6. 駕駛臺的人員配置（The manning of the bridge），了解團隊成員的當值經驗。

【釋義 7】避碰的忠告

操船者無論在讓路（Give way）或應保持航向（Standing on）時，必須考量整個過程中：

1. 所採行動是否為不歸路（The point of no return）？

2. VHF 的通訊是否通暢明確（Is the communication established clear

enough）？

3. 利用目視控制避碰動作（Controlling an avoidance manoeuvre visually）；

4. 及早作大幅度轉向（Making a substantial alter course early）；

5. 直航船舶的決定與動作，以及 CPA 的利用（Stand on vessel decisions and the uses of CPA）；

6. 如果水域開闊，及早轉向可能爲避免碰撞危機的最有效措施，但是在受限水域，可能需要調整速度。作爲一個當值駕駛員，如果您認爲適當時，就必須不能畏懼（被迫於情勢）選擇使用主機以控制速度。不容否認的，要一位單獨值班的資淺駕駛員搖動俥鐘控制速度，在實務上是罕見的。

【註 1】：船藝（Seamanship）

近年來在港口引領船舶期間與年輕一代海上同行交談，才知道目前海事院校並無開授「船藝」（Seamanship）這門課，這對於吾等非熟讀尼可氏船藝學（Nicholls's Seamanship and Nautical Knowledge）無法走出校門的世代而言，眞不知如何以對。或許當前的學程規劃者以爲時下航海科技發達，科技化、自動化、電腦化足以取代一切，乃將「船藝」列入職校或職訓中心傳習的低端技能，殊不知「船藝」正是船上所有作業施行的基礎專業。

討論「船藝」之前，筆者特別要對當初將「Seamanship」一詞翻譯成「船藝」的航海前輩的英文造詣與國學素養表示最崇高敬意。「船藝」可以被視爲一種工（手）藝（Craft），係指經由多年海上職場的練習與鍛鍊所習得的全面性專業技巧。它是一種代代傳承而下的一種技巧，它無法單憑藉由建立工作程序（SOP），或經由課堂上傳授即可習得者。而不論優良或不完善的（技巧），都是需要經驗傳承或嘗試錯誤多年才能發展或體會出來的。可見「船藝」是一種必須經過長時間的鍛鍊與發展的技巧，通常也是習慣，且此種專業常識與習慣是無法僅經由學術研究或遵循作業程序即可獲致的。

以航行駕駛爲例，目前許多船舶在進、出港時，畏於颳風下雨，船舶才剛離開碼頭，船副乃至船長無不急於將駕駛臺門窗緊閉。試想船舶即使在港區運轉仍屬避碰規則的適用水域，而駕駛臺門窗緊閉，不僅無法聽到他船的音響信號，更相當程度限縮瞭望視野，故而絕對會影響航行安全。憶及筆者初次登船就曾有類似作爲，當下即被老船長視爲滔天大罪訓斥一頓，謂：「跑船的、怎可怕風怕雨？」如今終可體會老船長的用心。

再者，回顧近年來幾起船舶碰撞事故都肇因於當值者轉向前不先確認轉向側後方的交通狀況，而上述急於緊關駕駛臺門窗的惡習，正是促成此等避碰事故的幫兇，因爲一旦駕駛臺兩側大門關閉，操船者無論轉向或讓船都不會走至舷側觀察避讓他船的實際效果。此一攸關船舶安全的不作爲顯然違反避碰規則第八條第四項：「採取避免與他船碰撞之措施時，應以安全距離相互通過；並應審愼校測此項措施之實效，直至他船最後通過並分離清楚爲止。」的規定。這是人性常情，因爲駕駛臺兩側大門一旦關閉，駕駛員出外察看情勢演變的意願與機率就會相對降低，尤其在惡劣天候情況下更是如此。

至於甲板上的工作，就更令人難以接受，除了配置撇纜槍（Line throwing apparatus/gun）的船舶外，眼下職場最常見者就是船身離岸僅數米之遙，船員就是無法將撇纜（Heaving Line）撇上岸際，進而讓原本擺妥的船舶態勢受外力影響而生變化，徒增泊靠困擾；其次就是許多船況甚優的著名航商屬輪，甲板牆緣油漆邊際線有如滔天巨浪般的起伏扭曲的景象。論者或謂油漆無關航行安全，然不論該船的管理與紀律如何，試想連油漆邊際線都無法整齊漆出的船員，怎可能會遵守規定的施行航行當值與保持瞭望，因爲這是態度問題，而非技術性問題。凡此都是有違傳統海員珍貴經驗與優良習慣的脫序作爲。

無論如何，我們現正處於一個遺棄船藝基本原理與常識（Basic principles of seamanship and common sense）的時代。我們都知道如何在學術理論研究與實務常識見解間取得平衡是推動海運實質進步的良方，但眼前趨勢卻任由實務習作被忽視。如依循當前各行各業皆奉「永續」爲最高理念的風潮，我們必須切記並體認到「船藝」專業絕對是我們確保航海與船舶運作安全重中之重的要務。

至於本條所述「優良船藝」所應具備的條件不外：

1. 負責任的態度（Responsible attitude）；
2. 對職場環境保持警覺性（Awareness）；

3. 凡事預爲因應（Think Ahead）；
4. 有實務經驗的（Practical）。

【註 2】「逼近情勢」（Close quarters situation）

「逼近情勢」一詞目前仍無一致的明確定義，但「逼近情勢」卻是撞船發生必然條件。而避開潛在的致命性「逼近情勢」的能力取決於負責航行者的個人能力。

從航海實務上，「逼近情勢」可解釋爲：「當僅靠單一船舶單獨採取行動可能無法避免碰撞，除非採取緊急行動，諸如滿舵或緊急停船（Full helm or a Crash stop）等操船措施以避免事故發生的情勢」。此時兩船即使多增加一呎都可稱爲安全距離。至於應如何避免逼近情勢？海運公司的管理階層應以船隊船舶的特質屬性，與屬輪的駕駛臺團隊成員取得共識，明定安全通過的最近距離（The minimum distance for a safe passing），以及採取行動的時間極限（The latest time of the action be taken），俾讓船員有所遵循。如此藉由與駕駛臺團隊成員的了解與同意所定義的避碰底限，將使團隊成員在執行避碰措施時能夠更確定團隊的意圖。無需讓駕駛員每每陷入天人交戰，或爲保全面子而爲自己找太多毫無實質意義的藉口，進而因時機延宕而發生事故。本此，駕駛臺團隊應有 CPA 與 TCPA 的內規底限時間以避免逼近情勢。而採取避碰措施應在此等底限之前爲之，才能稱之爲「及時」（in time）。

其次，駕駛臺團隊成員必須瞭解其船舶的參數與限制（Parameter and limits），而此等參數與限制將因船舶本身（長度、吃水、形狀）、船舶操縱特性、地理位置、當下情況、航行危險的接近程度以及交通密度而異。也就操船者應知己知彼，確實掌握可能影響船舶運動的內、外在因素。

【註 3】安全距離

如同前述，每位操船者的教育訓練背景、職場經驗、個人膽識與特質皆不同，因此每個人對「安全」的認知都有所不同。實務上，在開闊海域，要讓前方或橫向任何來船保持至少一浬的距離，從本船後方來船保持至少半浬通過。之所以採此空間保留態度，乃因爲在兩船趨近的情況下，片刻都無法猜想到對方船舶的當值駕駛員正在想什麼，何況對方可能不認爲以較近距離通過是您無法接受的。

【註 4】正確使用特高頻無線電話（VHF）

由於先前許多海上事故是因船舶間的 VHF 聯絡不當、誤解信文、誤認對手船等缺失所引起的，故而自從 1972 年版本避碰規則生效後，遂有利用 AIS 取代 VHF 讓船的新見解。

毫無疑問的，船舶避碰擬以 AIS 取代 VHF 的原因，就是船員不當濫用 VHF 的負面發展所促成的。因爲儘管避碰規則第八條第一款規定：「爲避免碰撞所採取的任何行動，應依照本章之規定。如當時環境情況許可，應及早明確地採取措施，並注意優良船藝之施展。」

在海上職場，我們時常聽到兩船舶間爲避讓而透過 VHF 進行聯絡的對話，對話內容著實令人哭笑不得。例如最常聽的就是：「您的企圖是什麼？（What is your intention？）」。試想在空曠的大洋上，就只有兩艘船相遇，無論空間或時間上都足以讓兩船避免造成「逼近情勢」，只要您覺得不舒服及早避開就好了，何必知道對方有何企圖。其次，就是兩船相距仍有數浬之遙，而且非交叉相遇情勢，結果建立 VHF 聯絡通話只爲簡單的確認：「紅燈對紅燈通過（Passing Red-to-Red）」。如果一定要解釋此現象，個人認爲純是因爲船員常年航行海上太無聊了，看到他船與同行通通話也可消解值班的孤寂。類此無實質助益的通話，恐將產生下列負面影響：

1. 該等通話或許無傷大雅，但絕對沒有助益。然一旦養成習慣，當值駕駛員就會不論任何情勢發展，只要發現有船接近就會以 VHF 呼叫，而不會專心依據避碰規則的規定採行避碰行動。長期來看，此一惡習將導致船員的無知化與避碰規則被邊緣化（Marginalization）。
2. 船員只要嚴格遵守避碰規則第八條第一款「應及早明確地採取措施」的規定。就可大幅減少駕駛臺與駕駛臺間（Bridge-to-Bridge communication）的不必要聯絡，進而讓駕駛員專心操船。
3. 企圖藉由 VHF 安排讓船的行爲（Behaviour）常會造成思慮混淆、浪費時間，甚至違反避碰規則的規定。而此等危險因素最終可能都會成爲船舶碰撞的主因。

3.1.6 第九條　狹窄水道（Narrow Channel）

一、船舶循狹窄水道或適航水道行駛，於安全且實際可行時，應盡量靠近本船右舷水道或適航水道之外側行駛。

二、帆船或長度未滿 20 公尺之船舶，對僅能於狹窄水道或適航水道中安全航行之船舶，不得妨礙其通行（參閱圖 3.14）。

三、從事捕魚中之船舶，對任何其他航行在狹窄水道或適航水道中之船舶，不得妨礙其通行。

四、船舶如橫越狹窄水道或適航水道，對僅能於狹窄水道或適航水道安全航行船舶之通行有妨礙時，不得橫越。若後者對橫越船舶的意圖有疑慮時，可鳴放本規則第三十四條第四項規定之音響信號以表示之（參閱圖 3.15）。

五、(一) 在狹窄水道或適航水道中，唯有被追越之船舶採取措施允許追越船安全通過時，方可追越。意圖追越之船舶，應鳴放鳴放本規則第三十四條第三項第 1 款所規定之適當音響信號。被追越船如同意，應鳴放本規則第三十四條第三項第 2 款規定之適當

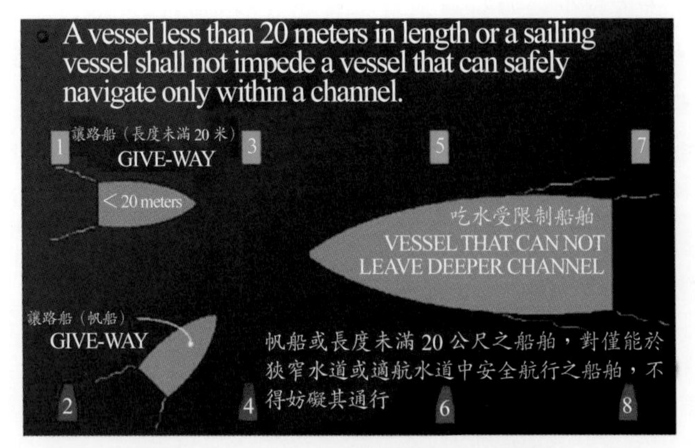

圖 3.14　小船不得妨礙大型船通行

Source: slideplayer.com

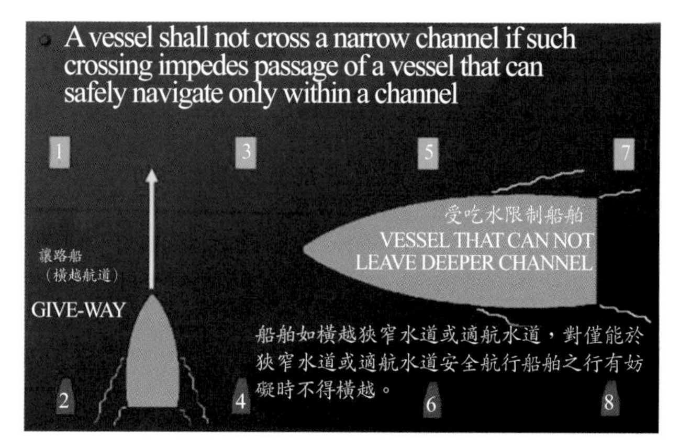

圖 3.15　狹水道橫越規定

Source: slideplayer.com

音響信號，並採取步驟允許安全通過。若有疑慮時，被追越船應鳴放本規則第三十四條第四規定之音響信號。

(二) 本條之規定，並不解除追越船依本規則第十三條所規定應盡之義務。

六、船舶駛近彎水道或狹窄水道或適航水道區域，由於障礙物之遮蔽可能無法看見其他船舶，應特別警覺小心航行，並鳴放第三十四條第五項所規定之適當音響信號。

七、如情境、環境許可，任何船舶應避免在狹窄水道內錨泊。

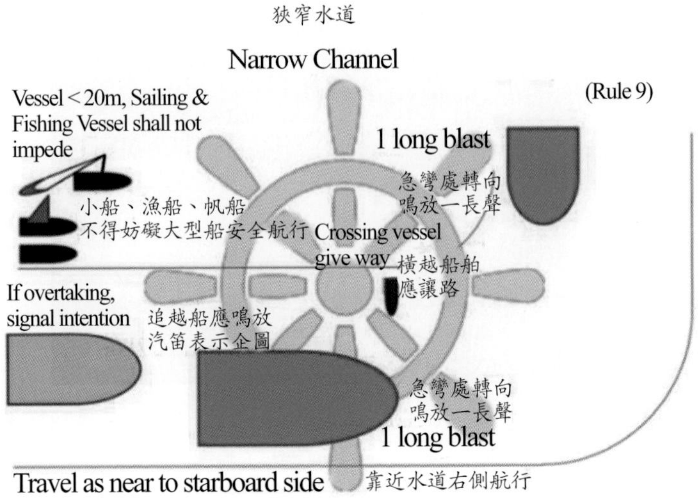

圖 3.16　第九條條文規定示意圖

Source: www.slideshare.net

【釋義 1】於安全且實際可行時（As is safe and practicable）

乃規定動力船舶在狹窄水道內「靠右航行」的條件，更是規則給予遵守者應付特殊情況之操船餘裕，因水上航行變幻莫測，常規條文難以全面適用，倘遇特殊情形，當容許操船者作臨機處置，以達避碰目的。

【釋義 2】狹窄水道（Narrow channel）

至目前為止，國際間對「狹窄水道」一詞並無明確與一致的定義，但實務上常被解釋為寬度約在二浬以下，或在河道入口外與海相接之水域，而船舶通常只由相反方向、相對航行的水道，但不包括兩邊設有碼頭，經常可能有船取道任何方向行駛的港道在內。

「狹窄」一詞是相對地，依據船舶類型與環境而定，例如相同寬度的水道，對五千噸的船舶而言，算是寬闊，但對二萬噸的船舶而言則是「狹窄」。至於「水道」則指兩岸有淺水區的自然或經人工濬深的航行巷道，經常利用浮標標誌之（often marked by buoys.）（參閱圖 3.17、3.18）。

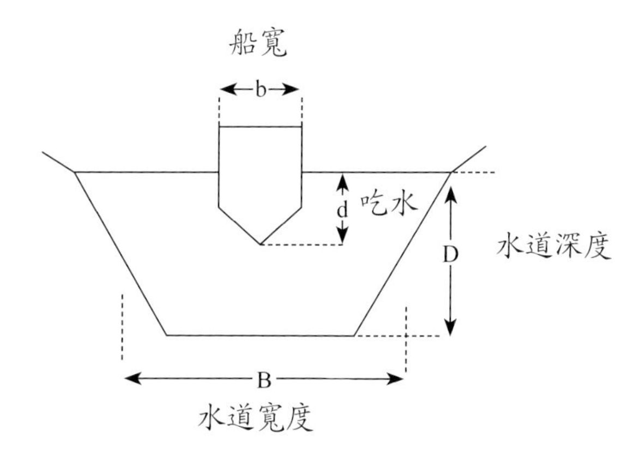

圖 3.17　航道的寬或窄與船舶寬度具相對性

B：水道寬度；D：水道深度；b：船寬；d：船舶吃水

Blockage factor = b/B×d/D

圖 3.18　僅允許單向通航的狹窄水道

Source: www.tripadvisor.com

【釋義 3】適航水道（Fairway）

適航水道係指在河川或港區內供船舶慣常活動的可航水域（The navigable part of a river, harbor, etc），所以亦包括設置浮標以外可供淺水船隻經常行駛的水面在內。

【釋義 4】靠近本船右舷水道或適航水道之外側

條文中強調「靠外側」主要是爲保持水道之暢通，使往來船舶不致因競相占用航道中央部而生避讓困難。但必須注意的是，條文要求「於安全且實際可行時」，並非鼓勵船舶冒險在極近淺灘處行駛，或陷入轉向困難之彎曲處，或頻頻轉向之境。故而「靠外側」的眞正意義，是指各種不同吃水與型式之船舶，應在考量本船安全的前提下，盡量靠水道外側行駛，以不妨礙水道之通航爲目的。當然，如果航道中無其他船舶，最好還是保持在水道中央航行，以策安全。

【釋義 5】在狹窄水道或適航水道中追越他船

此乃考量大型船舶在水道通行之所需而設定的。大型船舶常需利用高潮期間通過水道，其可能受時間限制而需優先航行，導致有追越他船的迫切需要。遇有此等情形，被追越船得採適當措施，以利其安全通過。但此項追越行動，需雙方達成同意始可進行，而且只適用於互見情況下。並依據第三十四條第三項與第四項規定鳴放信號。

【註 1】通過狹窄水道應有措施

航行於狹窄水道，船舶碰撞及擱淺的風險大增。因此在進入此等受限水域前，必須施行風險評估，並納爲海運公司的「安全管理系統」（Safety Management System, SMS）的一部分，以確保替代系統隨時可用。

實務上，航行於狹窄水道除了水域受限致操船不易外，如果船體偏離航道中央水深較深處，而過於貼近岸邊時，常因船體周邊水體的壓力差變化，在船艏與船艉處產生「推斥」（岸推）（Bank cushion）與「吸引」（岸吸）（Bank suction）作用，讓船艏產生無預期偏轉（Unexpected sheer），進而發生事故（參閱圖 3.19、20）。這也是大型深吃水船航行於狹窄水道或河道，務必行駛於水道中央水深較深處的原因。

【註 2】交通順序

在水道交會處或出入口，抵港船舶原則上採先到先入，並保持適當安全距離。若同時抵達，則逆流船或操縱能力較佳船舶，應該讓路。此即是第二條第一項所述之「海員常規」。

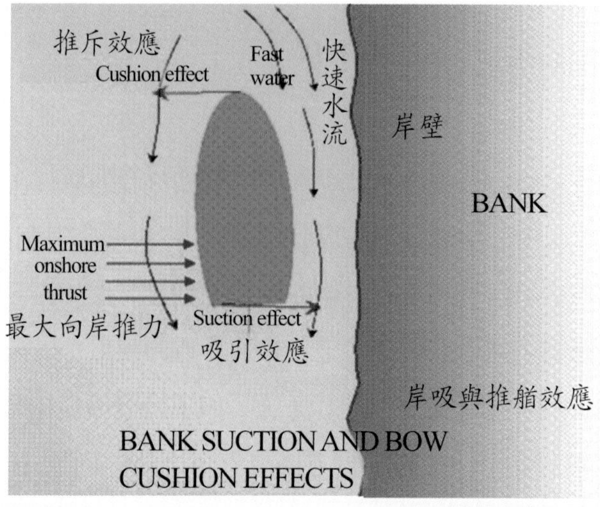

圖 3.19　船舶接近岸邊航行易生船艏偏轉現象 (1)

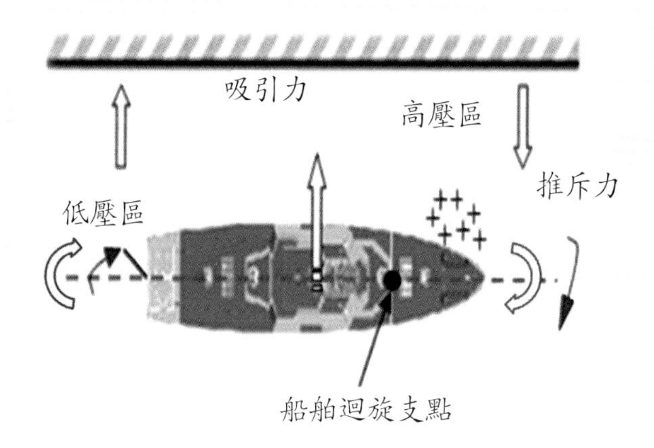

圖 3.20　船舶接近岸邊航行易生船艏偏轉現象 (2)

3.1.7 第十條　分道通航制（Rule 10 Traffic Separation Schemes）

一、本條規定，適用於本組織所採用之分道通航制，並不免除任何船舶對其他條文之限制（This rule applies to traffic separation schemes adopted by the organization and does not relieve any vessel of her obligation under any other rule）。

二、使用分道通航制之船舶應：

(一) 在適宜之航行巷道內，依該巷道一般通行方向航行；

(二) 盡實際可能，離開分道線或分道區；

(三) 通常均由航行巷道之起（終）點進出巷道，但如由任何一側進出時，應盡可能採取與該巷道一般通行方向成最小之角度進出。

三、船舶應盡實際可能避免穿越航行分道，如不得已而橫越時，應盡實際可能採取與該巷道一般之通行方向成直角之艏向橫越之（Shall cross on a heading as nearly as practicable at right angles to the general direction of traffic flow）。

四、(一) 船舶如可安全行駛近岸航行區（沿岸通航帶）鄰近之分道航行區內之航行巷道時，不應使用近岸航行區。但長度未滿 20 公尺的船舶、帆船及作業中之漁船得使用近岸航行區。

(二) 不論第四項第一款之規定如何，當船舶往來位於近岸航行區內之港口、離岸設置或建築物、引水站或任何其他地點，或爲避免立刻之危險時，得使用近岸航行區。

五、除橫越船舶或進出航行巷道之船舶外，船舶通常不得進入分道區或穿越分道線，但下列情形除外：

(一) 在危急情況下，爲避免緊急危險時；

(二) 在分隔區內從事捕魚時。

六、在分道通航制區起（終）點（Terminations）附近水域行駛之船舶，應特別警覺。

七、船舶應盡實際可能避免在分道通航制水域內或其起（終）點附近水域錨泊。

八、不使用分道通航制之船舶，應盡實際可能遠離該水域。

九、從事捕魚中之船舶，不應妨礙航行巷道中任何船舶之通行。

十、帆船或長度未滿 20 公尺之船舶，不得妨礙動力船舶在航行巷道內之安全通行。

十一、在分道通航制水域內從事維護航行安全工作之船舶，當作業中致其運轉能力受限制時，在其作業所必要之範圍內，得不遵守本條之規定。

十二、在分道通航制水域內，從事安放、修護或撈取海底電纜之船舶，當作業中致其運轉能力受限制時，在其作業必要之範圍內，得不遵守本條之規定。

【釋義 1】分道通航制設立目的

主要針對海上交通頻繁、航行受限制、航行障礙物存在、水深與地理條件不良，以及事故率偏高之水域設立，期以增進上述水域或船舶輻合區之航行安全。經過數十年來的觀察，分道通航制的設立確有提升保障海上航行安全的卓越成效。

【釋義 2】分道通航制的相關術語

1. 分道通航制（Traffic separation scheme）：係將行使相反方向的海上交通流，以適當方式加以隔離，並設定航行巷道之一種航路制度。

2. 航行巷道（Traffic lane）：係在設定範圍內，制定出單行道的水域，在隔離區內有自然障礙物時，通常就會依照地形以其作爲天然界線。

3. 分道區或分道線（Separation zone or lane）：係指隔開兩相反或近乎相反方向之通行船的區分界線。亦可作爲分道通航區與相鄰之近岸航行區分離之用。

4. 近岸航行區（Inshore traffic zone）：爲分道通航區與其相鄰海岸間之特定水域，以做沿岸航行之用。其受當地特別規則約束，一般不適於過境船舶航行之用（參閱圖 3.21、3.22）。

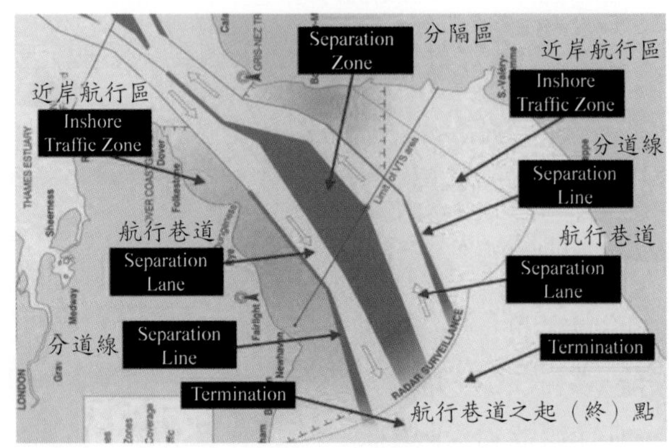

圖 3.21　分道通航制構成單元 (1)

Source: slideplayer.com

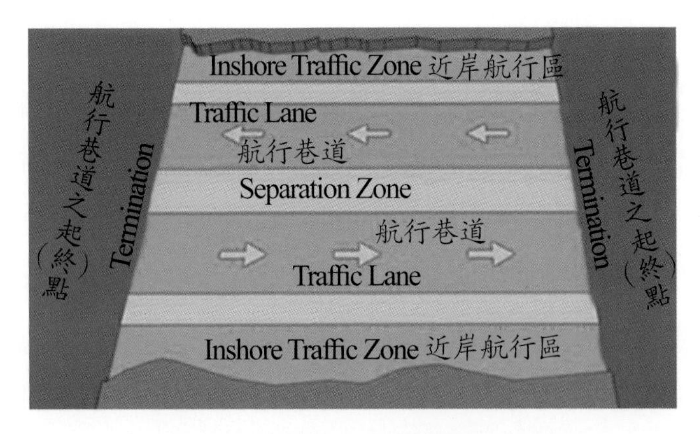

圖 3.22　分道通航制構成單元 (2)

Source: future-seafarer.com

【釋義 3】分道通航制之分道方法

1. 利用分道線或隔離區的分道通航法。

2. 以天然障礙物隔離的分道法：如多佛（Dover）海峽，東京灣的浦賀水道（圖 3.23）。

3. 近岸分道法：分道通航巷道與陸岸間劃定一區隔區，如 Ushant 分道方式。

4. 扇形分道法：如舊金山港口外之分道方式（圖 3.24）。

5. 迴旋式分道法：特定會合點，採反時針方向迴旋航行，如 Sommers 島（圖 3.25）。

圖 3.23　東京灣的浦賀水道

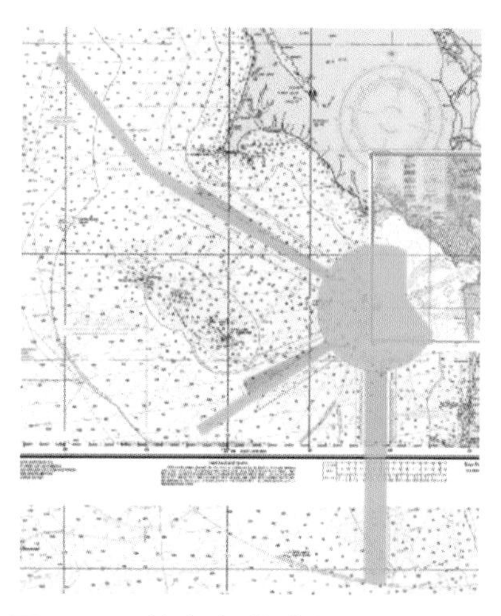

圖 3.24　舊金山港外之扇形分道法

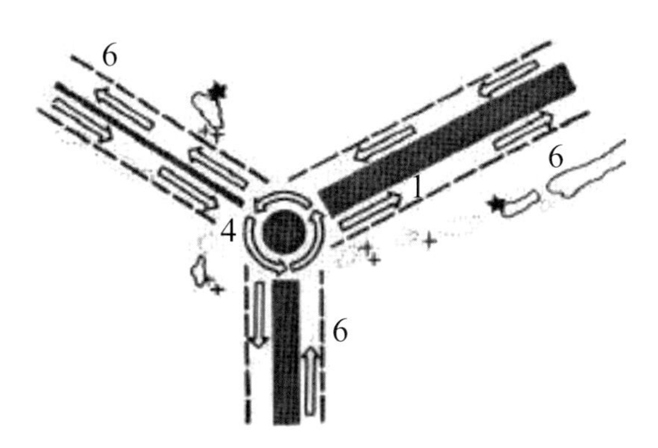

圖 3.25　迴旋式分道法（Separation of traffic at roundabout）

【釋義 4】橫越角度

船舶穿越航行巷道，應盡實際可能採取「艏向（Heading）」與該巷道「一般之通行方向（General direction of traffic flow）」成直角橫越之，而非採「航跡線」（Track）與「一般之通行方向」成直角橫越之，此主在避免他船誤判形勢。

而不論航行巷道中是否有船行駛，要求橫越船舶都應盡可能與一般之通行方向成直角橫越的目的，在於讓橫越船舶以最短時間通過航道（參閱圖 3.26）。

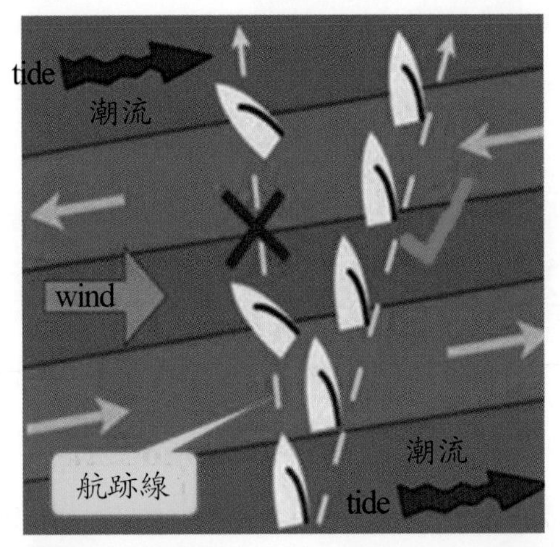

圖 3.26　採「艏向」與巷道「一般之通行方向」成直角橫越之

Source: safe-skipper.com

【釋義 5】分道通航制內並無航路優先權

避碰規則第十條是條文最長也最不容易懂的條文之一。但必須記得下列：

1. 航行巷道內並沒有航路優先權：分道通航制並沒有賦予您有優於其他船舶的權利（There is no right of way – a traffic separation lane does not

give you right of way over any other vessels）；

2. 在分道通航制內所有其他條文仍舊適用（All of the other rules continue to apply within a traffic separation scheme）；
3. 航行在分道通航制附近船舶的行動可能是無法預測的（The actions of vessels navigating in and near a traffic separation scheme can be unpredictable）；
4. 分道通航制多建立在航行困難的交通繁忙水域。因此可以預期會遭遇較平均值高的交通密度、橫越船舶、漁船與高速船（Traffic separation schemes are established in busy areas of difficult navigation. You can expect above-average density of traffic, crossing vessels, fishing vessels and high-speed craft）；
5. 在值班或接班前應先研讀航路，並做好準備。如果您需要協助，要盡早請求（Study the passage before your watch, be prepared and, if you need assistance, ask for it well in advance）；
6. 航行於分道通航制的忠告（ Tips for navigating in traffic separation schemes are）：

   6.1 經常遵循所有其他規則（Always follow all the other rules）；

   6.2 保持在航行巷道內（ Keep in your lane）；

   6.3 在分道通航制起（終）點附近要特別提高警覺（Particular caution is required at the ends of the scheme）；

   6.4 避免利用 VHF 呼叫其他船舶，此一作爲只會讓對方分心而已（Avoid VHF calls to other ships – it will only distract them）；

   6.5 注意漁船，它們被允許在航行巷道內捕魚（Beware of fishing vessels – they are allowed to fish in traffic separation lanes）；

   6.6 留意橫越船舶；它們必須以直角橫越航行巷道，但有時候爲等候穿越航行巷道的安全時機，它們可能會採取與航行巷道平行的方向行駛一陣子（Look out for crossing vessels – they should cross the scheme at right angles but they may navigate parallel to the scheme for a while to find an opportunity to cross）；

6.7 留意高速船；如果您覺得不安，就減速或停俥。並需經常保持警覺（Look out for high-speed craft – especially wide on your beam. If you are not happy, slow down or stop. Be wary at all times）。

【釋義 6】分道通航制區起（終）點附近水域

雖實施分道航行的主要目的，在於減少迎艏正遇或小角度交叉相遇的交通情勢，期使各船遵行一定的流通方向，以降低碰撞危機。但在航行巷道起（終）點附近水域，來自各方的船舶，在進入巷道之前成輻合趨近狀態，所以仍無法完全避免小角度的交叉相遇情勢，故應提高警覺，小心駕駛，尤當能見度受限制時。

【釋義 7】勿靠近隔離區或分道線

在航行巷道中應順向航行，盡量不靠近隔離區或分道線，因為隔離區通常都未設置浮標標示，若過於接近，受潮流影響，可能駛入隔離區或反向的航行巷道中。

【釋義 8】深水航路（Deep waters route）

依據 IMO 出版的「船舶航路」（Ship's routing），「深水航路」係指某特定水域界限內，海床或水下障礙物至水面之距離已經精確測量，並標示其深度作為受吃水限制船舶航行之用者。至於吃水不受水深限制之船舶，應儘量避免使用（參閱圖 3.27）。

【釋義 9】近岸航行區（Inshore traffic zone）

近岸航行區的設置主要供沿岸航行船隻使用。此等區域較為狹窄，若往來船隻過多自屬危險。尤其此等水域通常亦屬沿岸漁民的傳統漁撈水

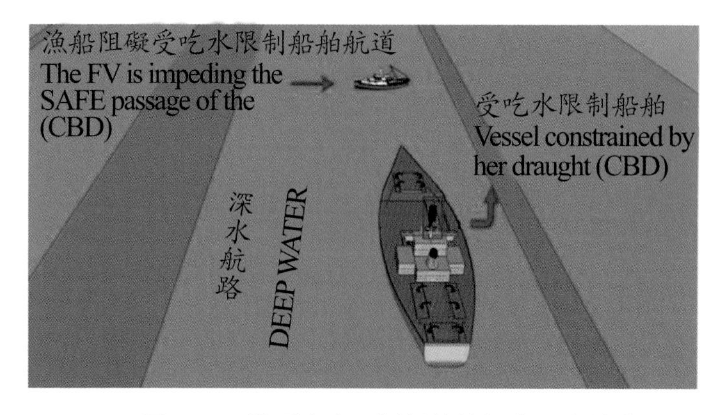

圖 3.27　供受吃水限制船舶航行之深水航路

Source: future-seafarer.com

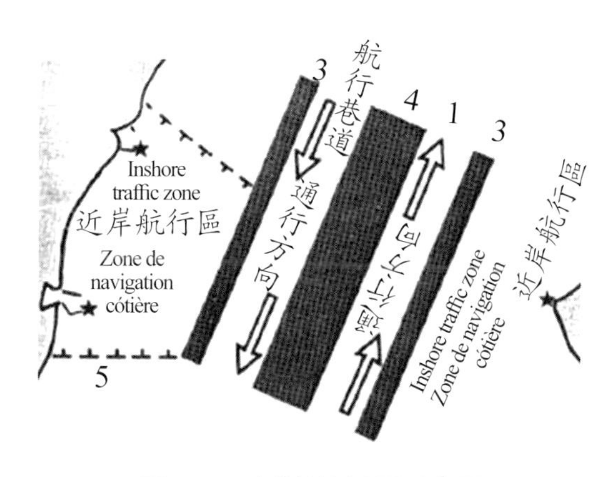

圖 3.28　近岸航行區示意圖

域，船舶除非遇有特殊情況，應避免航行該區。但帆船及船長二十公尺以下之小船，不論如何，宜使用近岸航行區（參閱圖 3.28）。

【釋義 10】航行於分道通航制的特別信號

國際信號二字組「YG」的意義：「貴船似未遵守分道通航制規定」（You appear not to comply with the traffic separation scheme）。因此，航行中若收到此信號，應即檢視本船船位、航向，並盡速採取矯正措施。

3.2 案例解說

【案例 1】（違反本條第 2、3、7 款規定）

一、案例說明

某艘滿載的超級油輪（VLCC）抵達交通繁忙的油品港口，並顯示本規則第 28 條規定的「吃水受限制船舶（Vessel Constrained By her Draught, VCBD）」燈號，預定以三節對地速度從南往北穿越分道通航制的西向航行巷道。

航行計畫預定穿越航行巷道後向右轉向 90°，再沿著分道航行巷道的北邊緣平行前進至引水人登船區（Pilot Boarding Ground）【註 1】。

然而，由於許多船舶在航行巷道內錨泊，因而阻擋到油輪欲穿越航行巷道的航向，因此爲確保安全，油輪不得不在西向航行巷道（West-bound traffic lane）內轉向幾乎至正東方向（與該航行巷道一般通行方向相反）。油輪船長並向 VTS 告知他的處境（Predicament）。

而在保持此航向前進的情況下，可能與一艘欲從她左船艏穿越往南航行，拖帶著駁船的拖船發展成碰撞局面，該拖船並未依照規定顯示其「運轉能力受限制」（Restricted in Ability to Manoeuvre, RAM）的信號，且無視本身爲應讓路船，卻疏於及早採取避讓行動。

在最後階段，拖船突然急向左轉並停俥；此時油輪距離引水人登船區已不到一浬，爲避免碰撞而不得不採取向左轉向。

然而，由於油輪在當下以限制低速航行的情況下，操縱能力受限，加諸水流的負面效應（Adverse effect of current），使得油輪漂向位於引水人登船區西側的錨泊船，並與其中兩艘碰撞。造成各船船殼受損（參閱圖 3.29）。

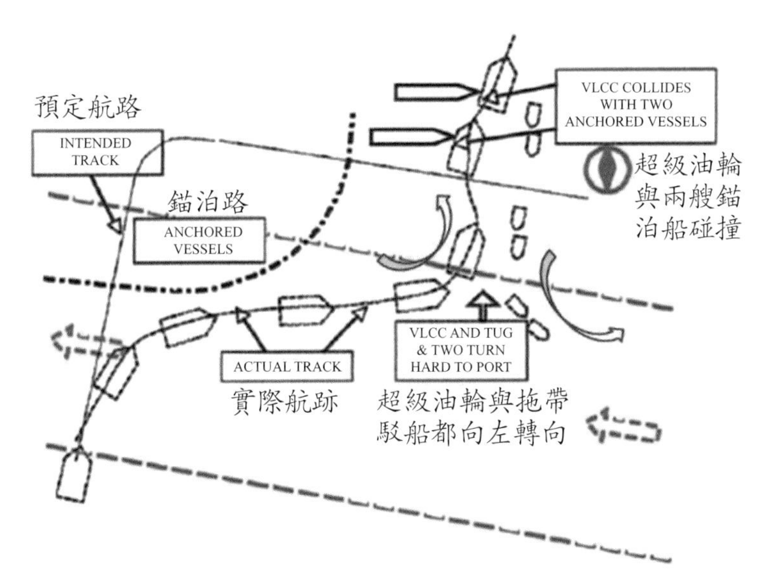

圖 3.29　船舶在分道區內及其附近任意拋錨的風險

Source: MARS Report 200945（Collision near pilot station）

事後的調查報告將事故歸因如下：

1. 拖船違反避碰規則，未避讓顯示本規則第 28 條規定「吃水受限制船舶（Vessel Constrained By her Draught, VCBD）」號燈的大油輪；

2. 高交通密度水域（Area of high traffic density）；

3. 巨型油輪操縱能力上的限制（Limitations of the VLCC's manoeuvring capabilities）；

4. 錨泊船違反規定在西向航行巷道內錨泊，並過於接近引水人登船區，以至於讓趨近引水人登船區欲接引水人的船舶操船水域不足；

5. 由於吃水較深，巨型油輪遭受水面下深層水流（Underwater current）的影響可能不同於預期的表面水流（Anticipated currents）；

6. 駕駛臺團隊成員的經驗爲判定碰撞危機與具備船舶操縱能力（Ship-handling capabilities）的主要因素；

7. 航行計畫、駕駛臺團隊管理與情境警覺的不足（Insufficient planning, bridge team management and situational awareness）。

二、從案例事故學到下列教訓（Lessons learned）

1. 航行員必須有豐富的船舶操縱能力的相關知識；

2. 船舶在進入受限水域（Restricted sea room）前應進行詳細的風險評估，並備妥應急計畫（Plans for contingencies must be in place.），與應有腹案；

3. 必須對外在因素如水流、受風面積、淺水效應對船舶操縱的影響進行嚴密監督；

4. 油輪船長發現船舶違規錨泊在航行巷道內，應即修正航行計畫，沿著東向航道多走些許航程，而不應急於穿越航道進入西向航道。雖此作法嚴重違反本規則第 10 條規定，但卻符合避碰規則第 2 條「必要時得背離本規則的規定」的規定。

【註 1】引水人登船區（Pilot boarding ground）

引水人登船地點應以「引水人登船區（Pilot boarding ground/area）」稱之，而儘量避免使用「引水站（Pilot station）」一詞，以免混淆。因爲引水人在港內的辦公室、候船處或通訊聯絡塔台，乃至港外的大型引水母船的正確名稱亦是「引水站（Pilot station）」。

【案例 2】（違反本條第 2、3 款規定）

一、案例說明

某滿載超級油輪（VLCC）吃水 19.9 米，於夜間航行在交通繁忙的新加坡海峽，主機已備便（Stand by）並轉移至駕駛臺操控。已依避碰規則規定顯示「吃水受限制（Constrained by draught）」的適當號誌。

約 2100 時，抵轉向點（Waypoint）後轉向至 070ºT，並貼近分道通航制的分隔區（Separation zone of the TSS）沿著「東向」深水航路（Deep waters route）前進，此時來往方向的航行巷道內船舶甚多。

稍後，油輪船長發現一艘貨櫃船自「西向航行巷道」（West-bound lane）横越分道區進入「東向深水航路」（East-bound deep water route），逆向而來。船長立即停車，並全速倒車期以降低速度。於此同時，並鳴放第 34 條 (四) 規定的音響信號，向來船表達關於運動企圖與違法操船的疑慮（to convey doubt as to other vessel's intentions and illegal manoeuvre.）。

此時，雖油輪一直處於倒俥狀態中，但貨櫃船仍在油輪前方 1.5 浬處向東横越航道。令人難以理解的，就在其横越航道後，立即再以右滿舵向右轉向。此時油輪船長，仍使用全速倒車，並下令採左滿舵，再次鳴放汽笛。但貨櫃船繼續向右轉向朝向西北，並朝油輪船艏繼續趨近。此時因油輪仍有前進速度，最後貨櫃船左舷船艉（Port quarter）撞上油輪船艏。結果造成油輪船艏多處凹陷，貨櫃船左舷油櫃破裂，並導致油汙染（參閱圖 8.30）。

事後的調查報告結果如下：

1. 從工時與休息記錄顯示，船上船員皆有充分休息。但由於水域受限（Searoom limitation）與高密度交通流，船長必須長時間留在駕駛臺，雖是被關注要點，但應不至於被歸諸爲事故主因；

2. 事故後對船員進行酒測（Alcohol tests），皆承陰性反應（Negative），亦即無酒精反應；如同陸上一樣，眼前船舶只要涉及海事，安全調查單位的最優先動作就是對相關人員進行酒測；

3. 船長在過去三年擔任船長職務多次通過此水域；

4. 雖油輪駕駛臺已有船長、三副與舵工，但依據該公司通過該水域的標準程序必須增派一位船副與一位瞭望員；

5. 事故當時機艙人員部署完備；

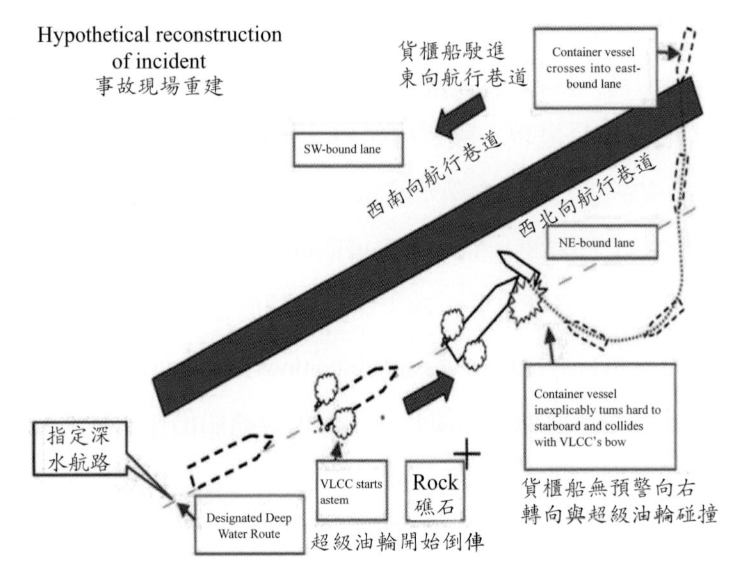

圖 3.30 貨櫃船違規穿越航行巷道肇禍

Source: Seaways 201232 Collision and oil spill in TSS

6. 船長在事故當時環境下的船舶操縱被認爲是適當的，但因貨櫃船的錯誤行動使得碰撞無法避免。

二、事故發生根本原因（Root cause/contributory factors）

1. 貨櫃船違反避碰規則第五條（瞭望），第八條（避碰措施），第十條（分道通航制），第十七條（直航船舶之措施），第十八條（船舶間的責任）；

2. 巨型油輪即使啓動全速倒俥仍有殘餘前進速度（Residual headway of own vessel despite the emergency full astern manoeuvre）。【註 2】

事故後相關各方的緊急因應行動（Immediate actions taken）包括：

1. 當油輪發現違規貨櫃船明顯穿越分道區時，立即通報船舶交通服務中心（VTS）；

2. 碰撞發生後立即通知 VTS 及所有相關單位（All concerned parties）；

3. 兩船都遵循 VTS 指令在指定水域錨泊接受港口管理機關調查（Anchored in a designated area for investigations by port authorities）；

4. 船上所有的油櫃與隔艙都進行測量，以確認有無海水進入或汙染的可能性；

5. 錨泊中，所有可能受影響艙間都由船員陪同船級協會檢查員（Class surveyor）作內部檢查（Inspected internally）；

6. 船東互保協會代表（P&I club representatives）與檢查員登船；

7. 所有調查完成後，船級協會同意返航回程（Return voyage）後再作永久性修理（Permanent repairs），並簽發准許其繼續航行至卸貨港航程的許可狀（Permission）。

【註 2】主機倒俥的後果

切記！倒俥操作雖可降低船舶前進速度，但另一方面，卻也表示船舶將失去「方向性」控制，因爲船舶的方向性控制主要係靠俥葉的排出流（Propeller's discharging current）衝擊到舵板（Rudde Plate）所產生的迴轉力達到的。而且此迴轉力與俥葉排出流的速度平方成正比。尤其倒俥所產生的俥葉橫向效應各船不同，並不一定如同教科書所言「右旋俥葉船；倒俥船艏向右偏轉」。因爲儘管大多數船舶倒俥後，船艏都會向右偏轉，但實務上亦常見有向左偏轉者，此主要受船舶採取倒俥操作前的運動趨勢（Tendency）所左右，故而對於船舶倒俥後船艏向究竟要偏轉向哪舷？以及「偏轉」的程度有多大？都應採取審愼的保留態度預爲因應。

本案例中，油輪船長「使用全速倒車，並下令採左滿舵」，此時採取左滿舵顯然不會產生舵效，因爲俥葉的排出流往前排出，而非衝擊到舵板上。如一定要說此時採取左滿舵的效用，勉強可說成採取左滿舵或可產生「擋水」作用，以降低船速，並減少倒俥時船艏向右偏轉的趨勢。

【案例 3】（違反第五條（瞭望）；本條第 6、7、8 款規定）

2018 年 10 月 7 日突尼西亞籍渡輪「Ulysse」衝撞錨泊在 Cape Corsica 西北方 28 浬處的塞普路斯籍貨櫃船「CLS Virginia」。儘管碰撞已造成油汙染，爲避免演造成更嚴重的後果，撞船後兩船緊緊卡住五天之久。突尼西亞海事官員認爲，貨櫃船拋錨於交通繁忙的航道上是事故主因之一。另一方面，事故調查發現，撞船之前，渡輪的當值駕駛員一直在接聽電話，以及貨櫃船的當值駕駛員未能注意雷達發出的警報都是撞船主因。但無論如何在航道上拋錨，絕對是無可原諒的。

圖 3.31　船舶在分道通航區附近任意拋錨的風險

Source: www.vesselfinder.com

【案例 4】英國籍貨櫃船 E 與馬紹爾群島籍油輪 A 於 2015 年 2 月 11 日在 Jebel Ali 港外的航道入口處碰撞

一、案例說明

根據英國海事調查局（UK Marine Accident Investigation Branch, MAIB）的調查報告：

「VTS 管制員（VTSO）要求滿載的油輪 A 從外港錨地航駛至由浮標

標識的航道入口（Entrance of the buoyed channel），準備進港。而且告知一經 E 輪駛離航道該輪即可進入航道。

然由於 A 輪太早動俥了，因而發現自己過於接近航道進口；此時 E 輪仍未離開航道時，A 輪不得不在航道入口處停俥等候，但仍有二節的前進速度。

另一方面，E 輪的船長，在遵守引水人離船前的最後一個建議（Advise）「保持航向（Steady as she go）」的同時，因受水流的影響船位已漂移到航道的左側。而且船速很快地加到 12 節。

就當 A 輪在航道進口附近停俥漂流時，A 輪的駕駛臺團隊漏聽（Misheard）一段 VSTO 與第三船的 VHF 通話，也就是 VSTO 指示位於 A 輪船艉的拖船 Z 輪，要從 A 輪的後方通過。因此 A 輪仍認定 E 輪已被 VTSO 告知通過該輪船艉。事實上，「通過油輪船艉」乃是 VTSO 與 Z 輪的對話。由於此誤解，A 輪仍繼續慢慢往前走，進而發生碰撞（參閱 3.32、3.33、3.34）。

事故後，儘管碰撞發生在航道外，法院卻將責任判定聚焦於避碰規則第九條（狹窄水道）與避碰規則第十五條間的矛盾（分歧）。法官認定 E

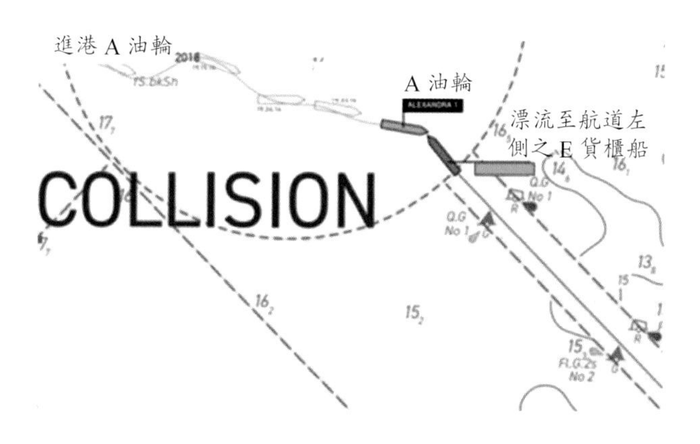

圖 3.32　在航道出入口應小心航行

圖 3.33 A 輪與 E 輪碰撞示意圖

圖 3.34 受創的 A 輪船艏

輪要負擔較大比例的責任，因爲 E 輪疏於遵守避碰規則第九條的規定，也就是在狹窄水道內沒有將船位保持在航道的右側，而且沒有保持良好瞭望，實際監測油輪動態，且一直深信 A 輪會在航道外等候其先出港後再進港。

另一方面，法院無視 MAIB 調查報告已載明 A 輪疏於聽覺的瞭望，導致漏聽 VSTO 的 VHF 聯絡對話，而誤認 E 輪會走其船艉通過，而此疏失才正是造成碰撞的關鍵。事實上，A 輪的駕駛臺團隊只要努力瞭望 E 輪的動態與兩船間的相對態勢，就可質疑要 E 輪通過其船艉的不合理而提高警覺。而且 A 輪在碰撞前的航跡是忽左忽右，這絕對會影響 E 輪駕駛臺團隊的判斷。

二、學到的教訓

1. 無論趨近航道或港口，雖必須遵守 VTS 或 Port Control 的指示，但仍應注意瞭望他船動態，永遠將本船置於安全位置；

2. 對於 VTS 或 Port Control 的指示，有任何疑問時應即主動聯絡確認訊息無誤；

3. E 輪駕駛臺團隊只知遵循引水人建議保持航向（Steady）前進，卻疏忽了水流的影響。需知保持航向並不保證船位會位於計畫航跡線上，因此在受流水域（Current-effect area）航行時務必勤測船位，並據以修正；

4. 儘管海事法庭的法官見解常非我航海人從航海專業所能認同，但是謹守「謹慎、合理」的原則總是不變的。本例中的 A 輪與 E 輪都有謹慎的航海員不應犯的疏失。

【案例 5】碰撞繼而引起爆炸

一、案情說明

包括 A 船與 C 船在內的數艘船舶，同時約以 130° 眞方位的艏向在航行巷道（Traffic lane）內航行。B 船則是正在橫越此航行巷道，企圖轉入逆向航道的船舶。視線良好海面清晰可見（參閱圖 3.35）。

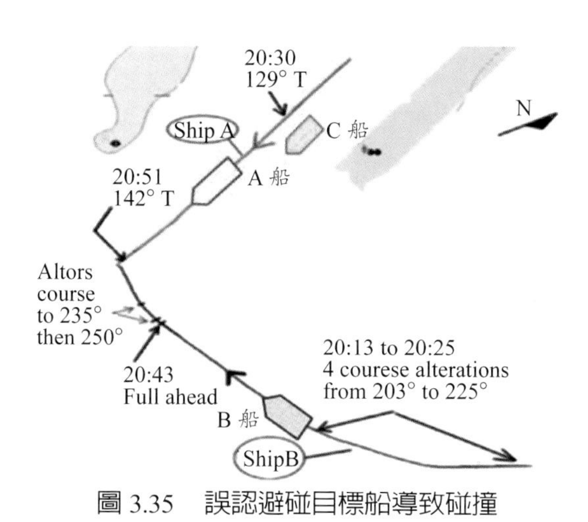

圖 3.35　誤認避碰目標船導致碰撞

橫越船 B 是由三副擔任當值駕駛員（OOW），但此時大副與二副也在駕駛臺，以及一位舵工。大副在避碰雷達上測繪目標以協助當值駕駛員。船長此時亦在駕駛臺不時的監視交通狀況。

最初二副只在設定 GPS，但稍後即與大副、當值駕駛員聊天說笑，並一邊在海圖桌上作文書處理。二副的出現顯然是當值駕駛員與大副的分

圖 3.36　油品船碰撞後起火爆炸

心之源（Source of distraction）。

B 船上的 OOW 陳述他將讓 A 船通過其船艄。A 船的當值駕駛員對此表示驚訝，因爲最初已預期 B 船會向左轉向進入航行巷道。當 B 船當值駕駛員表明其向右轉的企圖後，A 船的 OOW 認爲此在交叉相遇的情況下是可以接受的轉向措施。

稍後，A 船的 OOW 判定與 B 船的逼近情勢持續發展中。他多次透過 VHF 表達其關切。因此緊急地要求 B 船向右作大角度轉向。

約在 20:45 時，B 船的大副告知當值駕駛員雷達幕上一個回跡是僞跡（False echo）。這是錯誤的假設，而且只要經由目視即可判明。

事實上，B 船駕駛臺團隊誤認同時亦在航行巷道中的 C 船爲 A 船。並假設 A 船的實際雷達回跡爲僞跡（False echo）。在碰撞前的幾分鐘，B 船駕駛臺團隊還誤認第四艘船爲 A 船。及至 20:52 時，A 船與 B 船發生碰撞。當下 B 船船速 11 節，A 船則以 13.5 節全速航行。A 船因貨槽破裂致石腦油（naphtha）外洩起火造成大規模爆炸。大火吞噬兩船周遭的海面。

A 船有九名船員喪生餘者受傷。B 船有三名船員受傷。兩船碰撞的結果引燃大火並造成結構上的嚴重損壞。令人遺憾的是，事故發生當時在附近的許多船舶中竟然只有一艘停俥提供協助。

二、官方調查報告

1. 碰撞事件突顯出依據避碰規則規定，以盡可能大膽明確且及時的態度，採行正確有效的良好瞭望技術的重要性。

2. 此案例同時突顯出船舶應避免與他船陷入極度接近，致其依照避碰規則操縱船舶的能力受限的重要性。操船者應經常的留下充分的緊急應變空間，以備他船不遵守規則時有閃避路線可躲（Adequate contingency room should always be left to provide an escape route should other vessels appear not to be complying）。

3. B 船駕駛臺團隊成員間持續談天說笑讓其從瞭望當值分心，爲肇事主因之一。

4. B 船連續誤認假回跡爲目標船 A，以及目標 C 船爲 A 船，爲碰撞主因。因而強調目視與航儀觀測並行的重要性。

5. B 船採取小角度且反覆無常的轉向（Small and arbitrary alterations of course），無法讓目標船判斷其意圖。此缺失在多起案例中重複出現。

6. B 船雷達未用「Trial Manoeuvre」功能；只觀察 CPA，未觀察 A 船的羅經方位，皆是無法正確判斷碰撞情勢的缺失。

三、學到的教訓

1. 儘管眾人皆知遭遇目標船意圖不明情況時的安全之道是採「拖延戰術」（Time-proven tactics）」——減速，但碰撞當時兩船都以全速前進。

2. 航行於高風險區、交通頻繁水域，以及其他處於需要高度凝神情況時，駕駛臺應避免閒談（Chit chat），以及與航行無關的交談（Business

unrelated to navigating the ship）。

3. 轉向幅度要明顯讓對方船足以看出本船的運動意圖。

4. 當兩船在您附近碰撞進而爆炸，雖必須與之保持安全距離，但仍需盡可能提供遇難船員的救助，絕對不能視而不見駛離現場。

第四章 船舶互見時之避碰措施

4.1 規則釋義

第二章　操舵及航行規則（Part B steering and sailing rules）

第二節　船舶互見時之措施（Section II conduct of vessels in sight of one another）（第 11～18 條）

4.1.1 第十一條　適用範圍

本節各條之規定適用於互見之船舶（Rules in this section apply to vessels in sight of another）。

4.1.2 第十二條　帆船（Sailing vessels）

一、兩艘帆船互相接近，致有碰撞之危險時，其中一艘依下列規定避讓他船：

(一) 當各船受風之舷不同時，左舷受風之船應避讓他船；

(二) 當兩船同舷受風時，上風之船應避讓下風之船；

(三) 如一船左舷受風，見他船在上風行駛，並不能確定該船左舷或右舷受風時，應避讓他船（參閱圖 4.1、4.2、4.3）。

二、本條所稱上風舷，應爲張掛主帆對面之舷；如爲橫帆船，則爲張掛最大縱帆對面之舷。

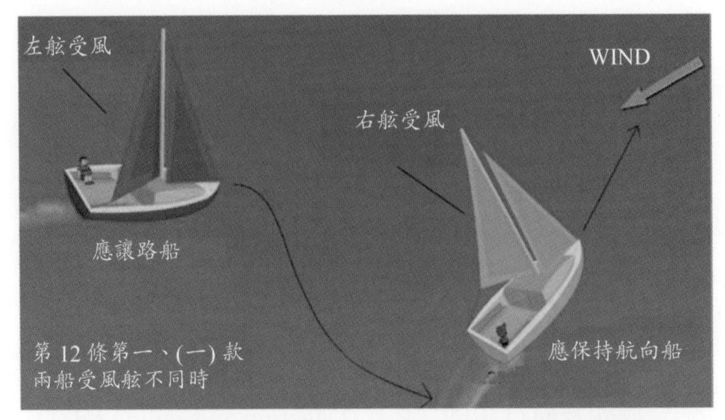

圖 4.1 受風之舷不同時，左舷受風之船應避讓他船

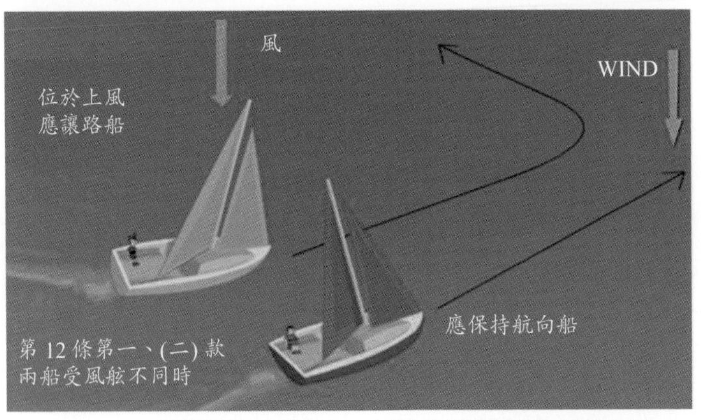

圖 4.2 兩船同舷受風時，上風之船應避讓下風之船

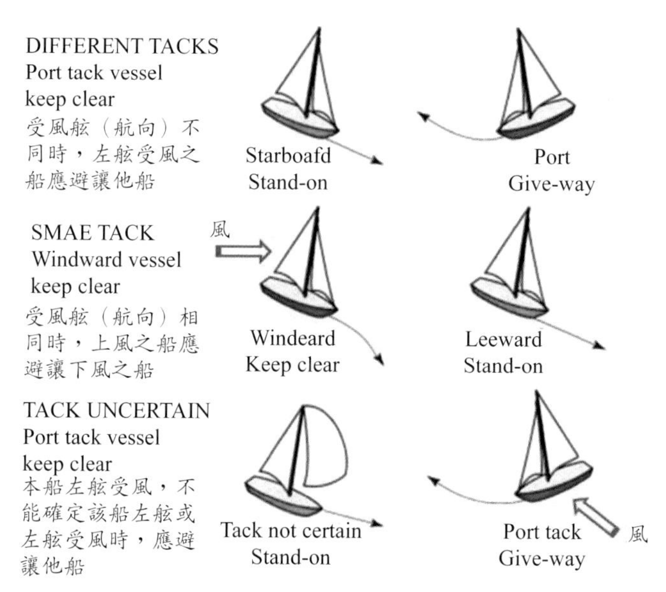

圖 4.3　帆船的讓路守則

【註 1】

「帆船」除依本規則第三條第三項：「係指揚帆行駛之任何船舶，包括縱有推動機械而未使用者」外。傳統上，帆船則泛指裝有帆篷借用風力行駛的船，也因爲需要借用風力始能行駛，故而本規則才利用帆船的受風方向作爲相互讓船的行駛依據。

【註 2】

國內海上休憩活動日趨活絡，惟帆船之交通管理與航路規則皆不完備，用特添列上述簡圖供從事海上休憩活動之業餘人士參考。

4.1.3 第十三條　追越（Overtaking）

一、不論本規則中第二章第一節及第二節各條之規定如何，任何船舶追越任何其他船舶，應避讓被追越之船舶。

二、凡船舶自他船正橫之後 22.5 度以上之方位駛近他船時，應視爲追越船。即對被追越之互位置而言，在夜間僅能看見他船之艉燈而不見他船之任何一舷燈（參閱圖 4.4、4.5）。

三、當船舶對其是否在追越他船有任何疑慮時，應假定本船爲追越船，並依規定採取適當措施。

四、此後兩船間方位之任何改變，不得使該追越船成爲本規則中所稱之交叉相遇船，且在被追越船已完全被追越並分離清楚前，不得解除其避讓被追越船之義務。

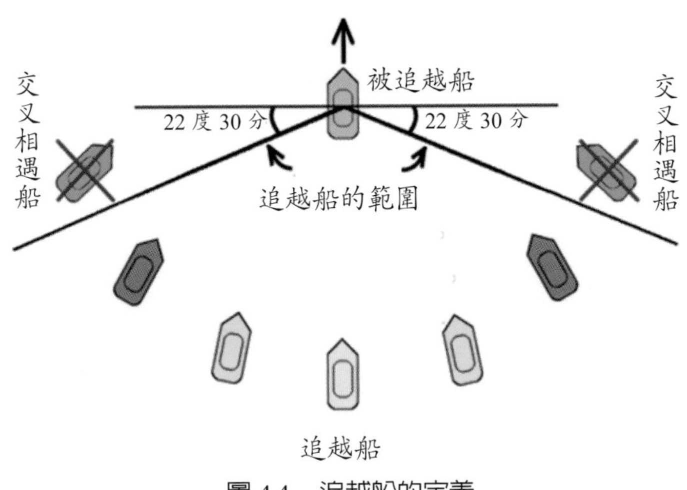

圖 4.4　追越船的定義

圖 4.5　夜間判斷是否追越他船：僅看見他船艉燈，看不見任何一舷燈

【釋義 1】追越時機與距離

1. 決定「追越」時不僅船速要夠快，而且要空間允許，始能追越他船。追越船欲避讓被追越船，勢必利用俥或舵，或兩者併用，若因地理限制或與被追越船相距不遠，而無把握順利追越時，應減速保持距離以策安全，直至情況許可，再行追越。

2. 追越他船時應保持安全距離，以免因兩船過於接近而產生相互作用，此現象尤以在狹窄水道內爲最。

3. 一旦決定「追越」，應做全盤考量，並備妥讓船之替代腹案，以免追越後遭遇新的困境。

4. 在互見情形下，於狹窄水道中追越時，應以音響信號與燈光表示本船之運動企圖，並取得被追越船同意後爲之。

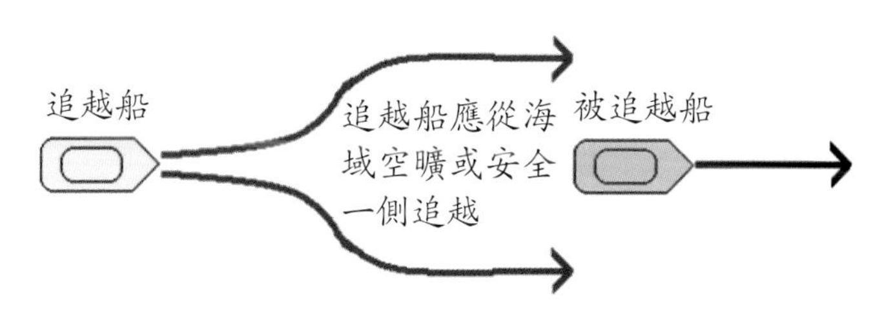

圖 4.6　應從較安全一側追越

【釋義 2】避讓責任

由於追越船的速度較快，且能判知被追越船的動態，故而當負避讓責任。

【釋義 3】追越船的措施

雖條文規定，追越船應採避讓及安全通過之措施，但並不禁止其橫越他船船艏。前提是追越當下的水域要夠寬且無障礙物，而且最重要的是，追越船的船速要比被追越船快出很多。但最安全的避讓方法還是從被追越船的船艉通過。

【註 1】追越要領

爲預防兩船在追越情境中可能演變成突發事件或不可抗力之情況，操船者應謹記：

1. 追越之時間愈短愈好；
2. 安全距離愈大愈佳；
3. 加強瞭望，注意目標船的動態；
4. 務必依照規定顯示信號或鳴放音響；
5. 注意周遭海域的交通狀態。

【註 2】相互作用

眾所周知，兩船平行且過於接近時會產生相互作用，亦即在兩船船體間產生吸引與排斥作用，尤其當兩船在淺水區高速航行時更形顯著。相互作用的效應視船舶之大小、速度與水深而定。以 Queen Mary 與 Curacao 兩輪碰撞爲例，雖碰撞水域之水深達一百二十公尺，但仍因過於接近產生相互作用而碰撞。因此即使在大海中追越，亦應保持較遠距離。

【案例 1】韓國貨櫃船與日本自衛艦碰撞

一、案例說明

1. 2009 年 10 月 27 日，韓國籍貨櫃船「CARINA STAR」，自韓國欲經由日本關門海峽自西往東航行至阪神港，在門司港關門大橋附近撞上自東向西航行的日本自衛艦「KURAMA」。事故當時海面無風無浪，視線可達三至四公里。

2. 該水域適用依據海上避碰規則制定的特別法——港則法，也就是航行船隻負有靠近水道右側航行的義務。

3. 關門海峽長度約 28 公里，兩岸最近距離處寬約 650 公尺。每日約有 600 艘船舶往來。由於潮流強勁被稱爲「はやともの瀨戶」。兩船碰撞所在的關門大橋附近，有部份流水係與潮流相反方向流動，故有翻船之處，因此有被稱爲「歪潮（わいしお）」的潮流存在，當地漁民認爲是最危險的海域（參閱圖 4.7、4.8）。事故當時潮流向西，流速 3 節。

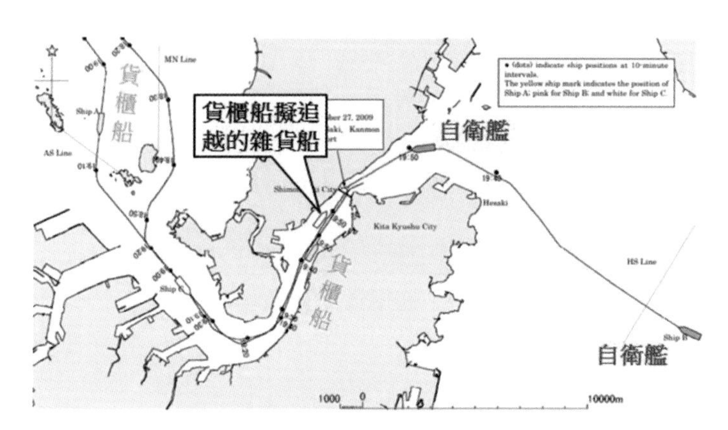

圖 4.7　事故地點：日本關門海峽

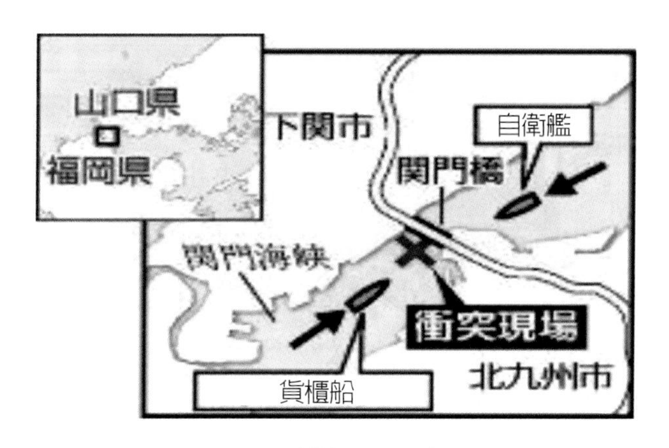

圖 4.8　碰撞現場示意圖

4. 碰撞結果：貨櫃船右艏船殼破裂；自衛艦船艏遭受嚴重損壞爆炸失火，且在滅火過程中有六名日本自衛隊員受傷。兩船碰撞後隨即順著潮流向西漂流（參閱圖 4.9、4.10）。

圖 4.9 碰撞後的貨櫃船

圖 4.10 碰撞後的自衛艦

二、事故調查分析

依據貨櫃船船長證詞，該船正企圖追越其前方的雜貨船「QUEEN ORCHID」。但追越後卻發現護衛艦自左前方而來，當下企圖使用右滿舵迴轉避讓，但為時已晚。另從護衛艦艦艏遭受自左向右的碰撞損害狀況來看，幾可確定護衛艦係與來自左前方的貨櫃船碰撞。

三、事故原因

1. 延誤適當用舵時機，終因強勁潮流影響，而無法有效操縱船舶至預期位置（參閱圖 4.11）。

2. 在潮流湍急的狹窄水道追越他船前，未掌握全面情勢，受潮流影響船體偏流進入對向航道，終至撞上西向自衛艦。

3. 在部分 VTS 管轄水域，船舶追越且有碰撞危機時，VTS 通常會介入提供示警、建議或指示，但本案例 VTS 未曾下達警示建議，卻任由追越船從被越船之左側追越，而不採用水道中通常由右側追越的作法，以致與靠水道右側航行的反向自衛艦發生碰撞。

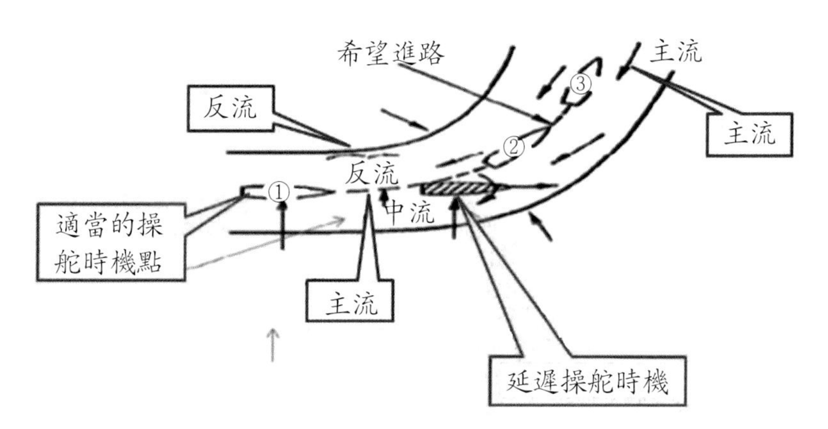

圖 4.11　強勁潮流影響船舶操舵效果

4.1.4 第十四條　迎艏正遇情況

一、兩動力船彼此以相反航向或幾乎相反航向對遇，而含有碰撞危機時，應各朝右轉向，俾得互在對方之左舷通過。

二、船舶見他船在正前方、或幾乎正前方，當夜間可見他船之前後桅燈成一直線或幾乎一直線，及（或）同時見其兩邊舷燈，當晝間可見他船同樣部位時，均應視爲迎艏正遇情況（參閱圖 4.12、4.13）。

三、船舶對其是否處於迎艏正遇情況有任何懷疑時，應假定爲處於迎艏正遇情況，並依規定採取適當措施。

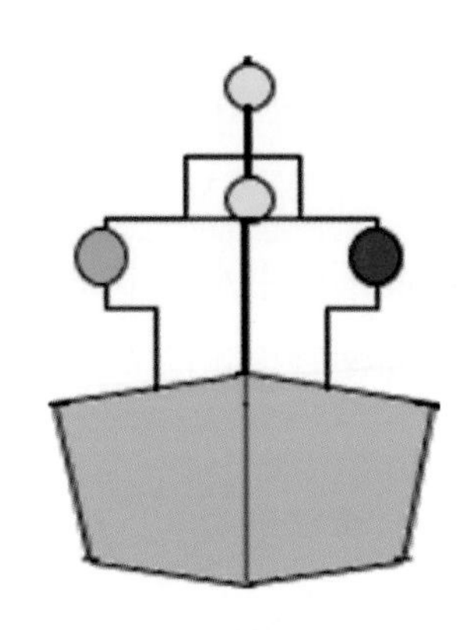

圖 4.12　夜間迎艏正遇之判斷

同時見到他船前、後桅燈及左、右舷燈。

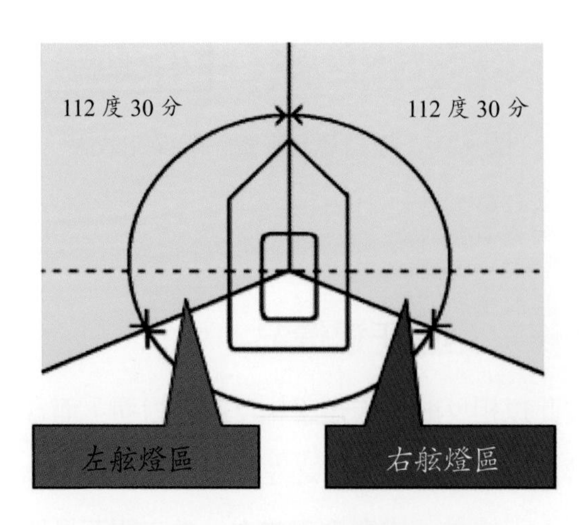

圖 4.13　左、右舷燈的照視範圍

【釋義 1】迎艏正遇的認定

研判目標趨近情勢是否屬迎艏正遇，必須以羅經及目視持續觀測目標船的方位變化，而非以對方艏向作決定，因爲船舶常受流水、風力的影響而偏離航向。當來船已略偏本船船艏之左側而難以認定是否爲迎艏正遇或交叉相遇，或懷疑來船是否爲動力船舶或運轉能力受限制時，皆應向右轉向避讓，不得採左轉措施。

【釋義 2】採取轉向的時機

採取避碰行動之時機，應及早且明確向右轉向，不可使距離過近致避讓不及，或存心讓他方單獨行動（參閱圖 4.14）。

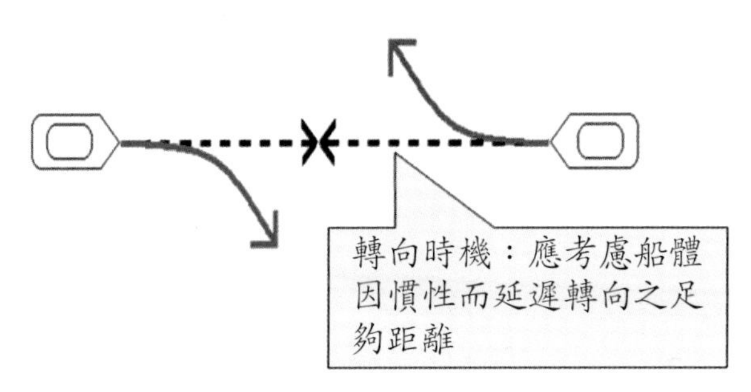

圖 4.14　轉向避讓時應考慮慣性造成的延遲

【釋義 3】迎艏正遇船舶避讓的負面實例

實務上，常見兩迎艏正遇船舶，爲圖方便，直接透過特高頻無線電話（Very High Frequency, VHF）協議採行「右舷對右舷（綠燈會綠燈）」通過；此一操作明顯違反本規則「應各朝右轉向」的規定。此協議的法定效力，顯然較本條規定的「左舷對左舷」來得薄弱，因此除非遇有特殊環境，否則應儘量避免。

4.1.5 第十五條　交叉相遇清況

兩動力船舶交叉相遇，而含有碰撞危險時，見他船在其右舷者，應避讓他船。如環境許可，應避免橫越他船船首。

【釋義 1】交叉相遇情況之判定

除追越及迎艏正遇情形外，任何兩動力船舶因航向不同所形成的相遇情況，即謂爲交叉相遇（參閱圖 4.15）。

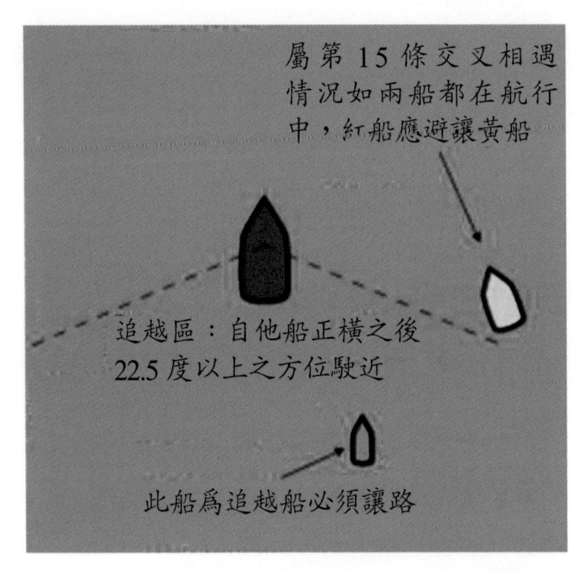

圖 4.15　追越與交叉相遇情況的判定基準

【釋義 2】交叉相遇情況之判定

動力船舶在狹窄水道及航行巷道中橫越，而與他船交叉相遇時，亦應遵照本條規定。但橫越船舶應避免妨礙在水道及巷道中通行之船舶。

【釋義 3】交叉相遇情況下常見之避碰措施

一般船舶在海上交叉相遇，皆會依照本條「見他船在其右舷者，應避讓他船」之規定採取避讓行動。而「避讓」除了向右轉向外，亦可減俥或停俥，等候他船通過後再行前進。但實務上，船舶在大海上，主機未備便情況下，除非情況緊急，通常不會使用減俥或停俥的操作。因此，如時間空間允許改變航向應是最有效的讓船方法（參閱圖 4.16、4.17）。必須強調的是，雖改變航向遠離他船爲最安全之避碰措施，然若欲改變之方向另有他船或第三船存在，或有航行障礙物、漁船群存在，則需審愼評估或及早採取避讓動作。

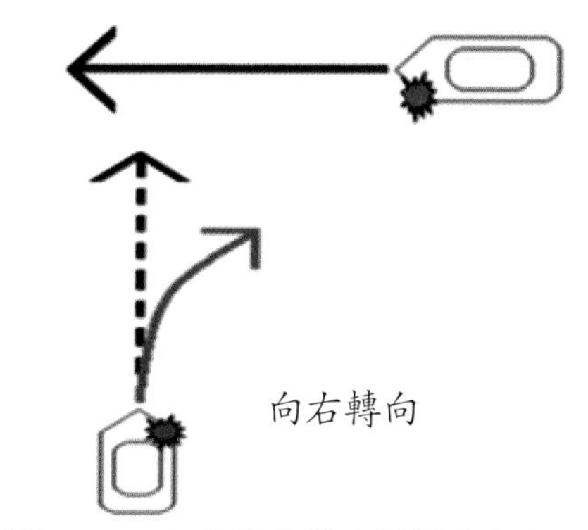

圖 4.16　向右轉向從直航船的船艉通過

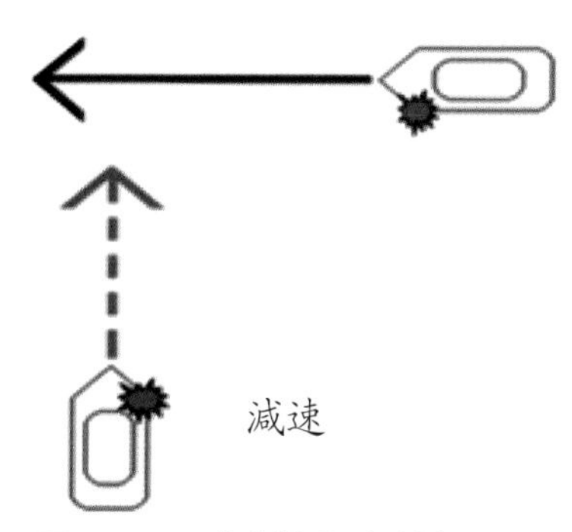

圖 4.17　減速等候直航船通過

【釋義 4】受吃水限制船舶在交叉相遇情況下之避讓措施

受吃水限制船舶依第二十八條規定顯示其號燈與號標，僅表示其操縱能力受限，並非可解除其遵守本節中其他各項規定的責任。因此，若在水深足夠的空曠水域，受吃水限制船舶對從其右舷前方向左橫越之他船仍得避讓。惟他船應審慎度量吃水受限制船舶若依規定避讓所生之困難。似此，兩船應及早建立聯絡尋求雙方都可接受的安全航行措施。

【釋義 5】停俥漂流之船舶

船舶在航行中停俥，若非操縱失靈，仍應依規定避讓來自右舷正横後22.5 度前方之來船。因爲停俥並不表示不能操縱，故不能享有不讓路之特權。

【案例 2】漁船交叉相遇碰撞沉沒

一、案例說明

以下四圖（圖 4.18、4.19、4.20、4.21）爲雷達幕上顯示出的兩船交叉相遇碰撞過程，應讓路船舶見他船自其右舷趨近未依規定向右轉向避讓，終至碰撞沉沒。雷達幕上目標回跡（Target’s echo），由最先交叉趨近的二點，發展到碰撞後一船沉沒的一點回跡。

圖 4.18　交叉相遇船舶碰撞過程 (1)

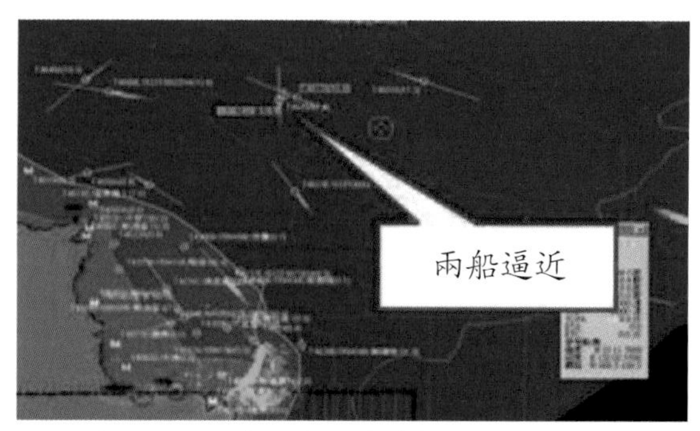

圖 4.19　交叉相遇船舶碰撞過程 (2)

圖 4.20　交叉相遇船舶碰撞過程 (3)

圖 4.21　交叉相遇船舶碰撞過程 (4)

【案例 3】違反第五條（瞭望）；第八條第 3、4；第十五條規定

一、案例說明

新加坡籍「國富輪」於 2008 年 1 月 5 日 0157 分離基隆港駛向日本東京。我國籍漁船「太平洋 168 號」於 2008 年 1 月 4 日 2200 分由蘇澳南方澳漁港出港前往台灣海峽轉駁載大陸漁工 69 名。兩船於 97 年 1 月 5 日 0217 分途經基隆嶼東北 2.1 浬、北緯 25°13.52 N、東經 121°48.16 E 處發生碰撞。「太平洋 168 號」於碰撞後沉沒，該船所載漁工七名落海失蹤，迄未尋獲（參閱圖 4.22、4.23）。

圖 4.22　漁船「太平洋 168 號」殘骸

圖 4.23　國富輪船艏擦撞漁船痕跡

依據海岸巡防署雷達測繪「國富輪」與「太平洋 168 號」兩船航跡，0210 時「國富輪」轉航向至 070°T，「太平洋 168 號」航向約 300°T 相距約 3 浬，表示此時兩船已爲交叉相遇情況。依據 1972 年國際海上避碰規則第八條第三項規定：「如有充分水域時，僅藉改變航向，可能即爲避免逼迫情勢之最有效措施，但必須及早堅定行之，庶可不致發生另一逼迫情勢」第四項規定：「採取避免與他船之碰撞措施時，應以安全距離相互通過；並應審慎校測此項措施之實效，直至他船最後通過並分離清楚爲止。」第十五條規定：「兩動力船舶交叉相遇，而含有碰撞危機時，見他船在其右舷者，應避讓他船。如環境許可，應避免橫越他船船艏。」準此，當時「國富輪」應爲讓路船舶理應向右轉向避讓，「太平洋 168 號」則爲直航船舶（參閱圖 4.24）。

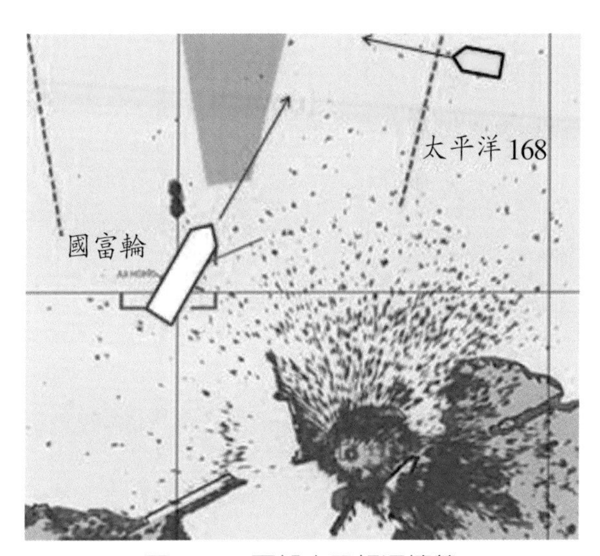

圖 4.24　兩船交叉相遇情勢

此時爲東北風五級至六級，中浪至大浪，局部雨，能見度約 2 至 3 浬，兩船應可互見航行燈，惟「國富輪」當值二副蘇 XX 並未自雷達或目視發現「太平洋 168 號」而仍然維持原航向、航速，而未採取任何避讓動作。直至 0217 時始目視「太平洋 168 號」燈光，兩船相距約 0.2～0.3 浬（約為 360～540 公尺），並發覺有碰撞危險，雖採取向左轉向避讓，惟以此項措施應在兩船距離至少為四倍船長之前行之。「國富輪」船長 168 公尺，亦即應在兩船距離 680 公尺前採取此項措施，俾使舵效產生轉向作用。顯然國富輪已延誤轉向避讓時機，而致碰撞。且於碰撞後，二副僅以可見船尾處尚有白燈，就認定已完成讓船，未能確實查證碰撞之發生（參閱圖 4.25）。

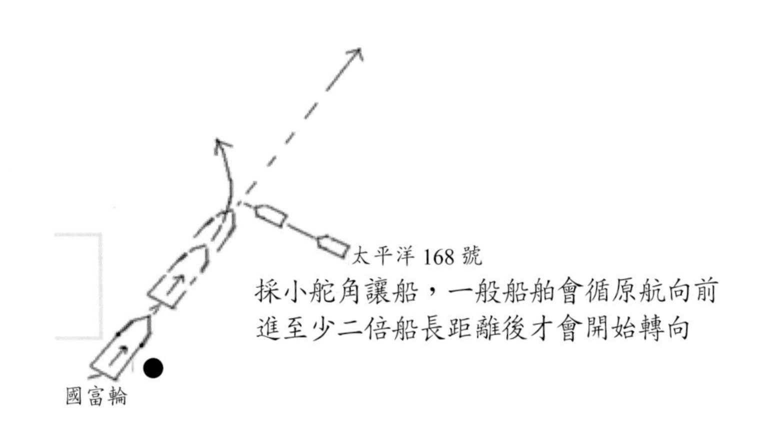

圖 4.25　慣性造成延遲轉向

另一方面，事故當時，「太平洋 168 號」船長輪機長均在駕駛臺，但疏於瞭望迨至發現「國富輪」時，兩船已經非常接近，亦未採取任何避讓措施。

綜觀上述事實，「國富輪」顯已未依 1972 年國際海上避碰規則第五條瞭望「各船應經常運用視覺、聽覺及各種適合當前環境所有可使用之方法，保持正確瞭望，以期完全瞭望其處境及碰撞危機。」之規定，船舶在航行時，為避免碰撞而需「經常」保持「正確」的瞭望，亦即船舶在任何航行情況及天候下都要保持瞭望。加諸「國富輪」未能及早察覺「太平洋168號」之逼近且有碰撞危機。亦已違反第八條第三項、第四項及第十五條之規定採取有效之避碰措施。

「太平洋168號」雖為「直航船舶」但未依1972年國際海上避碰規則第五條之規定保持正確的瞭望，未能察覺碰撞危機及第十七條直航船舶之措施：「一、(一)當兩船中之一船應讓路時，他船應保持其航向及航速。(二)直航船舶，當發現應讓路船舶顯然未依本規則採取適當措施時，亦可單獨採取措施，運轉本船，以避免碰撞。二、不論任何原因，應保持航向及航速之船舶，發現本船已逼近至僅賴讓路船之單獨措施，不能避免碰撞時，應採取最有助於避免碰撞之措施。」之規定，採取適當措施，避免碰撞，自亦負有責任。

二、事故調查分析

1. 國富輪一經駛出基隆港，船長即將船舶交由二副掌控，並進入海圖室發送次港電報。

2. 國富輪於碰撞後，並未察覺撞及漁船而繼續航行，經基隆港務電台呼叫後，再返航基隆接受調查。

3. 國富輪當值二副蘇XX未能保持正確及適當瞭望，直到距離「太平洋168號」0.2～0.3浬時始察覺其接近，且有立即碰撞危機。復於0210時目視「太平洋168號」「白燈」後，即立刻向左轉向，但未能持續審慎校測此項轉向是否與他船能保持安全距離相互通過。

實務上，吾人在海上避讓漁船，於採取措施後本應走出駕駛臺，至舷側觀察對手船是否完全分離清楚，再回復原既定航向，此即本規則第八條第四項「應審慎校策此項措施之實效」的精神所在。然而，事故當時因為下雨，國富輪離開港口後即緊閉駕駛臺兩邊大門，故而二副根本未走出駕駛臺到舷側觀察避讓效果，僅在駕駛臺內觀察，當然無法確認是否已避開漁船。此亦即筆者在各種場合呼籲船長與當值者在港區，乃至沿岸航行，切勿完全緊閉駕駛臺門窗的理由。因爲一旦門窗緊閉，當值者不僅無法聽到他船的音響（汽笛）信號，更會助長當值者無需積極確認碰撞危機的負面意識。

4. 依據國際海上避碰規則第十五條交叉相遇情況：「兩動力船舶交叉相遇，而含有碰撞危機時，見他船在其右舷者應避讓他船」之規定，「國富輪」當有讓船義務；另依據規則第十六條讓路船舶之措施：「凡依規定應避讓他船之船舶，應盡可能及早採取明確措施，遠離他船。」之規定，則「國富輪」於漁船極爲逼近時才採取轉向避讓措施，而且先以小舵角緩慢轉向，及至兩船迫近時才改採大舵角，均明顯違反前述「盡可能及早」與「明確」的規定。

5. 國富輪二副誤以爲採用「大角度」避讓會產生所謂「甩尾」效應，因而企圖利用此效應避讓漁船。但當兩船過於逼近時，此項不當避讓措施，可能因船體運動的慣性延遲迴轉，不一定有助於避免碰撞。

6. 國富輪剛離開港口不久，面對此驚險狀況，二副在採取大角度轉向的當下，除了會對舵工大聲下達轉向指令外，用舵後電羅經復述器（Gyro repeater）亦必定會發出指針快速跳動聲響，然位於駕駛臺海圖室內拍發電報的船長竟然不聞不問，亦未走出海圖室表達關切，顯然船長的情境警覺性（Situational awareness）嚴重不足。

4.1.6 第十六條　讓路船舶之措施

凡依規定應避讓他船之船舶，應儘可能及早採取明確措施，遠離他船。

【釋義 1】讓路船（Give-way vessel）

凡在「互見」之情況下，依規則規定應避讓他船之船舶皆屬讓路船，且不限於動力船舶。而所謂「讓路」（Give way）就是不能妨礙他船的正常行駛，他船勿需因您船而改變航向或減速或停俥。

【釋義 2】及早採取行動（Act at an earlier stage）

「及早採取行動」一詞乃是 1972 年 10 月政府間海事諮詢組織在倫敦召開會議，在對《1960 年國際海上避碰規則》進行修改的基礎上，制定了《1972 年國際海上避碰規則公約》，才被納入 1972 年避碰規則的。

回顧 1972 年避碰規則制訂當時，正是全球海運市場最為景氣之時，故而大型船舶激增，尤其類似大型油輪慣性大、迴旋直徑大、停止距離較長等操船難度較高的船舶亦隨著迅速增加，海上交通一時之間變得難以維持，重大撞船事故更是陸續發生。IMO 顧及降低船舶大型化帶來的高碰撞風險，特將「及早採取行動」加入新規則中。而引進此「及早採取行動」的意旨，乃是當停止距離較長的船舶處於直航船的狀態時，其逼近避讓船時，即使一開始就解除其直航義務，亦欠缺採取充分避碰動作的餘裕，故而貿然採取改變航向的動作，反而會被認為是造成危險局面的原因。

【釋義 3】明確措施（Substantial action）

就是依規定應該保持航向船速的直航船在與他船會船的初始階段，不能忽左忽右、忽快忽慢，否則避讓船可能根據錯誤的判斷基礎採取避讓行動。

4.1.7 第十七條　直航船舶之措施

一、(一) 當兩船中之一船應讓路時，他船應保持其航向及速度。

(二) 直航船舶，當發現應讓路船舶顯然未依本規則採取適當措施時，亦可單獨採取措施，運轉本船，以避免碰撞。

二、不論任何原因，應保持航向及船速之船舶，發現本船已逼近至僅賴讓路船之單獨措施，不能避免碰撞時，應採取最有助於避免碰撞之措施（參閱圖 4.26）。

三、動力船舶於交叉相遇情勢中，依本條第一項第 (二) 款規定採取措施，以避免與另一動力船舶碰撞時，如環境許可，不應朝左轉向，因他船在本船左舷。

四、本條之規定，並不解除讓路船舶之讓路義務。

圖 4.26　採取最有助於避免碰撞之措施

source: safe-skipper.com

【釋義 1】直航船（Stand-on vessel）

一、當兩船所處之態勢，其讓路責任由其中一方負擔時，他方即稱爲「直航船」。直航船之義務有：

1. 保持航向及航速：此並非嚴格限制直航船必須保持其原來的羅經航向與主機轉數，而是要讓他船正確判斷本船（持續）的動態。因此若遇有航行安全的需要，合理的改變航向與航速，並不違反規定。

2. 讓路船未採取適當之避讓行動時，直航船應「警告」之，並協助採取有效避讓行動，以避免危險。所謂「警告」就是依據三十四條規定：「當船舶互見時，若不了解他船的企圖，或懷疑其是否已採取有效避碰措施時，應鳴放汽笛至少五短聲之急促音響及（或）燈光信號。」

3. 直航船不可以在無碰撞危機之前，任意採取行動。而應精確判斷情勢發展，例如持續觀測來船之羅經方位有無變化、雷達觀測等。

4. 讓路船若逼近直航船至由其單獨行動無法避免碰撞時，直航船亦應採取最有助於避碰之措施。

5. 在交叉相遇情況下，直航船最好不要對其左舷方向來船朝左轉向。

6. 如一船同時與其他兩船處於有碰撞危機之航向時，該船同時兼有讓路義務與直航權利，此時應放棄直航權利積極採取避碰措施。

【釋義 2】消極因應逼近情勢釀成大禍

2018 年 1 月 6 日，香港籍散裝船「CF Crystal」與巴拿馬籍油輪「Sanchi」在中國東部外海因碰撞起火沉沒，造成三名船員死亡，二十九名失蹤。從事後調查發現雙方駕駛員透過 VHF 的對話，幾乎完全不遵守避碰規則規定，如；

1. 油輪三副：「Why is she not doing anything？」

只知埋怨目標船未採取避碰行動，卻不知本身於情勢迫切時亦應採取避碰措施。

2. 油輪三副：「He’s talking to another one. You know, never answer these calls. Because if you don't answer, it is not ok to action. But if you answer, he seems .... he confirms with you about his action.」

事故發生前油輪已發現多艘目標船接近中，當值駕駛員非但不積極尋求辨識危險目標，甚且誤解通訊聯絡的眞正意義，自認爲不理不睬，他船就會採取行動。設若目標船的當值駕駛員亦抱此鴕鳥心態，怎會不發生事故？

【釋義 3】碰撞情勢發展中的四個階段

當兩船互見彼此接近中，若羅經方位不變，即含有碰撞危機，其中一艘依規定應採取避讓行動，而此碰撞情勢的發展可分成下列四個階段：

1. 評估階段（Assessment phase）：距離尚遠，碰撞危機未明，雙方可採取任何行動；

2. 行動階段（Action phase）：一旦確認有碰撞危機後，讓路船需及早採取明確措施，俾使雙方能以安全距離相互通過，直航船應保持航向與航速；

3. 接近階段（Approaching phase）：倘應讓路船舶未依規定採取適當措施時，直航船應依照本規則第三十四條第四項規定鳴放汽笛警告，並單獨採取避碰措施。若應讓路船在本船左舷，應避免向左轉向；

4. 逼近階段（Closing phase）：雖讓路船已採避讓措施，但兩船逼近至僅賴讓路船之單獨措施，不能避免碰撞時，直航船亦應採取最有助於避免碰撞之措施。

【釋義 4】最有助於避免碰撞之措施（Best aid to avoid（avert）collision）

本條第 2 項：「不論任何原因，應保持其航向及航速之船舶，發現本船已逼近至僅賴讓路船之單獨措施，不能避免碰撞時，應採取最有助於避免碰撞之措施。」此一規定顯然課以直航船在特殊環境與情況下的責任。

船舶在海上遭遇他船，進而衍生成可能碰撞的局面時，實務上相遇各方通常都會期待他船採取「最有助於避免碰撞之措施」，這不僅是海員「一動不如一靜」的習慣更是通病，此或許與海上空間及海員職場悠閒的因素有關。儘管如此，採取「最有助於避免碰撞之措施」仍是所有海員的共識。

究竟什麼才是「最有助於避免碰撞之措施」？基本上，只要當事人本著「盡最大努力（Due diligence）」之態度，積極採取避碰措施就應算是採取「最有助於避免碰撞之措施」。當然若從技術層面觀之，前述避碰措施的成效優劣，才是能否化險為夷的主要關鍵，這也是所有合理、謹慎的海員在實務上的共識。

因此，吾人應聚焦於「最有助於避免碰撞之措施」的啓動時機及實效。事實上，歷年來各種版本的避碰規則相關書籍對於有關「最有助於避免碰撞之措施」之闡述，在文字上幾乎沒有變化，因此實質的解釋亦未產生重大變化。只不過 1972 年的避碰規則的英文條款中將 1960 年避碰規則第二十一條「best aid to avert collision」改成「best aid to avoid collision」並納入第 17 條第二項，即改變了「避讓」的積極度表現方式。

依據韋氏字典，「Avert」一詞係指防止、避免之意，比較強調人的本能直覺，例如行人看到來車急轉閃避（To turn away；Ward off）就是；而「Avoid」一詞則指刻意避免之意，例如設法避免見到不願見面的人、躲避不愉快的事或危險。顯然前者較強調直覺的本能反應，而後者則強調積極設法規避之意。此恰與前述藉由「及早、明確」原則提升海員的積極性相呼應。

針對 1972 年國際海上避碰規則中「最有助於避免碰撞的措施」的規定，合理的解釋應為：

1. 此最有助於避免碰撞的動作，乃是針對當時情況，海員依據合理判斷所作成的臨機應變決定。如停俥、倒俥或拋錨等動作。

2. 避讓船在知道僅靠其單獨操作無法避免碰撞之前，究竟要逼近他船至何種程度才作出正確的決定是非常困難的。當然，避讓（直航）船最好在演變到此一階段之前採取動作。總而言之，就是要避開造成「必須採取最有助於避免碰撞的動作」的局面。

【釋義 5】讓路船未採取避碰行動

1. 儘管已經明確的判明讓路船未採取避碰行動，直航船依舊漫不經心的航行，以致發生碰撞事故的情況，直航船方面亦有被認定「與有過失」[註 1]的可能。

2. 直航船藉由操縱本船以避免碰撞時，若怠於保有充分時間及早採取行動，如果因此發生碰撞，則被判定過失的機率很大。

3. 就相對性而言，保持航向、船速本身就是最有助於避免碰撞的動作。

【釋義 6】讓路船的義務

本條第四項特別強調讓路船避讓之義務，旨在明確提醒讓路船不可存有等待直航船讓路之心理。

【釋義 7】採取行動的時機

若遇有直航船被舉證過早採取行動致生碰撞，直航船若無法就下列任一項證明，就無法免除違反本條規定的責任：

1. 放棄保持航向與船速的義務，乃是依據爲避免當時的碰撞危險的合理判斷作基礎的；

2. 當時所採的措施不具備造成碰撞原因的性質，或是碰撞的實際原因者。

【註 1】與有過失、過失相抵（Contributory negligence）

依據我國民法第 217 條，所謂的「與有過失」，又稱「共同過失」，意指有一方造成他方損害，也就是所謂的加害人與被害人，如果損害的造成不能完全責怪加害人，被害人自己也有錯，那麼法官在判決的時候，就會減輕加害人的賠償責任或賠償金額，如果被害人的錯是造成事件的主因的話，那甚至於也不用賠了。

又重大之損害原因，爲債務人（加害人）所不及知，而被害人不預促其注意或怠於避免或減少損害者，亦爲「與有過失」。此一規定，於被害人之代理人或使用人與有過失者，準用之。
可見直航船舶未依本條第二款之規定採取避碰措施，極有可能被法庭判定「與有過失」，而需承擔部分事故責任。

【註 2】合理、必要
「合理、必要」是抽象的不確定法律概念。因爲在船舶避碰當下的變動因素，與每個人的情況證據（依教育、職場經驗）的不同有很大相關。

4.1.8 第十八條　船舶間之責任

除第九條、第十條及第十三條另有規定外：

一、航行中之動力船舶，應避讓下列船舶：

(一) 操縱失靈之船舶；

(二) 運轉能力受限制之船舶；

(三) 從事捕魚中之船舶；

(四) 帆船。

二、航行中之帆船，應避讓下列船舶：

(一) 操縱失靈之船舶；

(二) 運轉能力受限制之船舶；

(三) 從事捕魚中之船舶。

三、從事捕魚中之船舶，在航行時，應儘可能避讓下列船舶：

(一) 操縱失靈之船舶；

(二) 運轉能力受限制之船舶。

四、(一) 除操縱失靈或運轉能力受限制之船舶外，任何船舶，如環境許可，對於顯示第二十八條規定信號受吃水限制之船舶，應避免妨礙其安全通行；

(二) 受吃水限制的船舶，應特別謹慎航行，並充分注意本船之特殊情況。

五、在水面上之水上飛機，通常均應遠離一切船舶，並避免妨礙其航行，但在有碰撞危險之環境存在時，仍應遵守本章各條之規定。

六、(一) 飛翼船艇在起飛、降落及貼近水面飛行時，應遠離他船，並應避免妨礙其航行；

(二) 飛翼船艇在水面操作時，應遵守本章對動力船舶之規定。

【釋義 1】

本條所述船舶之類別，應以第三條定義之解釋爲原則，並需顯示有關信號。

【釋義 2】航權優先順序

本條規定旨在依據船舶操縱能力的優劣，排定不同船種間讓路的優先順序。也就是操縱能力較佳的船舶應避讓操縱能力較差的船舶。例如具流線型的高速貨櫃船應避讓操縱不易的重載巨型油輪。

【釋義 3】同類型船

若兩船皆屬同類型時，應依本章第二節規定採取適當措施。

【釋義 4】追越船

凡追越船均應避讓被追越船，第十三條之規定凌駕本（十八）條規定。

4.2 船舶在能見度受限制時之措施

第二章　操舵及航行規則（Part B steering and sailing rules）

第三節　船舶在能見度受限制時之措施（Section III conduct of vessels in restricted visibility）

4.2.1 第十九條　船舶在能見度受限制時之措施

一、本條適用於航行在能見度受限制之水域或其附近而尚未互見之船舶。

二、各船應以適合當前環境及能見度受限制情況之安全速度行駛，動力船舶應將主機備便，以便隨時緊急運轉。

三、各船遵行本章第一節之規定時，應對當前環境及能見度受限制之情況，加以適切注意。

四、一船僅在雷達幕上發現他船時，應即研判是否有可能發展成逼近情勢及（或）有碰撞危機之存在，如有此可能，應及早採取避碰措施。如此項措施包括改變航在內，應盡可能避免下列事項：

(一) 除對被追越船外，對正橫前方之船舶朝左轉向（參閱圖 4.27）。

(二) 對正橫方向或正橫後方之船舶轉向（參閱圖 4.28）。

五、除確信已無碰撞危機外，船舶聽到顯然來自本船正橫前方他船之霧中信號時，或無法避免與本船正橫前方之他船成逼近情勢時，應於（將）本船速度減至可維持其航向之最低速度。如有必要，應將本船停止前進。無論如何，應極度小心航行，直至碰撞危機消失爲止。

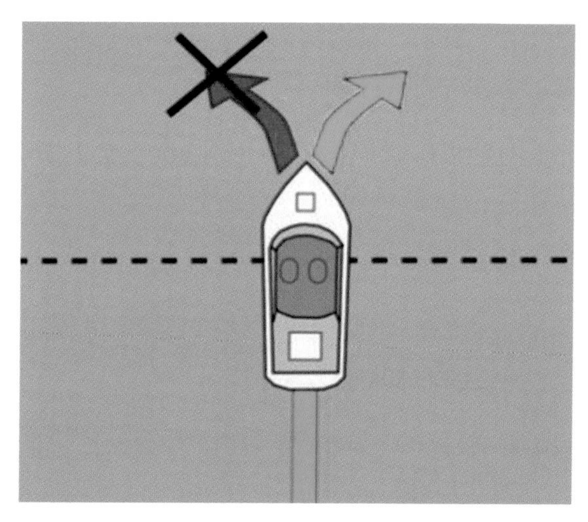

圖 4.27　避免對正橫前方之船舶朝左轉向

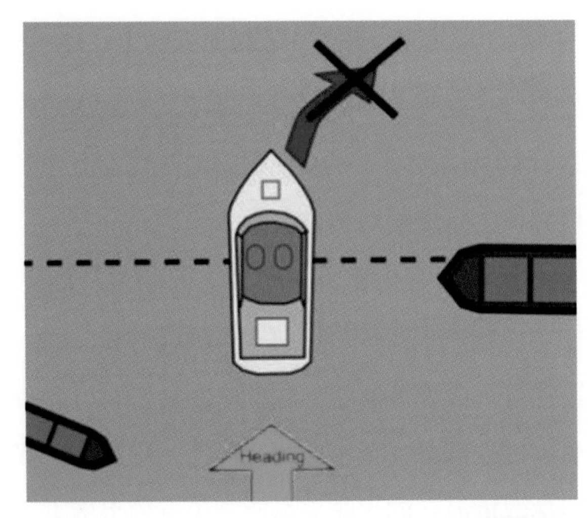

圖 4.28 避免對正橫方向或正橫後方之船舶轉向

【釋義 1】尚未互見且具碰撞危機時之應採措施

本條主在規範船舶尚未互見而有碰撞危機存在時應具備的航行條件，如安全速度、主機備便、注意瞭望與使用雷達研判碰撞危機等措施即是。

【釋義 2】霧中信號

船舶所鳴放之霧中信號，其方向與距離常受干擾而產生偏差。若霧中信號來自正橫附近時，表示已相當接近，因此駕駛臺團隊或當值者聞及霧中信號時，除應減速或停俥以降低船速小心駕駛外，更應加強瞭望，直至危機解除後才可繼續動俥前進。此外，切勿聽到來自正橫前方的信號，就急於變更航向。

尤其要注意的是，濃霧中接近目標或岸邊時，雷達回跡顯像常與實際落差極大，若船速太快恐無法因應。現今船舶已配置 AIS，只要配合 ARPA 的應用，辨別目標應無困難。

【釋義 3】逼近情勢

本規則第八條第三項、本條第四、五項均有述及「逼近情勢」。

一九六一年 Grepa 輪與 Verend 輪碰撞案，法官對逼近情勢的觀點爲：「逼近情勢，我想必須與船型大小、性能及速度有關。然而以該等船舶的形態而論，以浬來評量其距離，較之以碼來計算要妥當得多」。顯然法官認定大型船舶的「逼近」距離容忍度要較小型船低。時隔近六十年，當前的船舶雖配置新銳航儀，但船型也相對變大，船速更是增快許多，因此更不允許逼近情勢的發生。由於船長二百公尺（含）以上船舶的汽笛能聽距（Audibility Range）爲二浬，因此可將二浬作爲認定「逼近情勢」的基準，亦即只要具碰撞危機的目標接近二浬時，就是採取避碰措施的時機，操縱或運轉能力較差的船舶亦可定爲三浬。切記！採取避碰措施主在化解逼近情勢，而非製造另一危險局面。

【釋義 4】條文誤植

依據本條規定第五項原文：「shall reduce her speed to the minimum at which she can be kept on her course」旨意，國內官方核定版本之：「……應『於』本船速度減至可維持其航向之最低速度。」一段中的「於」應係誤植。譯文應改正爲「……應『將』本船速度減至可維持其航向之最低速度。」較爲妥適。

【註 1】主機備便隨時緊急運轉

本條考慮到安全速度與主機是否已備便具有關聯性。現今實務上，大洋航行中即使遇到濃霧亦少有船長會降低船速至「安全速度」，或是通知機艙「主機備便」。此完全是來自船東或運航人的商業壓力凌駕法規規定所致。當然眼前雷達設備效能的精進，應是船長敢於冒險的依恃。

基本上，大部分船舶最容易犯過失的原因就是對雷達上的情況作錯誤的判斷，此可能是不適當的雷達瞭望、未施行雷達測繪、目標的回跡抑制（Sea/Rain clutter）效應、未及時停俥或轉向幅度不足。

【註 2】事故責任分攤

不像在其他情況下的案例一樣，在能見度受限制水域，一旦發生事故，法庭通常會判定兩船皆有過失。且在此情況下的過失程度很難，甚或不可能合理精準的確定，因此大都課以各負 50% 的責任判定（Both vessels could be blamed 50/50）。而此原則是遵循 1977 年英國海事法庭對於 The Ercole 一案而來的（The above principles were followed by UK courts in The Ercole [1977].）。

【註 3】舵效速度（Steerage way）

本條第五款規定：「……應將本船速度減至可維持其航向之最低速度。」，此所謂的「最低速度」，就是操船學上所說的「舵效速度」，「舵效速度」一詞顧名思義，就是指能夠產生舵效（Rudder Effect）的速度，其定義如下：

1. 足以讓船、艇回應船舶舵板作動的運動速率（A rate of motion sufficient to make a ship or boat respond to movements of the rudder.[Collin]）。
2. 提供船舶可以被操控的足夠前進運動（Enough forward movement to allow a vessel to be steered. [Nautical] ）。
3. 讓船舶足以回應操船者指令的最低前進速度（The minimum forward speed needed to make a ship respond to the helmsmans' guidance）。
4. 讓任何特定船舶在任何特定環境下可以被操縱掌控的速度（Is the speed at which any particular vessel becomes controllable in any particular circumstance）。

從以上得知，欲使船舶可以被有效操縱與掌控，就需要讓船舶具有前進速度，唯有如此才能使船舵（Ship's rudder）產生作用，進而產生舵效。同時強調「最低前進速度」（Minimum forward speed）或「足夠的前進運動」（Enough forward movement ）兩個要素。

眾所周知，如不考慮外力影響，船舶的操縱與方向性控制，主要係靠俥葉（螺旋槳）的排出流（Discharge current）沖擊到舵板（Rudder plate）產生揚力（Drift），再經由揚力的作用產生迴轉效能。

在操船運用上，可藉由短時間的增加主機轉數（RPM），使沖擊到舵板的俥葉排出流的流量增加，有助於低速時的迴轉。但必須強調的是，此舉只在求提升船舶的迴轉效能，而不求船速的增加。因此，基於安全考量，在港區或限制水域，如果一艘船以 5 節速度航行，就可有效操舵，當然就沒有理由以 7～8 節的速度航行，以免慣性續增終至難以善後，而 5 節船速就是在此種環境情況下的「舵效速度」。

【註 4】如果船舶必須航行於能見度受限制水域（**If a vessel must navigate in restricted visibility**）應：

1. 鳴放音響信號（Sound the signal）；
2. 降低船速（Reduce speed）：能見度狀況爲決定安速度的最重要因素之一。如有必要，船速應降至僅僅可以保有操舵效應的速度。（the state of visibility is one of the most important factors in determining safe speed. Speed should be reduced to bare steerage if necessary）；
3. 部署瞭望員（Post lookout）：必須增派瞭望員（additional lookouts must be posted）；
4. 勤於測定船位（Take frequent position fixes）：過度依賴雷達與其他電子航儀系統可能造成海員喪失情境警覺（Over- reliance on radar and electronic navigation systems can cause a mariner to lose situational awareness）；
5. 監督其他船舶（Monitor other vessel）：必須及早建立聯絡，以便得知其他船舶的企圖（Communication should be established early to determine the intentions of other vessels）；
6. 駕駛臺當值駕駛員應積極籲請協助（Summon help to the bridge）：在能見度受限水域，單靠一人值班是無法確保安全航行的（One-person watch cannot safely navigate in restricted visibility），因此遇有必要，務必即時籲請船長協助；
7. 訓練、訓練、再訓練（Train, train, train）：所謂熟能生巧，凡事多加訓練總會提升因應能力。

第五章　船舶號燈與號標

5.1 規則釋義

第三章　號燈與號標

5.1.1 第二十條　適用範圍

一、本章各條規定，在各種天氣中，應予遵守。

二、本規則有關號燈之規定，自日沒至日出之間，應予遵守。在此時間內，其他燈光，除不致被誤認爲本規則規定之號燈或不致減損規定號燈之能見度或性能，或不致干擾保持正常瞭望之其他燈光者外，一概不得外露。

三、在日出至日沒之間能見度受限制時，若備有本規則規定之號燈者，應顯示之，並得於所有其他認爲有必要之環境時顯示之。

四、本規則有關號標之規定，日間應予遵守。

五、本規則規定之號燈及號標，應符合本規則附錄壹之規定。

【釋義 1】燈光顯示

本條所指是爲第三章號燈與號標之適用範圍，規定在各種天氣中，均應予遵守。有關號燈之開啓從日沒到日出之間，要按本規則規定的的號燈開啓，其他燈光一概不得外露。

【釋義 2】時間界限

本條規定號燈之開啓從日沒到日出之間，其實應包括曙光時間

（Twilight）在內。同樣地，號標規定在日間懸掛，所以也包括曙光時間。因此在曙光時間內號燈與號標均可同時顯示。又在有霧或雷雨致能見度受限制情況下，日間亦可顯示其號燈。

【釋義 3】妨礙瞭望

爲避免妨害正常瞭望，本規定之法定燈光必須安置於適當之位置。

【註 1】曙光（Twilight）
早晨，太陽尚未露出水平線前，陽光照射到高層大氣，被高空大氣分子散射，使天空出現微弱的亮光，稱爲曙光。反之，太陽落至水平線後，仍會出現一段時間的微弱亮光，亦稱曙光。早晨的曙光通常稱爲「黎明」或「拂曉」（Dawn），傍晚的曙光則稱爲「黃昏」或「薄暮」（Dusk）。

5.1.2 第二十一條　定義

一、「桅燈」指裝置在船舶縱向中心線上方之一盞白燈，顯示定光，普照水平弧面二百二十五度。其固定方法，應使燈光照射自船首正前方起，分別至左右兩舷正橫偏後各二十二 · 五度止。

二、「舷燈」指裝置在右舷之一盞綠燈及左舷之一盞紅燈，各燈顯示定光，普照水平弧面一百一十二 · 五度。其固定方法，應使燈光照射自船首正前方起，分別至左右兩舷正橫偏後各二十二 · 五度止。長度未滿二十公尺之船舶，其左右舷燈可合併於一盞燈內而裝置於船舶縱向中心線上。

三、「艉燈」指盡可能裝置在船尾附近之一盞白燈，顯示定光，普照水平弧面一百三十五度。其固定方法，應使燈光照射自船尾正後方起，分別至左右二舷各六十七 · 五度止（參閱圖 5.1）。

四、「拖曳燈」指一盞黃燈，性能與本條第三項規定之艉燈相同。

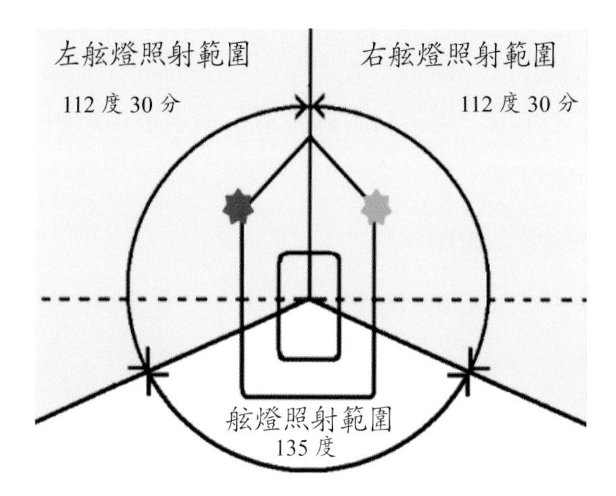

圖 5.1　舷燈、艉燈之照射範圍

五、「環照燈」指一盞號燈，顯示定光，普照水平弧面三百六十度。

六、「閃光燈」指一盞號燈，以規律之時間間隔，發出閃光，其頻率每分鐘一百二十次或以上。

【釋義 1】號燈規格

本條係就船舶所用之號燈其主要規格、顏色、能見弧區等予以定義，包括桅燈、舷燈、艉燈、拖曳燈、環照燈、閃光燈等六種。

【釋義 2】桅燈（Masthead light）

桅燈必須裝置於高過及離開其他號燈與障礙物處。

【釋義 3】舷燈（Side light）

舷燈依照規定應配至內側遮光板，俾使迎艏正遇船隻，同時看見其左右兩舷燈。

【釋義 4】艉燈（Stern light）

由於部分船舶因構造問題甚難在正船艉裝設艉燈，所以要求艉燈應「盡可能裝在船艉附近」。若在夜晚追越他船，不易分辨桅燈或艉燈時，此時若看不見他船舷燈，就可認定是艉燈。

5.1.3 第二十二條　號燈之能見距

本規則規定之號燈，應具有附錄壹第八項規定之照明強度，俾得在下列之最小能見距處可見：

一、長度滿五十公尺之船舶

桅燈：六浬

舷燈：三浬

艉燈：三浬

拖曳燈：三浬

白、紅、綠或黃色環照燈：三浬

二、長度滿十二公尺，但未滿五十公尺之船舶：

桅燈：五浬：但長度未滿二十公尺者：三浬

舷燈：二浬

艉燈：二浬

拖曳燈：二浬

白、紅、綠或黃色環照燈：二浬

三、長度未滿十二公尺之船舶

桅燈：二浬

舷燈：一浬

艉燈：二浬

拖曳燈：二浬

白、紅、綠或黃色環照燈：二浬

四、不明顯而部分沒入水中之被拖船或被拖物：

白色環照燈：三浬

【釋義 1】燈光能見距

本條係規定各種號燈之最小能見距，分長度滿五十公尺，長度滿十二公尺但未滿五十公尺及長度未滿十二公尺等三種。不同船舶所使用之號燈，其能見距離亦不相同。

【釋義 2】不得任意提高燈光能見距

本條規定各種號燈的最小能見距，或有論者主張增加燈光能見距，俾使他船得以提早發現本船，似可提高安全性。其實不然，因爲過分炫耀的燈光會使他船駕駛員在視覺上產生差錯，或遮掩其他法定燈光，進而造成危險。此正如同陸上車主自行改換強烈車頭燈，使對向來車的駕駛因亮光刺眼視覺全失而易生事故一樣。

5.1.4 第二十三條　航行中之動力船舶

一、航行中之動力船舶，應顯示：

(一) 桅燈一盞於船舶前部。

(二) 第二盞桅燈於前桅燈後方較高處。長度未滿五十公尺之船舶，得不顯示此燈，但亦可顯示之。

(三) 舷燈。

(四) 艉燈（參閱圖 5.2、5.3、5.4、5.5）。

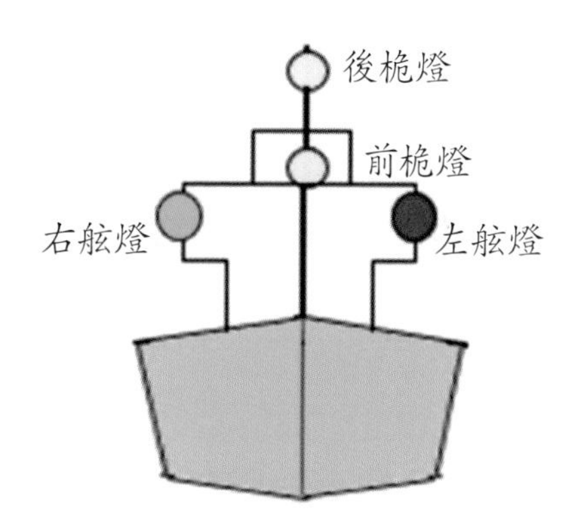

圖 5.2　航行中動力船舶應顯示號燈（船艏觀測）

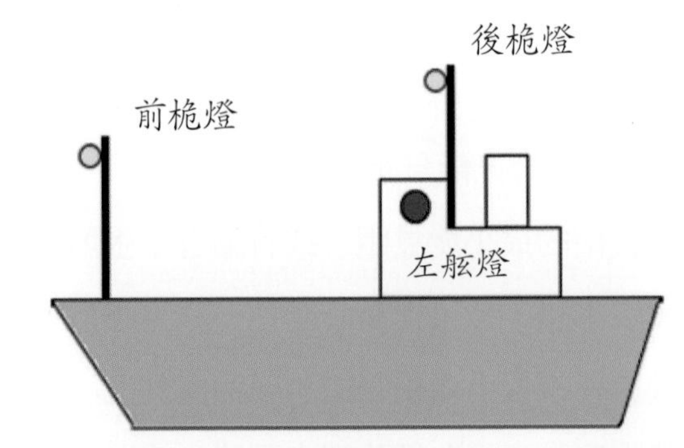

圖 5.3　航行中動力船舶應顯示號燈（左舷觀測）

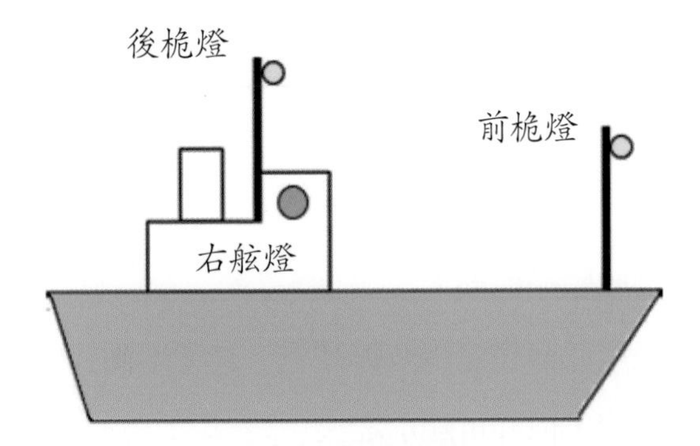

圖 5.4　航行中動力船舶應顯示號燈（右舷觀測）

圖 5.5　艉燈

二、氣墊船於無排水量之狀況下操作時，除顯示本條第一項規定之號燈外，均應顯示環照黃色閃光燈一盞。

三、飛翼船艇起飛、降落和貼近水面飛行時，除應遵守本條第一項規定號燈外，應另加顯示一盞強光紅色環照閃光燈。

四、(一) 長度未滿十二公尺之動力船舶，可顯示環照白燈一盞及舷燈，以取代本條第一項規定之號燈。

(二) 長度未滿七公尺，最大速度不逾七節之動力船舶，可顯示環照白燈一盞，以取代本條第一項規定之號燈，如可行時，亦應顯示舷燈。

(三) 長度未滿十二公尺之動力船舶，其桅燈或環照白燈若無法裝置於船舶縱向中心線上方時，得不裝置於船舶縱向中心線上方，但其舷燈應合併於一盞燈內，並裝掛於船舶縱向中心線上，或盡量接近桅燈或環照白燈所在之同一縱向線上（參閱圖 5.6）。

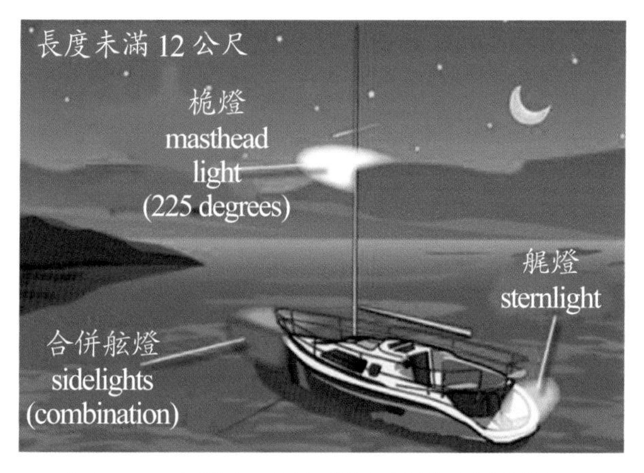

圖 5.6　未滿十二公尺動力船舶之航行燈

Source: serenitysailingblog.worldpress

【釋義 1】號燈顯示

本條係規定動力船舶在航行中，以及氣墊船、長度未滿十二公尺小船及長度未滿七公尺之小船，所應顯示之號燈。

【釋義 2】號燈位置安排的功用

關於後桅燈必須高於前桅燈的規定，旨在讓他船很容易辨別出本船的航向變化。至於氣墊船所顯示的環照黃色閃光燈，乃在引起他船注意其速率高，且容易受風力影響致偏離既定航向的特質。

5.1.5 第二十四條　拖曳及推頂

一、動力船舶拖曳時，應顯示：

(一) 桅燈二盞於一垂直線上，以代替第二十三條第一項第 (一) 款或第 (二) 款規定之號燈。如拖曳長度，即自拖船尾端起至被拖物之末端止，超過二百公尺時，應有桅燈三盞在一垂直線上。

(二) 舷燈。

(三) 艉燈（參閱圖 5.7、5.8）。

(四) 拖曳燈一盞於艉燈之垂直上方。

(五) 拖曳長度超過二百公尺時，應於最易見處，顯示一菱形號標。

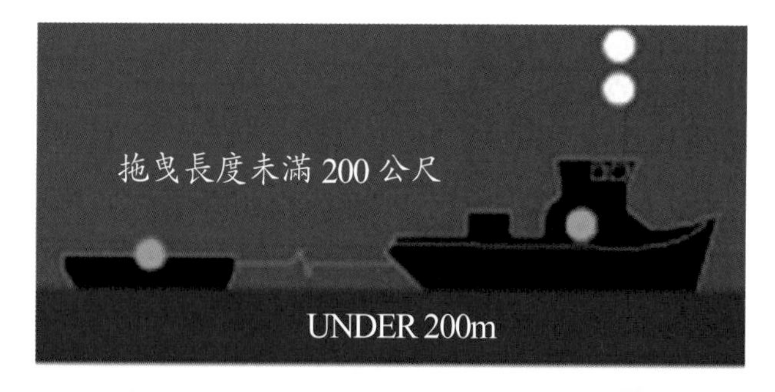

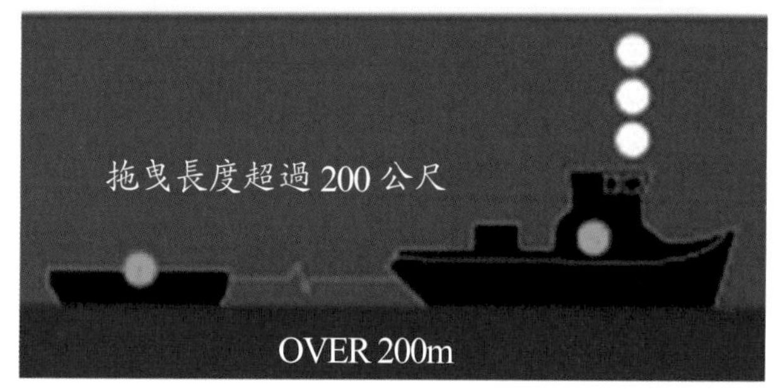

圖 5.7　動力船舶拖曳時應顯示號號燈（從右舷看）

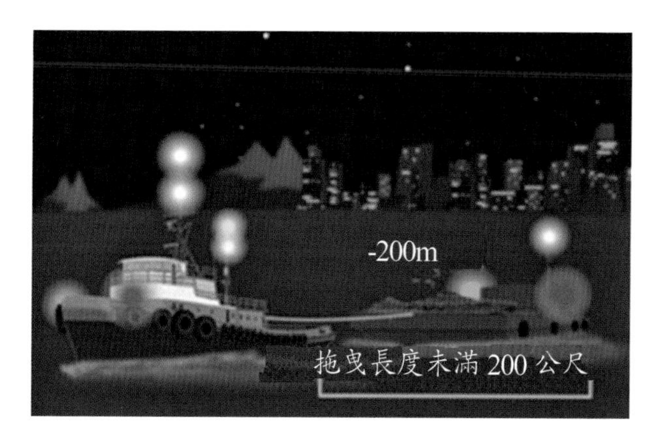

圖 5.8　動力船舶拖曳時應顯示號號燈（從左舷看）

二、推頂船舶及其前方之被推頂船，若緊密連接成一組合體時，應視爲一艘動力船舶，並顯示第二十三條規定之號燈（參閱圖 5.9、5.10）。

圖 5.9　緊密連接成一組合體的推頂船舶 (1)

Source: mysticriverpartners.com

圖 5.10　緊密連接成一組合體的推頂船舶 (2)

三、除連成一組合體之情形外，動力船舶前推他船或旁靠拖曳他船時，應顯示：

(一) 桅燈二盞於一垂直線上，以代替第二十三條第一項第 (一) 款或第 (二) 款規定之號燈。

(二) 舷燈。

(三) 艉燈（參閱圖 5.11）。

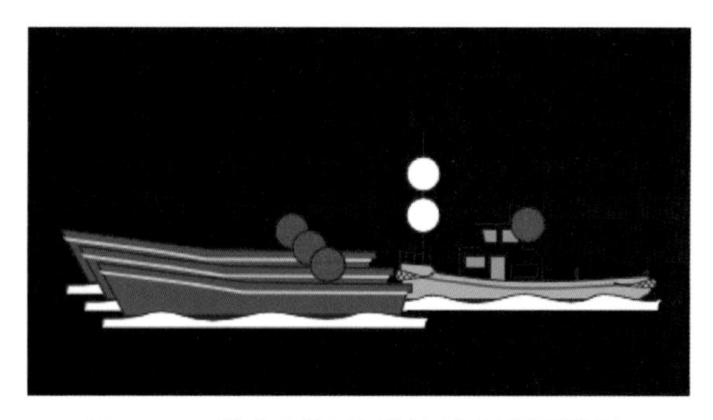

圖 5.11　動力船舶前推他船應顯示號燈

四、適用本條第一項或第三項之動力船舶，亦應遵守第二十三條第一項第(二)款之規定。

五、除本條第七項另有規定外，被拖曳之船舶或物體，應顯示：

(一) 舷燈；

(二) 艉燈（參閱圖 5.12）；

(三) 拖曳長度超過二百公尺時，應於最易見處，顯示一菱形號標。

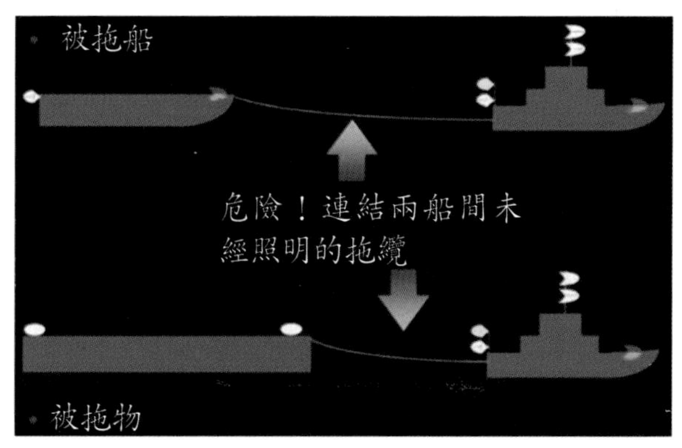

圖 5.12　被拖曳之船舶或物體應顯示號燈

六、任何數量之船舶，如被旁靠拖曳或被推頂，連成一群體時，應視爲一艘船舶而顯示其號燈：

(一) 一般被推頂前進船舶非結成組合體之一部分時，應於其前端顯示舷燈；

(二) 一艘被旁靠拖曳之船舶，應顯示艉燈及於其前端之舷燈。

七、一不明顯而部分沒入水中之船舶或物體，或是項船舶或物體之組合體被拖曳時，應顯示：

(一) 如寬度未滿二十五公尺，應在前後兩端，或靠近前後兩端之處，各顯示環照白燈一盞，但海上運油袋無需顯示其前端或接近前端之號燈；

(二) 如寬度滿二十五公尺，在其最寬處兩側邊或接近兩側邊之處，各增懸環照白燈一盞；

(三) 如長度超過一百公尺，在第 (一) 款及第 (二) 款規定之號燈間，增懸環照白燈，使各號燈間之距離不超過一百公尺；

(四) 在被拖曳之最後一艘船舶或物體之末端，或最接近末端之處，懸掛一菱形號標。如拖曳長度超過二百公尺，盡可能在其前端最易見處，增懸一菱形號標。

八、如因任何充分原因，被拖船或被拖物無法顯示本條第五項或第七項規定之號燈或號標時，應盡所有可能方法，照明被拖船或被拖物；或至少應指明此等船舶或物體之存在。

九、如因任何充分原因，通常不從事拖曳作業之船舶在拖曳已遇難或需要救助之他船，無法顯示本條第一項或第三項規定之號燈時，可不顯示該燈，但應依本規則第三十六條規定，盡所有可能方法，以指明拖船與被拖船間之關係，尤其應照明拖纜。

【釋義 1】顯示拖曳號燈之功能

本條爲規定動力船舶在拖曳或推頂時，所應顯示之號燈與號標。拖曳號標與號燈之主要功能在於警示他船勿從拖船與被拖船中間通過（參閱圖

5.13）。

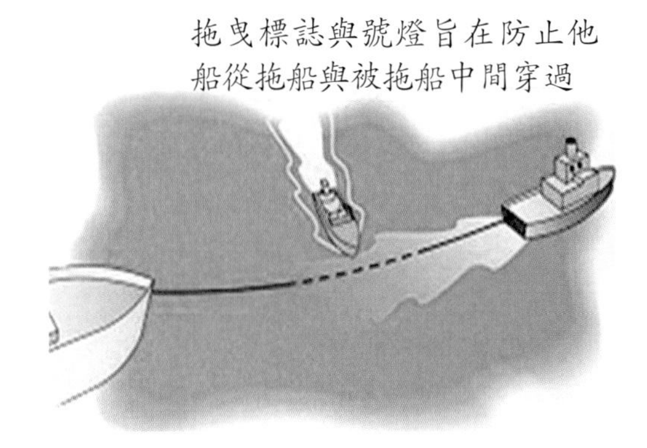

圖 5.13　拖曳號標與號燈之警示功能

【釋義 2】海上運油袋（Dracones）（參閱圖 5.14）

大型香腸狀具有彈性的容器用以在水面上運送油品或其他液態物（A large flexible sausage-shaped container used for transporting oil and other liquids on water）。

圖 5.14　海上運油袋

Source: dunlopgrgblog.wordpress.com

【釋義 3】拖船與被拖船間之關係（Nature of the relationship）

本條第九項所指拖船與被拖船間之「關係」，國際海上避碰規則原文爲「Nature of the relationship」，顯然譯文略譯「Nature」一字。事實上，第九項強調拖船與被拖船間之「關係」，主在強調拖船與被拖船間的聯結「性質（Nature）」，因爲不同的拖帶或聯結模式，都會有不同的運動態勢與操縱能力的優劣，而此會嚴重影響該船的避碰能力。

5.1.6 第二十五條　航行中之帆船與操槳船舶

一、航行中之帆船應顯示：

(一) 舷燈；

(二) 艉燈（參閱圖 5.15）。

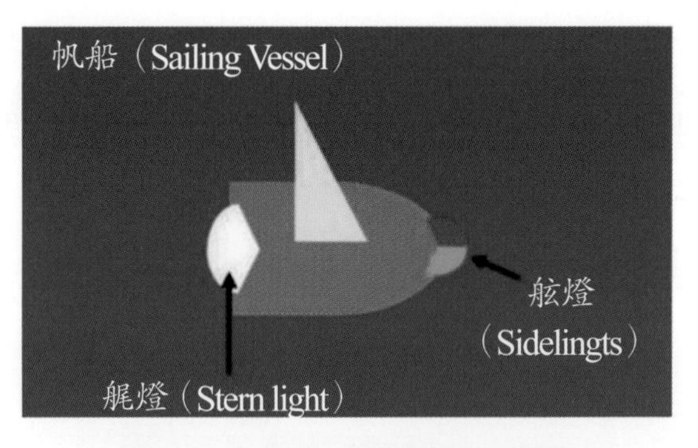

圖 5.15　航行中帆船應顯示號燈

二、長度未滿二十公尺之帆船，可將本條第一項規定號燈合併於一盞燈內，置於桅頂或其附近之最易見處。

三、航行中之帆船，除依本條第一項規定顯示號燈外，可於桅頂或其附近之最易見處置環照燈二盞於一垂直線上，上紅、下綠。但此二燈不得與本條第二項允許之合併燈連合顯示。

四、(一) 長度未滿七公尺之帆船，如可行時，應顯示本條第一項或第二項規定之號燈。否則，應被備便白光手電筒或點燃之白光燈一盞，並及早顯示，以避免碰撞。

(二) 操槳船舶，可顯示本條對帆船所規定之號燈。否則，應被備便白光手電筒或點燃之白光燈一盞，並及早顯示以避免碰撞。

五、船舶揚帆行駛，同時並以機械推進時，應於船舶前部之最易見處，顯示一錐尖向下之圓錐形號標。

【釋義 1】合併燈（Combined lantern）

長度未滿二十公尺之帆船，可以將舷燈與艉燈合併成一盞燈。此合併燈應裝置在桅頂或其附近，不易被船帆所遮掩處（參閱圖 5.16）。

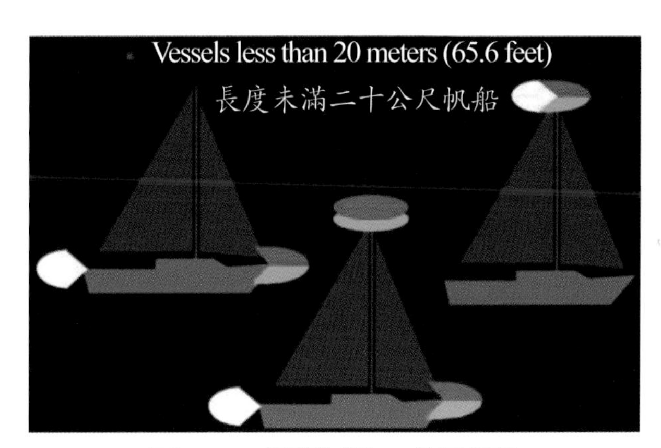

圖 5.16　長度為滿 20 公尺帆船

5.1.7 第二十六條　漁船

一、從事捕魚中之船舶，不論航行中或錨泊，僅能顯示本條規定之號燈與號標。

二、從事拖網捕魚之船舶，即是將網具或其他漁具於水中拖行時，應顯示：

(一) 環照燈二盞於一垂直線上，上綠、下白。或錐尖相連之上下兩個圓錐形組成之號標一具，於一垂直線上（參閱圖 5.17、5.18）。

圖 5.17　拖網捕魚漁船的號燈

圖 5.18　拖網捕魚漁船的號標

(二) 桅燈一盞於環照綠燈後方較高處；未滿五十公尺之船舶，可不必顯示此燈，但亦可顯示之。

(三) 當在水面移動時，除本項規定之號燈外，應加舷燈與艉燈。

三、除拖網捕魚外，從事捕中之船舶，應顯示：

(一) 環照燈二盞於一垂直線上，上紅、下白。或錐尖相連之上下兩個圓錐形組成之號標一具，於一垂直線上；

(二) 外放漁具自船舶伸出之水平距離，超過一百五十公尺時，應在漁具伸出之方位，置白色環照燈一盞，或錐尖向上之圓錐形號標一具（參閱圖 5.19）；

圖 5.19　外放漁具超過 150 公尺應顯示號標

(三) 當在水面移動時，除本項規定之號燈外，應加舷燈與艉燈（參閱圖 5.20）。

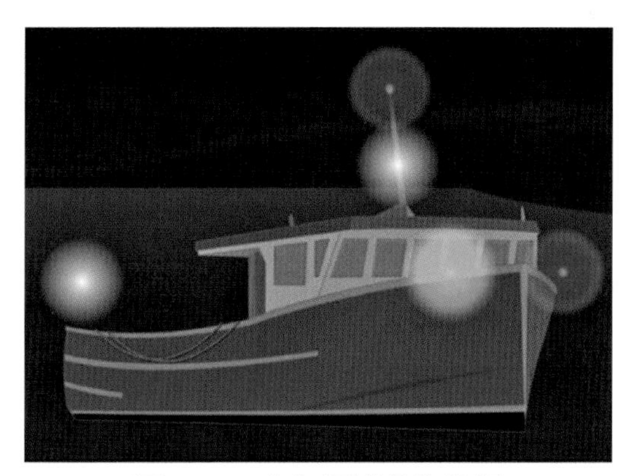

圖 5.20　非拖網捕魚的漁船

四、本規則附錄貳有關增設信號之規定，適用於從事捕魚中之船舶與其他從事捕魚中之船舶逼近時。

五、船舶未從事捕魚時，不得顯示本條規定之號燈與號標，僅應依其船舶長度，顯示一般規定之號燈與號標。

【釋義 1】

一艘漁船不論其在放網或收網時，皆應視爲「從事捕魚中」，並依照本條規定號燈及（或）號標。

【釋義 2】

從事捕魚中之船舶不可視爲操縱失靈或運轉能力受限制船。

5.1.8 第二十七條　操縱失靈與運轉能力受限制之船舶

一、操縱失靈之船舶，應顯示：

(一) 環照紅燈二盞，於最易見處之一垂直線上；

(二) 球形或類似之號標二個，於最易見處之一垂直線上；

(三) 在水面移動時，除本項規定之號燈外，應加舷燈及艉燈（參閱圖 5.21、5.22）。

圖 5.21　操縱失靈船舶未在水上移動時應顯示號燈與號標

source: spark.adobe.com

圖 5.22　操縱失靈船舶在水上移動時應顯示號燈與號標

二、運轉能力受限制之船舶，除從事水雷清除工作者外，應顯示：

(一) 環照燈三盞於最易見處之一垂直線，上下二盞爲紅色，中間爲白色；

(二) 號標三個於最易見處之一垂直線上，上下二個爲球形，中間爲菱形（參閱圖 5.23、5.24）；

圖 5.23　運轉能力受限船舶應顯示號標

Source: www.slideshare.net

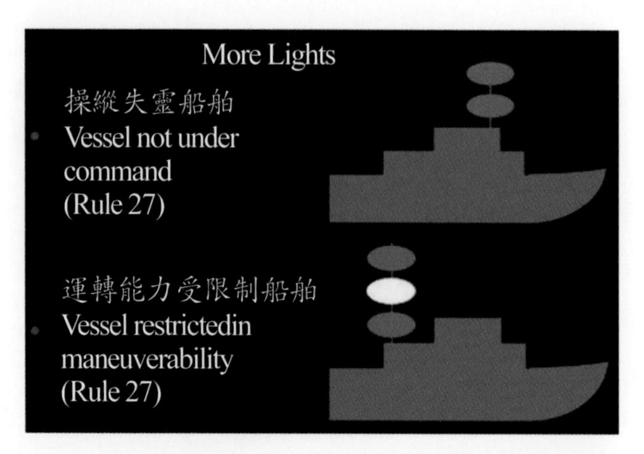

圖 5.24　操縱失靈與轉能力受限船舶應顯示號燈比較

(三) 在水面移動時，除第 (一) 款規定之號燈外，應加桅燈一盞或兩盞，舷燈及艉燈；

(四) 錨泊時，除第 (一) 款、第 (二) 款規定之號燈或號標外，應加第三十條規定之號燈與號標。

三、動力船舶從事拖曳作業，致嚴重限制拖船及被拖物轉向能力時，除顯示第二十四條第一項規定之號燈與號標應加本條第二項第 (一) 款及第 (二) 款規定之號燈與號標。

四、船舶從事疏浚或水下作業，致運轉能力受限制時，應依本條第二項第 (一) 款、第 (二) 款及第 (三) 規定，顯示號燈與號標。當對航行存有阻礙時，應加顯示：

(一) 環照紅燈二盞或球形號標二個於一垂直線上，以指明阻礙所在之一側；

(二) 環照綠燈二盞或菱形號標二個於一垂直線上，以指明他船可以通行之一側；

(三) 錨泊時，應顯示本規定之號燈或號標，以代替第三十條規定之號燈或號標（參閱圖 5.25）。

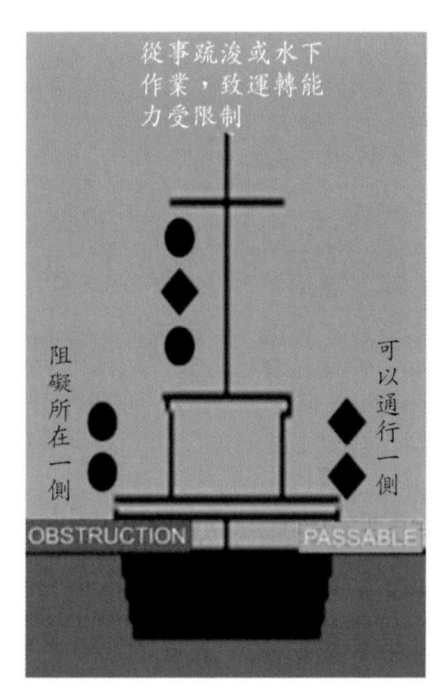

圖 5.25　運轉能力受限船舶警示障礙所在之號標

Source: slideplayer.com

五、從事潛水作業之船舶，因船型關係，無法顯示本條第四項規定之全部號燈與號標時，應顯示：

(一) 環照燈三盞於最易見處之一垂直線上，上下二盞為紅色，中間為白色；

(二) 複製硬質國際代碼信號〔A〕旗，高度不少於一公尺，且四周均可看見（參閱圖 5.26）。

六、從事清除水雷作業之船舶，除顯示第二十三條動力船舶之規定號燈，或第三十條錨泊船舶規定之適當號燈或號標外，應加環照綠燈三盞或球形號標三個；其號燈或號標中之一盞（個），應顯示於前桅頂或其附近；而於其前桅橫桁兩端各顯示一盞（個）。此號燈或號標係明示他船在接近清除水雷船一千公尺內，有航行危險。

七、長度未滿十二公尺之船舶，除從事潛水作業者外，毋需顯示本條規定

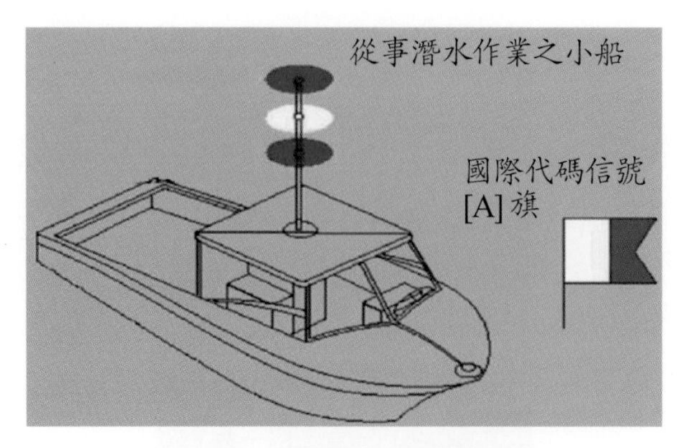

圖 5.26 從事潛水作業之船舶

Source:slate.adobe.com

之號燈。

八、本條所規定之信號，並非船舶遇難求助之信號；該項信號列於本規則附錄肆。

【釋義 1】條文及名詞詮釋

本條說明操縱失靈及運轉能力受限制船，應顯示之號燈與號標。下列幾點應予注意：

1. 操縱失靈船舶，其本身已無法控制行動。規則第三條第九項曾明確規定航行係指船舶未錨泊、未繫岸、未擱淺。又第二十三條第一項規定，動力船在「航行中」應顯示桅燈、舷燈、艉燈。所以本條中「水面移動」和「航行中」易相混淆，不可關閉舷燈與艉燈。但船舶對水面以無移動時，應關閉其舷燈與艉燈。

2. 運轉能力受限制之船舶，在第三條第七項中，不僅說明其意義更明確指出係何種船舶，並從事於某一種工作。如其工作需要，應加掛第三十條規定之號燈與號標。此乃與操縱失靈船最大不同之處。

3. 從事於濬渫或水下作業之船舶，若其運轉能力受到嚴重限制時，應顯示本條第二項規定之號燈或號標。若其一邊可以通行另一邊有礙航行時，則應再顯示本條第四項規定之號燈或號標。此外，從事於測量之船舶應顯示國際信號簡碼 IR 或 PO。IR 表示「我正從事於水下測量工作，請慢速離開本船」。PO 表示「我將從貴輪前方通過，請貴輪從本船船尾通過」。

5.1.9 第二十八條　受吃水限制之船舶

受吃水限制之船舶，除顯示第二十三條動力船舶之規定號燈外，應於最易見處，加置紅色環照燈三盞於一垂直線上，或圓筒形號標一具（參閱圖 5.27、5.28）。

【釋義 1】條文及名詞詮釋

本條說明受吃水限制船舶所應顯示之號燈與號標。此種船舶因載重量大、船身長、吃水深，致可航區受到限制。並且其操縱亦不若小型船靈活。依規則第十八條第四項第二款，應特別謹慎航行，並充分注意本船之特殊情況，故顯示本條規定之號燈與號標。在同條四項一款中，亦有除操縱失靈或運轉能力受限制之船外，任何船如環境許可，對顯示本條信號之

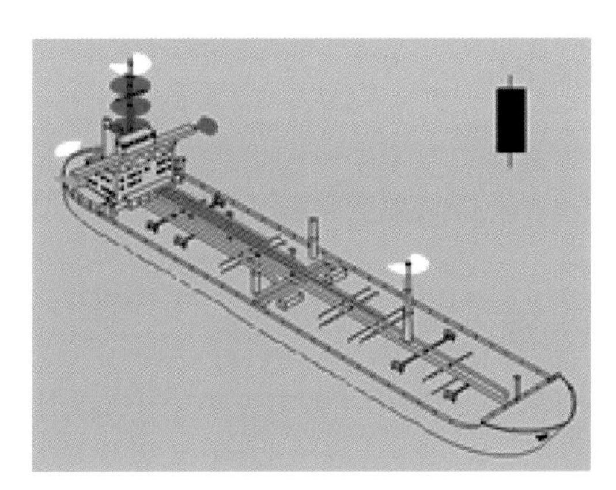

圖 5.27　受吃水限制之船舶應顯示號標與號燈

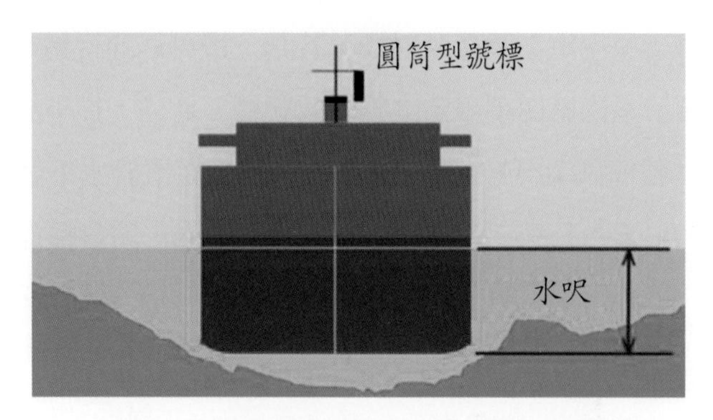

圖 5.28　受吃水限制之船舶應顯示號標

船舶，應避免妨礙其安全通行。

5.1.10 第二十九條　引水船舶

一、從事引水業務之船舶，應顯示：

(一) 於桅頂或其附近：環照燈二盞於一垂直線上，上白、下紅；

(二) 航行中，應加舷燈及艉燈；

(三) 錨泊時，除第 (一) 款規定之號燈外，應加第三十條錨泊船舶規定之號燈或號標。

二、引水船舶未從事引水業務時，應依其相似長度船舶之規定，顯示號燈或號標（參閱圖 5.29）。

【釋義 1】條文及名詞詮釋：

本條規定從事引水作業之船舶需顯示之號燈與號標。建議抵港欲招請引水人的船舶時應：

1. 盡早使用無線電話連絡；

2. 參閱港口指南，俾瞭解引水船隻之特色、出現之方位、引水人登船位置；

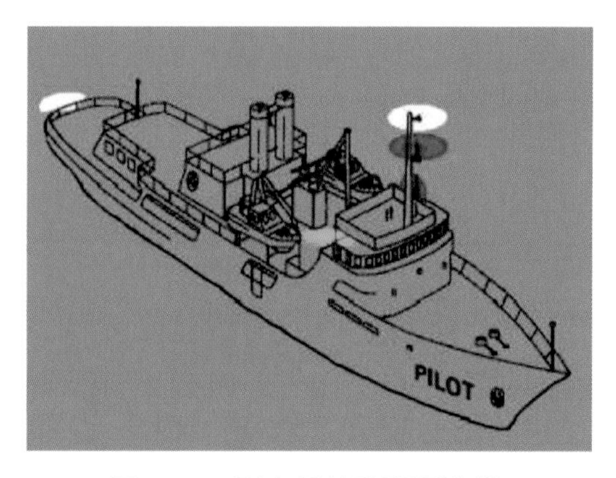

圖 5.29　引水船舶應顯示號燈

3. 必要時依據規則三十六條之規定，發出引起注意之信號。

5.1.11 第三十條　錨泊船舶與擱淺船舶

一、錨泊船舶，應於其最易見處，顯示：

(一) 於船舶前部：白色環照燈一盞或球形號標一具；

(二) 於船艉或其附近：白色環照燈一盞，低於第 (一) 款規定之號燈（參閱圖 5.30、5.31）。

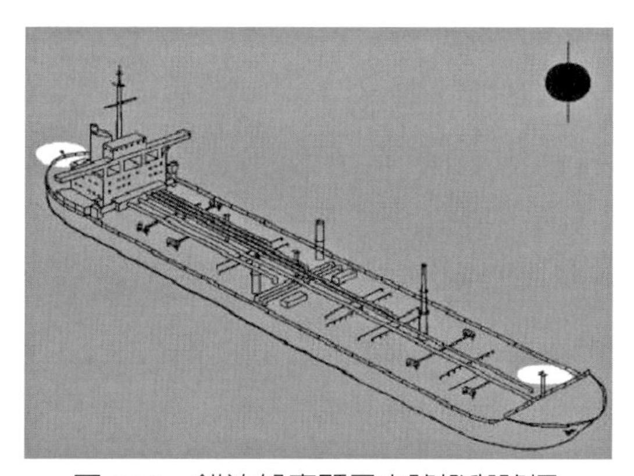

圖 5.30　錨泊船應顯示之號燈與號標

Source: www.apan.net

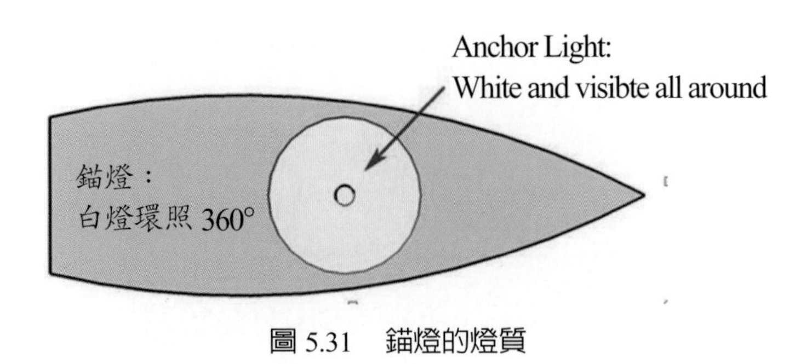

圖 5.31 錨燈的燈質

二、長度未滿五十公尺之船舶，可於最一件處顯示白色環照燈一盞，以代替第一項規定之號燈。

三、錨泊船舶亦可利用其可使用之工作燈或類似燈具，照明其甲板；長度滿一百公尺之錨泊船舶，則必須爲之。

四、擱淺船舶，除應依本條第一項或第二項之規定顯示號燈外，並應於最易見處，加置：

(一) 紅色環照燈二盞，於一垂直線上；

(二) 球形號標三個，於一垂直線上（參閱圖 5.32）。

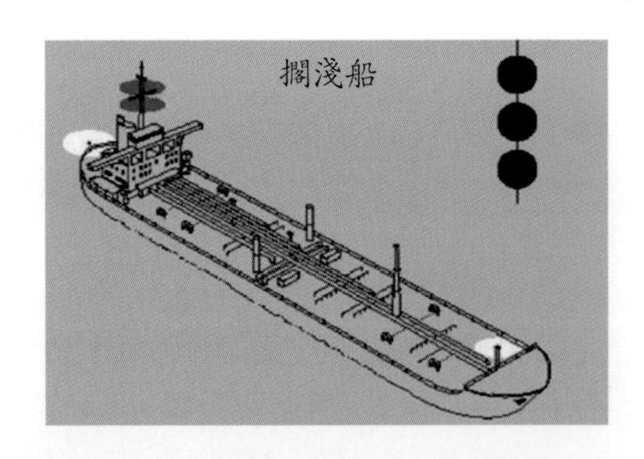

圖 5.32 擱淺船應顯示之號燈與號標

五、長度未滿七公尺之船舶錨泊時，如不在或不鄰近狹窄水道、適航水道、錨泊地或其他船舶經常航行之處時，毋需顯示本條第一項第二項規定之號燈或號標。

六、長度未滿十二公尺之船舶擱淺時，毋需顯示本條第四項第 (一) 款及第 (二) 款規定之號燈或號標。

【釋義 1】說明錨泊船與擱淺船所應顯示之號燈與號標

1. 錨泊船是指船舶已拋錨，而且錨爪抓著海底之意。即使在船舶起錨過程中，只要錨未離地之前，皆應被視爲「錨泊船」。

2. 繫於「繫泊浮筒」（Mooring Buoy）上的船舶，可以視爲「錨泊船」，而走錨船（Vessel under dragging），因其錨具已不具抓著力，船位隨著風、流等外力影響移動，則不應視爲「錨泊船」（參閱圖 5.33）。

圖 5.33　繫於繫泊浮筒上的船舶

【註 1】走錨（Drag anchor）

錨泊船因外力作用致使錨爪無法抓住海底，而自其原來錨泊位置漂離。（A vessel to move away from its mooring the anchor has failed to hold；to drift because of the failure of the anchor to hold）

5.1.12 第三十一條　水上飛機

水上飛機或飛翼船艇無法依本章各條規定之性能或位置，顯示其號燈及號標時，應盡可能顯示具有最相似性能與位置之號燈或號標。

【釋義 1】

本條規定水上飛機所應顯示之號燈與號標，由於其在海面上僅作短暫停留或滑行，因此本條規定特賦予其勿需嚴格遵守顯示規定號燈或號標，故而條文中有盡可能、最相似之權宜辭彙。不過水上飛機當其在海面活動時，仍被視爲船舶之一種。

5.2【案例解說】美國軍艦與菲律賓貨櫃船碰撞

5.2.1 案例說明

船長 154 公尺的美國海軍勃克級導彈驅逐艦（Arleigh Burke-class Guided missile destroyer）「USS Fitzgerald」（費茲傑羅號），於 2017 年 6 月 17 日 0230 時在日本橫須賀港外海西南方 56 浬處與船長 222 公尺的菲律賓籍貨櫃船「ACX Crystal」（IMO: 9360611）發生碰撞。碰撞導致軍艦艦橋前方右舷水上與水下部分嚴重受創，船艙大量進水。貨櫃船僅是左舷船艏輕微損壞。

事故發生前，貨櫃船以 18 節速度朝東京灣方向行駛。17 日 0115 時，當值者發現神盾艦費茲傑羅號在其左舷前方三浬處。五分鐘後，神盾艦突然改變運動狀態，而若從當時雙方趨近的航向態勢判斷將會發生碰撞。因此貨櫃船駕駛員在改換手操舵的同時，並閃爍（一明一滅的）燈光企圖引起軍艦注意。稍後，貨櫃船當值駕駛員眼見軍艦依舊維持其航向，不得不採取右滿舵向右轉。但兩船仍在 0130 時發生碰撞。

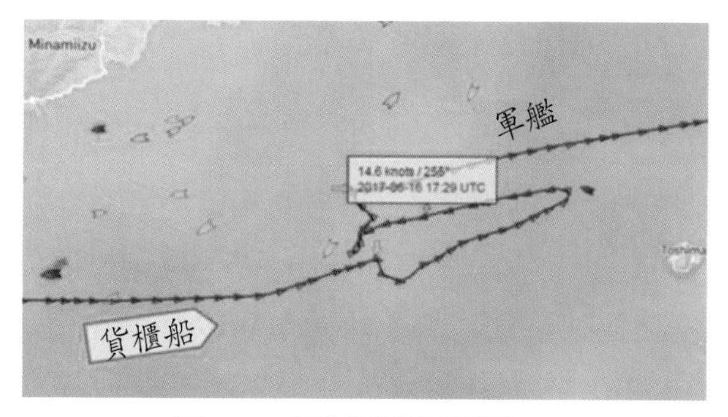

圖 5.34 兩船碰撞示意圖 (1)

從兩船趨近航跡圖與貨櫃船船員「兩船同向航行」的筆錄幾可判斷碰撞顯然是貨櫃船從軍艦右後方追撞軍艦所造成的。

貨櫃輪船長艾德文古拉（Ronald Advincula）的報告指出費茲傑羅號當時「突然」駛向跨越貨輪航道的航線，貨輪曾經發出閃光燈示警，並且奮力向右轉向以迴避軍艦，但仍在 10 分鐘後撞上費茲傑羅號。艾德文古拉船長在其報告中敘述，當時貨櫃船的駕駛台「一片混亂」，貨輪在繼續航行 5 浬後，掉頭返回碰撞地點。

碰撞事故造成六名美國水兵死亡與多人受傷，艦長面臨「過失殺人」（Negligent homicide）起訴。所有美國海軍的犧牲者都被蛙人從船艙鋪位中發現。菲律賓貨櫃船上並無人員傷亡。

事故後，軍艦雖仍有動力但運轉能力已受損，故而只能在日本海上自衛隊的直升機戒護下，由拖輪拖返橫須賀基地。

圖 5.35　兩船碰撞示意圖 (2)

圖 5.36　Acx Crystal 左舷船艏損壞

圖 5.37　USS Fitzgerald 右舷水上與水下部分受創

5.2.2 事故調查分析

美國第七艦隊司令部於事故發生後三個月發表調查報告指出：

一、「碰撞是可以避免的，兩船的操作都顯露拙劣的船藝」（the collision was avoidable and that both ships demonstrated "poor seamanship"）。

二、勃克級驅逐艦性能優異，動力來自燃氣渦輪主機，只要改變俥葉螺距（Pitch）的角度就可直接「倒車」，艦艇轉向和加減速相當靈敏，應是軍艦上的當值駕駛員未注意到貨櫃船的接近，故而未能採取必要避碰措施，才會發生碰撞意外。

三、兩船都裝有電子避碰航儀（Collision avoidance electronics）；當前船用雷達，即使性能稍劣的系統亦都附有計算與模擬避碰的軟體，以及提供警報功能。碰撞事故顯然是人爲疏失造成。

四、貨櫃船駕駛員忽略了大型船舶延遲回應舵效的運動特性。也就是太晚採取向右迴轉的避碰措施。

五、基於保密考量，軍艦在公海航行，其 AIS 都是關閉的，甚至連 VHF 也都只是守聽而不願回應，以免曝露行蹤，故而一般商船較難得知其運動企圖。

六、追越的貨櫃船企圖從軍艦後方利用閃爍燈光引起軍艦注意，顯然毫無成效。因爲一般船舶朝船艉方向的燈光大都不會管制，因而會降低來自船艉方向的閃爍燈光強度。

第六章 音響信號與燈光信號

6.1 規則釋義

第四章　音響信號與燈光信號

6.1.1 第三十二條　定義

一、「號笛」指其性能符合本規則附錄參之規定，可以發出規定號聲之任何音響信號器具。

二、「短聲」指歷時約一秒鐘之號聲。

三、「長聲」指歷時四至六秒鐘之號聲。

【註 1】「長聲」鳴放時間

儘管規則規定「長聲」需歷時四至六秒鐘，實務上常見駕駛員鳴放「長聲」汽笛時間皆少於四秒，因此鳴放「長聲」應默數計時，以免被他船誤認爲運動企圖完全不同的「短聲」。

6.1.2 第三十三條　音響信號設備

一、長度滿十二公尺之船舶，應配置號笛一具。長度滿二十公尺之船舶，除號笛外，應另加置號鐘一具。長度滿一百公尺之船舶，應加置鑼一面，鑼之音調級音響不得與鐘聲相混淆。號笛、號鐘及鑼之性能，應符合本規則附錄參之規定。號鐘或鑼或兩者，得以能隨時用人工發送規定信號之其他個別相同音響性能之設備代替之。

二、長度滿十二公尺之船舶，可不配備本條第一項規定之音響信號器具；如未配備時，應有其他方法以發出有效之音響信號。

【註 1】
當船舶航行於視界不良，尤其是交通繁忙水域時，駕駛臺兩側之門務必開啓，注意傾聽任何非本船依照本規則規定發出之聲響。

6.1.3 第三十四條　運轉與警告信號

一、船舶在互見時，航行中之動力船舶，依本規則之規定而運轉，得以號笛鳴放下列信號，以表示其運轉動向：

一短聲表示：「我正朝右轉向」；

二短聲表示：「我正朝左轉向」；

三短聲表示：「我正在開倒俥」。

二、任何船舶運轉時，可適時重複發出燈光信號，以輔助本條第一項規定之號笛信號。

(一) 燈光信號之意義如下：

閃光一次表示：「我正朝右轉向」；

閃光二次表示：「我正朝左轉向」；

閃光三次表示：「我正在開倒俥」（參閱圖 6.1）。

(二) 每一閃光歷時約一秒鐘，二閃光間之間隔約一秒鐘，前後信號之間隔，不得少於十秒鐘。

(三) 如裝設本信號所用之號燈時，該燈應爲環照白色燈，最小能見距爲五浬，且符合本規則附錄壹之規定。

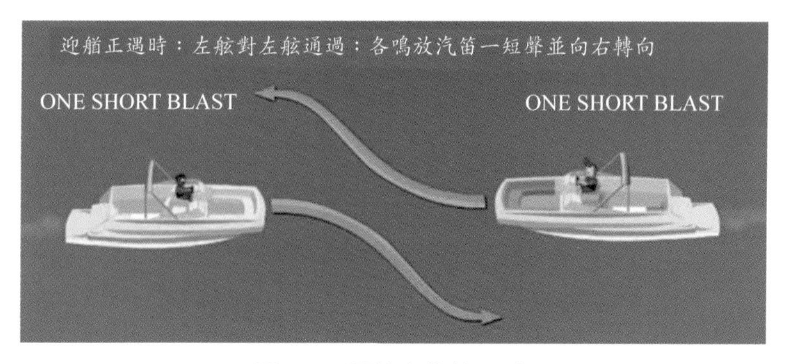

圖 6.1　運轉與警告信號

三、在狹窄水道或適航水道內互見時：

(一) 擬追越他船之船舶，應依第九條第五項第 (一) 款之規定，以其號笛鳴放下列信號表示其意圖：

兩長聲後繼之一短聲，表示：「我擬在你之右舷追越」；

兩長聲後繼之兩短聲，表示：「我擬在你之左舷追越」。

(二) 將被追越之船舶，應依第九條第五項第 (一) 款之規定，以號笛鳴放下列信號，表示同意：

依序：一長聲、一短聲、一長聲、一短聲。

四、互見之船舶互相接近時，不論基於何種原因，其中一船如不能瞭解對方之意圖或動向，或疑慮對方是否已在採取足以避免碰撞之措施時，該有疑慮之船，應即以號笛鳴放急促之短聲至少五響表示疑慮。此項信號得輔之以至少五短而急促之閃光信號（參閱圖 6.2）。

五、船舶航行接近彎水道，或狹窄水道或適航水道，因障礙物遮蔽而可能無法看到其他船舶，應鳴放號笛一長聲。在彎水道附近，或在障礙物之後，聽到此信號之任何其他駛近之船，應即以一長聲回答之。

六、船舶若裝置多具號笛且其間距離超過一百公尺者，僅可使用其中之一具鳴放運轉與警告信號。

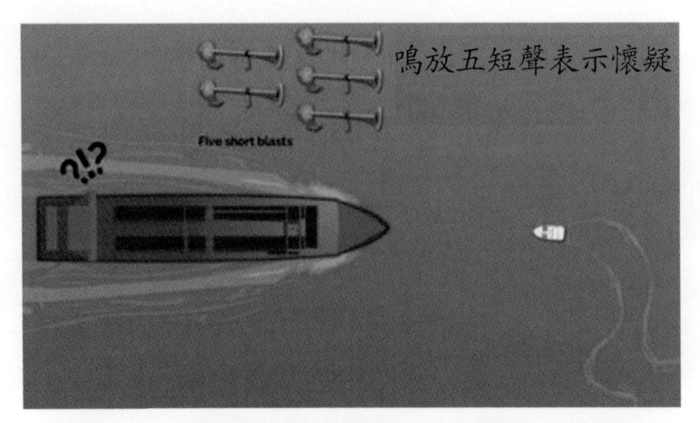

圖 6.2 鳴放急促之短聲至少五響表示疑慮

【釋義 1】提醒信號

本條第四項規定任何船舶如不了解他船之行動或企圖時，可鳴放至少五短聲之信號。必要時，可重複此信號，直至引起他船注意爲止。

【釋義 2】倒俥信號

船舶鳴放三短聲之倒俥信號，只是表示其正使用倒俥，並不一定表示該船正在水面上向後退。無論如何，船舶如發出此信號，則其前進速度將會漸次減慢，繼而停止，終至開始後退。必須強調的是，如僅爲操船需要，利用倒俥的橫向推力來扭轉艏向，就不必發出此倒俥信號。

6.1.4 第三十五條　能見度受限制時之音響信號

船舶在能見度受限制之水域或其附近時，不論晝夜，均應使用本條規定之信號：

一、在水面移動之動力船舶，應於每不逾兩分鐘之時間，鳴放號笛一長聲。

二、航行中之動力船舶，但已停車且在水面不移動時，應於每不逾二分鐘之時間，連續鳴放號笛二長聲，其間隔約二秒鐘。

三、操縱失靈之船舶、運轉能力受限制之船舶、受吃水限制之船舶、帆船、從事捕魚中之船舶及從事拖曳或推頂他船之船舶，應於每不逾兩分鐘之時間，連續鳴放號笛三聲，即一長聲後，繼以二短聲，用以代替本條第一項或第二項規定之信號。

四、從事捕魚中之船舶在錨泊中，及執行工作中其運轉能力受限制之船舶在錨泊時，應鳴放本條第三項規定之信號，以代替本條第七項規定之信號。

五、被拖船，或一艘以上被拖船之最後一艘被拖船，如有人在船，應於每不逾二分鐘之時間，連續鳴放號笛四聲，即一長聲後繼以三短聲，如實際可行時，此信號應緊接拖船所發信號之後鳴放之。

六、推頂船與被推頂船緊密連接成一組合體時，應視爲一艘動力船舶，並應依本條第一項或第二項之規定鳴放信號。

七、錨泊船舶，應於每不逾一分鐘之時間，急敲號鐘約五秒鐘。長度滿一百公尺之船舶，其號鐘應在船舶前部敲擊，緊接鐘聲之後，應在船舶後部，急敲鑼約五秒鐘。船舶錨泊時，可另加鳴放號笛連續三聲，即一短聲、一長聲、一短聲，以警告駛近船舶注意本船位置，及發生碰撞之可能性。

八、擱淺船舶，應鳴放本條第七項規定之鐘聲信號，及若有必要之鑼聲信號。此外，並應於急敲號鐘之前及緊接其後，以分別而清晰之節拍，各敲號鐘三下。擱淺船舶可另加適當之號笛信號。

九、長度未滿十二公尺之船舶，可毋需發出上述之各種信號，惟若不發出時，應於每不逾兩分鐘之時間，發出其他有效之音響信號。

【釋義 1】擱淺船舶

擱淺船舶應依本條第八項規定施放信號。另條文中有「可另加適當之號笛信號」，惟沒有說明是何種信號，不妨利用國際代碼信號單字母之

「U」字信號。「U」字含義爲「你已瀕臨危險」。

6.1.5 第三十六條　引起注意之信號

任何船舶，若需要引起他船之注意，可使用不致被誤爲本規則所規定之任何信號之燈光或音響信號，或以探照燈光指向危險之所在，惟需不致困擾任何他船。但任何用以引起他船注意之燈光，應不得被誤爲任何助航標誌。爲實施本條規定，高強度間歇光或旋轉光，如連續閃光，應避免使用。

【釋義 1】白天施放引起注意信號

白天由於號燈不易察覺，宜使用號笛，當然夜晚亦可使用號笛。至於如何使用適當號笛，則取決於當時情況。又何種號笛宜作引起注意之信號，建議一長聲或數長聲，似較短聲爲佳。當然長聲亦不可太長，太長可能被誤認爲是遇難信號。

6.1.6 第三十七條　遇難信號

船舶遇難並需要救助時，應使用或顯示本規則附錄肆所規定之信號。

【釋義 1】使用或顯示方法

本條係說明在船舶遇難及需要救助時，可單獨或合併使用此等信號。

6.2 附錄

6.2.1 附錄壹　號燈和號型的位置和技術細節

一、定義

「距船身之高度」一詞，指最上層連續甲板以上的高度。此高度係自號燈位置下方處垂直量起。

二、號燈的垂直位置與間隔

(一) 長度滿二十公尺或二十公尺以上之動力船舶之桅燈，應依下列規定裝置：

1. 前桅燈，或僅置一盞桅燈者，該桅燈距船身之高度應不得小於六公尺，如船寬逾六公尺時，則距船身之高度不得少於船身寬度，但該燈距船身之高度不必超過十二公尺；
2. 裝置兩盞桅燈時，後桅燈高應垂直高於前桅燈至少四・五公尺。

(二) 動力船舶桅燈間之垂直間隔應使其在船舶所有之正常俯仰差之情形下，自艏柱前一千公尺之海平面上，可比看出後桅燈在前桅燈之上，且上下分開。

(三) 長度滿十二公尺而未滿二十公尺之動力船舶，其桅燈應高出船舷，至少二・五公尺。

(四) 長度小於十二公尺之動力船舶，其最高號燈距舷緣之高度可少於二・五公尺。如舷燈及艉燈外，加置桅燈者，或在舷燈外另裝有第二十三條第三項的(一)款規定之環照（白）燈者，該桅燈或該環照（白）燈應高出舷燈至少一公尺。

(五) 從事拖曳或推頂他船之動力船舶，依規定應裝置桅燈二盞或三盞時，其中一盞應置於動力船舶之前桅燈或後桅燈之同一位置；若裝置於後桅時，應垂直高出前桅燈至少四・五公尺。

(六) 1. 除第 2. 目另有規定外，本規則第二十三條第一項所規定桅燈之裝置，應高於所有其他號燈及障礙物，並與該燈物離開清楚。

2. 第二十七條第二項第 (一) 款或第二十八條規定之環照燈無法裝置於桅燈之下方時，可裝置於後桅燈之上方，或前桅燈與後桅燈垂直方向之中間。但在後述情況下，應符合本附錄第三項第 (三) 款 3. 之規定。

(七) 動力船舶舷燈距船身之高度，不得超過前桅燈距船身高度之四分之三。亦不得太低，以免爲甲板燈光所干擾。

(八) 長度未滿二十公尺之動力船舶，若舷燈爲合併燈者，其高度應低於桅燈至少一公尺。

(九) 依本規則之規定，應裝置兩盞或三盞號燈於一垂直線上者，期間隔定如下：

1. 長度滿二十公尺之船舶，此等號燈之間隔，不得少於二公尺。除需置拖曳燈者外，其最低號燈距船身之高度，不得少於四公尺。

2. 長度未滿二十公尺之船舶，此等號燈之間隔，不得少於一公尺。除需置拖曳燈者外，其最低號燈距船身之高度，不得少於二公尺。

3. 裝置三盞號燈者，其間隔應相等。

(十) 從事捕魚中之漁船，依規定應裝置盞環照燈二盞者，其較低一盞高出舷燈之距離，不得少於此二燈間垂直距離之二倍。

(十一)依第三十條第一項第(一)款 1. 所規定，裝置錨燈二盞者，其前錨燈高於後錨燈，不得少於四・五公尺。長度滿五十公尺之船舶，其前錨燈距船身之高度，不得少於六公尺。

三、號燈之水平位置和間隔

(一) 動力船舶依規定應置桅燈二盞時，其間的水平距離應不少於船身長度之半，但不必逾一百公尺。前桅燈應置於距艏柱不逾船身長度之四分之一處。

(二) 長度滿二十公尺之動力船舶，其舷燈應置於舷邊或其附近，並不得置於前桅燈之前。

(三) 依本規則第二十七條第二項第 (一) 款或第二十八條規定之號燈，垂直裝置於前桅燈和後桅燈之間時，此等環照燈之裝置位置，其橫向距船舶縱向中心線之水平距離，不應少於二公尺。

(四) 動力船舶依規定僅置桅燈一盞者，該燈應於船身中部之前顯示之；未滿二十公尺之船舶勿需將該燈顯示於船身中部之前，但應依實際可行盡量向前顯示之。

四、漁船、挖泥船及從事水下作業船舶方向指示號燈之位置說明：

(一) 從事捕魚中的船舶，依本規則第二十六條第三項第 (二) 款之規定，應置外放漁具指示燈者，該燈距紅白環照燈之水平距離不得少於二公尺，亦不得逾六公尺。該燈不得高於第二十六條第三項第 (一) 款規定的白色環照燈，亦不得低於舷燈。

(二) 從事挖泥或水下作業之船舶，依本規則第二十七條第四項第 (一) 款及第 (二) 款之規定，用以指示阻礙一邊及（或）安全通行一邊之號燈與號標，其水平距離，應盡量遠離本規則第二十七條第二項第 (一) 款及第 (二) 款規定之號燈或號標。

惟其水平距離不得少於二公尺。任何情況下，此等號燈與號標之較高者，不得高出第二十七條第二項第 (一) 款及第 (二) 款規定之三個號燈或號標中之最下一盞（個）。

五、舷燈遮光板

長度滿二十公尺船舶之舷燈，應配置符合本附錄第九項規定，塗有不反光墨漆之內側遮光板。長度未滿二十公尺船舶之舷燈，如爲爲符合本附錄第九項規定的需要，應配置塗有不反光墨漆之內側遮光板。如置合併燈者，需使用一單根垂直燈絲，並於紅、綠光弧間置一甚狹窄之隔板，而勿需外部遮光板。

六、號標

(一) 號標應爲黑色，其規格如下：

1. 球體號標之直徑，不得少於〇・六公尺；
2. 圓錐形號標底部之直徑，至少不得少於〇・六公尺，其高度應與底部直徑相等；
3. 圓筒形號標之直徑，不得少於〇・六公尺，高度爲其直徑的二倍；
4. 菱形號標，應爲第 2. 目所述之圓錐形兩個，以底部相連而成。

(二) 號標間之垂直距離，至少應有一・五公尺。

(三) 長度未滿二十公尺之船舶，可用與船舶相稱較小尺寸的號標，其號標間隔亦可相對減少。

七、號燈顏色規格

所有航行號燈之顏色，應符合下述之標準；即於各種顏色圖上，應在國際照明委員會（CIE）規定之區域界限之內。各種顏色之區域界限，依角坐標表示如下：

(1) 白色

x | 0.525 | 0.525 | 0.452 | 0.310 | 0.310 | 0.443

y | 0.382 | 0.440 | 0.440 | 0.348 | 0.283 | 0.382

(2) 綠色

x | 0.028 | 0.009 | 0.300 | 0.203

y | 0.385 | 0.723 | 0.511 | 0.356

(3) 紅色

x | 0.680 | 0.660 | 0.735 | 0.721

y | 0.320 | 0.320 | 0.265 | 0.259

(4) 黃色

x | 0.612 | 0.618 | 0.575 | 0.575

y | 0.382 | 0.382 | 0.425 | 0.406

八、號燈照明強度

(一) 號燈之最低照明強度，應用下列公式計算：

$$I = 3.43 \times 10^{6} \times T \times D^{2} \times K^{-D}$$

式中：I—在通常使用情況下之照明強度燭光單位，以堪（Candelas）爲單位計算的發光強度；

T—界限係數，爲 2×100.15^{-7} 勒克司；

D—號燈的能見距離（照明範圍），單位爲浬；

K—大氣透射率。用於規定的號燈，K 值應是 0.8，相當於約 13 浬的氣象能見度。

(二) 從上述公式導出的數值示例如下：

以海里為單位的號燈能見距離 （照明距離） 海里 D	以堪為單位的號燈發光強度 （K=0.8） 新燭光 I
1	0.9
2	4.3
3	12
4	27
5	52
6	94

註：航行燈光之最大照明強度應予限制，以不過度炫耀爲度。並不應藉發光強度可變控制器而達成之。

九、水平弧區

(一) 1. 船上所置舷燈，應使其在船之前方，具有最低所需之照明強度。在規定弧區外一度至三度間，照明強度應逐漸減弱，以至實際截斷。

2. 艉燈、桅燈及正横之後二二·五度之舷燈燈光，應使其在本規則第二十一條規定之水平弧區邊緣內側五度以內，具有最低所需之照明強度。由該處起，以迄規定之邊緣止，其照明強度可逐漸減弱至百分之五十；然後再逐漸減弱，迄規定之弧區邊緣外不逾五度處，實際截斷。

(二) 1. 除本規則第三十條規定之錨燈勿需置於船身之非實際可行之高度外，所有環照燈之安裝受桅桿、頂桅或建築物之遮斷，不得超過角弧六度。

2. 如無法依照本項第 (二) 款第 1. 目之規定裝置一盞環照燈時，應使用二盞環照燈適當置放或遮光之二盞環照燈，使其在一浬之距離呈現如一盞環照燈。

十、垂直弧區

(一) 除航行中之帆船使用者外，裝設電力號燈之垂直弧區，應確保：

1. 於水平線上下各五度之弧區內，至少應維持規定之最低照明強度；
2. 於水平線上下各七・五度之弧區內，至少應維持規定之最低照明強度之百分六十；

(二) 航行中之帆船裝設電力號燈之垂直弧區，應確保：

1. 於水平線上下各五度之弧區內，至少應維持規定之最低照明強度；
2. 於水平線上下各二十五度之弧區內，至少應維持規定之最低照明強度之百分五十；

(三) 非電力之號燈，應盡可能符合前述之規格。

十一、非電力號燈之照明強度

非電力號燈，應盡實際之可行，以符合本附錄第八項表內規定之最低照明強度。

十二、運轉號燈

不論本附錄第二項第 (六) 款之規定如何，本規則第三十四條第二項規定之運轉號燈，應置於前後桅燈之同一垂直面上，且其高度應高出或低於後桅燈之垂直距離不得少於二公尺：如可能時，應高出前桅燈之垂直距離不得少於二公尺。單桅燈之船舶，如裝置運轉號燈時，該燈應置於最易見處，且與桅燈之垂直距離不得少於二公尺。

十三、高速船艇

(一) 高速船艇之桅燈，可裝置於本附錄第二項第 (一) 款第 1. 目對該船艇規定船寬爲低之高度，但兩舷燈與桅燈所構成之等腰三角形，由底部末端向上仰視時不應小於 27 度。

(二) 長度滿五十公尺之高速船艇，依本附錄第二項第 (一) 款第 2. 目對後桅燈應垂直高於前桅燈至少四・五公尺之規定，可修正至不小於下列公式計算所得之數值：

$$y = [2 + (a + 17\Psi)C]/1000$$

式中：y — 主桅燈高於前桅燈的高度（米）；

a — 航行狀態下前桅燈高於水面的高度（米）；

Ψ — 可爲航行狀態下的縱傾（度）；

C — 爲桅燈之間的水平距離（米）。

十四、核准

號燈和號標之結構及號燈在船上的設置，應經船旗國主管機關之認可。

6.2.2 附錄貳　漁船群集捕魚時之增設信號

一、總則

依本規則第二十六條第四項之規定，顯示本附錄規定之號燈時，應置於低第二十六條第二項第 (一) 款及第 (三) 向第 (一) 款規定號燈之最易見處。各燈之間隔不得少於〇・九公尺。此號燈應普照水平四周，能見距至少一浬，而少於本規則規定之漁船號燈之能見距。

二、拖網漁船的信號

(一) 長度滿二十公尺船舶不論使用底拖網或遠洋拖網漁具捕魚時，應顯示：

1. 放網時：白燈二盞，於一垂直線上；

2. 收網時：號燈二盞，於一垂直線上；上白、下紅；

3. 漁網與障礙物纏結時：紅燈二盞，於一垂直線上。

(二) 長度滿二十公尺之雙拖漁船捕魚時，各船應顯示：

1. 夜間，以一探照燈向前照射並朝向雙拖之另一艘漁船；

2. 放網或收網，或漁網與障礙物纏結時，其號燈一第二項第 (一) 款之規定（參閱圖 6.3）。

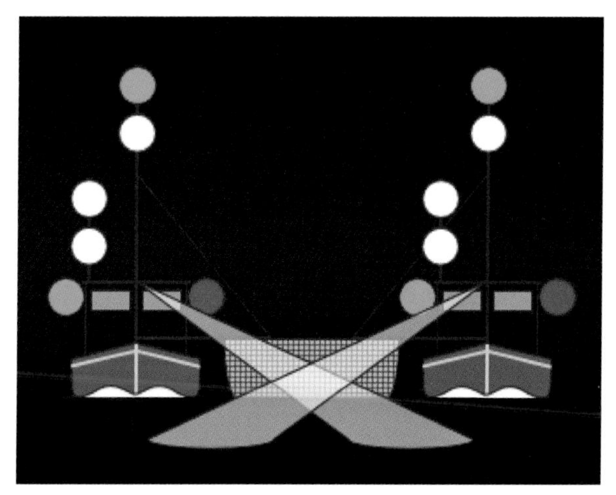

圖 6.3　雙拖漁船捕魚時應顯示之號燈

(三) 長度未滿二十公尺之船舶使用拖網捕魚時，不論係使用底拖網或遠洋拖網漁具，或係使用雙拖方式補魚，如認為適當時，可顯示本項第 (一) 款或第 (二) 款規定之號燈。

三、圍網漁船信號

以圍網捕魚之船舶，可顯示每秒鐘交替閃光一次，且明暗之週期相等之黃燈二盞於一垂直線上。此號燈於該船因漁具而妨礙其航行時，並得顯示之。

6.2.3 附錄參　音響信號設備之技術細則

一、號笛

(一) 頻率和能聽距

信號之基本頻率在 70～700 赫茲的範圍內。

號笛信號之能聽距依其頻率而定。該頻率係由其基本頻率及（或）一個或多個 180～700 赫茲（±1%）之間之較高頻率所組成；長度滿二十公尺或以上之船舶應予適用；長度未滿二十公尺之船舶，其頻率可介於 180～700 赫茲（±1%）之間，惟均需達到本項下述第 (三) 款所規定之聲壓基準。

(二) 基本頻率之界限

為確保證號聲之廣泛運用，號聲之基本頻率，應介於下列範圍之內：

1. 長度滿二百公尺之船舶：70～200 赫茲；
2. 長度滿七十五公尺，而未滿二百公尺之船舶：130～350 赫茲；
3. 長度未滿七十五公尺之船舶：250～700 赫茲。

(三) 音響信號強度及能聽距

船上所置號笛，於號笛其最大強度方向之距離一公尺處，其 180～700 赫茲（±1%）頻率內之 1/3 八音度波段之聲壓基準，長度滿二十公或以上之船舶應予適用；長度未滿二十公之船舶，其頻率則可介於 180～2100 赫茲（±1%）之間，惟不少於下列對應之標準：

船舶長度（公尺）	1/3 倍頻程帶寬聲壓相對值，距離 1 米相對於 2×10^{-5} 牛 / 米（dB 分貝）	能聽距（海里）
200 或 200 以上	143	2
75 或 75 以上但小於 200	138	1.5

船舶長度（公尺）	1/3 倍頻程帶寬聲壓相對值，距離 1 米相對於 2×10^{-5} 牛 / 米（dB 分貝）	能聽距（海里）
20 或 20 以上但小於 75	130	1
未滿 20	120 *1 115 *2 111 *3	0.5

註：
*1 當量測頻率在 180～450 赫茲時。
*2 當量測頻率在 450～800 赫茲時。
*3 當量測頻率在 800～2100 赫茲時。

表中的可聽距離是參考性的而且是在號笛的前方軸線上，在無風條件下，有 90% 的概率可在有一般背景雜訊（用中心頻率爲 250 赫茲的倍頻程帶寬時取 68 分貝，用中心頻率爲 500 赫茲的倍頻程帶寬時取 63 分貝）的船上收聽點聽到的大約距離。實際上，號笛的可聽距離極易變化。而且主要取決於天氣情況，所訂數值可作爲典型值，但在強風或在收聽點周圍有高背景雜訊的情況下，可聽距離可大大減小。

(四) 定向特性

定向號笛之軸向 ±45° 水平弧區內之任一方位之聲壓，不得低於其軸項規定聲壓之四分貝；在水平之其他任何方位之聲壓，不得低於其軸向規定聲壓之十分貝（dB）。因此任何方位之能聽距，至少爲軸向能聽距之半。聲壓基準應以決定能聽距離之 1/3 八音度波段測定之。

(五) 號笛之位置

若船舶僅有一具號笛爲定向號笛時，應使其最大音響強度直對正前方。如可行時，號笛應盡量置於船舶之最高處，俾減少障礙物對鳴放音響之干擾，並使其對人體聽覺之傷害降至最低。在收聽崗位上，對本船信號的聲壓基準，應不逾 110dB（A）：如可行時，應盡量使之不逾 100dB（A）。

(六) 一具以上號笛的裝置

若所置號笛之間隔超過一百公尺時，其號聲不得同時發出。

(七) 聯合號笛體系

若因障礙物之存在，致丹一號笛或前述第一項第 (六) 款之一具以上號笛中之一聲壓，在某一區域內顯著減弱時，建議裝置聯合號笛體系以克服之。爲實施本規則，聯合號笛體系視爲單一號笛，聯合體系內之各號笛間之距離，不得超過一百公尺；並使其聲響同時發出。任何一具號笛與其他另一號笛之頻率差不得少於十赫茲。

二、號鐘或鑼

(一) 信號強度

號鐘或鑼或其他具有類似音質之器具，在距其一公尺處之聲壓基準不得少於 110 分貝。

(二) 構造

號鐘與鑼應以抗蝕性材料製作，其設計應使之能發出清晰音調。長度滿二十公尺之船舶，其鐘口直徑不得少於 300 毫米（公厘）；爲確保其各次施力相等，若實際可行，建議以機動錘錘敲擊之。但必須可以人工敲擊。錘錘的質量不得少於號鐘質量的百分之三。

四、核准

音響信號設備之結構、性能及於船上之裝設情形，應經船旗國主管機關之認可。

6.2.4 附錄肆　遇難信號

一、下列信號，可單獨或合併使用或顯示，以表示遇難及需要救助：

(一) 約每隔一分鐘鳴放一次之槍砲聲或其他爆炸信號；

(二) 以任何霧中信號器具發出之連續聲響；

(三) 每隔短時間發射一次有紅色星簇之火箭或爆彈（參閱圖 6.4）；

圖 6.4　紅色星簇之火箭或爆彈

(四) 以無線電報或任何其他通信方法，發送之包含《摩斯信號規則》代碼 ... ─ ─ ─ ...（SOS）之信號（參閱圖 6.5）；

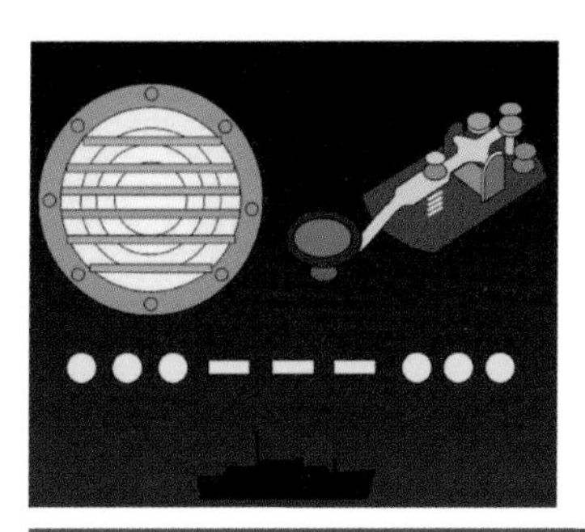

圖 6.5　（SOS）信號

Source: safe-skipper.com

(五) 以無線電話發出包含口語「MAYDAY」一字之信號（參閱圖 6.6）；

Distress signal. A signal sent by radiotelephony consisting of the spoken word "Mayday"

圖 6.6　無線電話發出口語「MAYDAY」信號

(六) 以N.C. 表示之《國際信號規則》代碼的遇難信號（參閱圖 6.7）；

Distress signal. The International Code Signal of distress indicated by NC

圖 6.7　以 N.C. 表示之《國際信號規則》代碼的遇難信號

Source: safe-skipper.com

(七) 以方旗一面及其上方或下方之球形物或類似球形物所組成之信號（參閱圖 6.8）；

圖 6.8　以方旗一面及其上方或下方之球形物組成之信號

(八) 船上施放之火焰（如燃燒柏油桶或油桶等）（參閱圖 6.9）；

圖 6.9　船上施放之火焰

Source: boaterexam.com

(九) 發出紅光之火箭降落傘光焰及手持式光焰（參閱圖 6.10）；

圖 6.10　發出紅光之手持式光焰

Source: www.whitworths.com.au

(十) 散放橙色煙霧之煙霧信號（參閱圖 6.11）；

圖 6.11　散放橙色煙霧信號

(十一) 兩臂左右外伸，緩慢上下重複揮動之（參閱圖 6.12）；

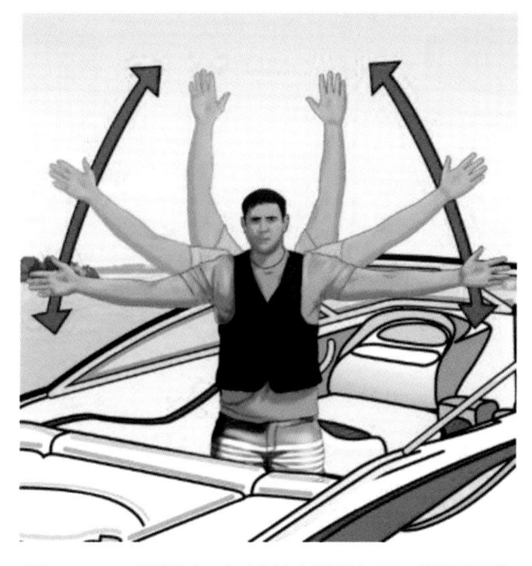

圖 6.12　兩臂左右外伸緩慢上下重複揮動

Source: boat-ed.com

(十二) 無線電報警告信號：通過在下列頻道或頻率上發出的數字選擇性呼叫（DSC）發出的遇險警戒：

1. 甚高頻第 70 頻道，或
2. 2187.5kHz、8414.5kHz、4207.5kHz、6312kHz、12577kHz 或 16804.5kHz 頻率上的中頻 / 高頻；

(十三) 無線電話警報信號：船舶的 Inmarsat 或其他移動衛星業務提供商的船舶地球站發出的船到岸遇險報警（參閱圖 6.13）；

圖 6.13　全球海上遇險與安全系統（GMDSS）

【釋義 1】全球海上遇險與安全系統（GMDSS）

GMDSS 於 1992 年 2 月 1 日生效，於 1999 年 2 月 1 日全面實施，運用衛星輔助搜救系統（COSPAS-SARSAT）、國際海事衛星系統（INMARSAT）及地區無線電通信系統作快速有效之海上遇險警示、緊急安全通信及傳送海事安全資訊。

(十四) 經由應急指位無線電示標（EPIRB）發出之信號（參閱圖 6.14）；

(十五) 由無線電通信系統，包括救生艇筏雷達詢答機，發送經認可之信號。

二、前項所述任何信號，除爲表示遇難需要救助外，禁止使用及顯示。可能與前項相混淆之其他信號，亦禁止使用。

三、「國際代碼信號」、「商船搜索與海難救助手冊」中有關各節，以及下列信號，均應予以注意：

(一) 橙色帆布上加黑色方塊與圓形，或其他適當之標示（供從空中識別）（參閱圖 6.15）；

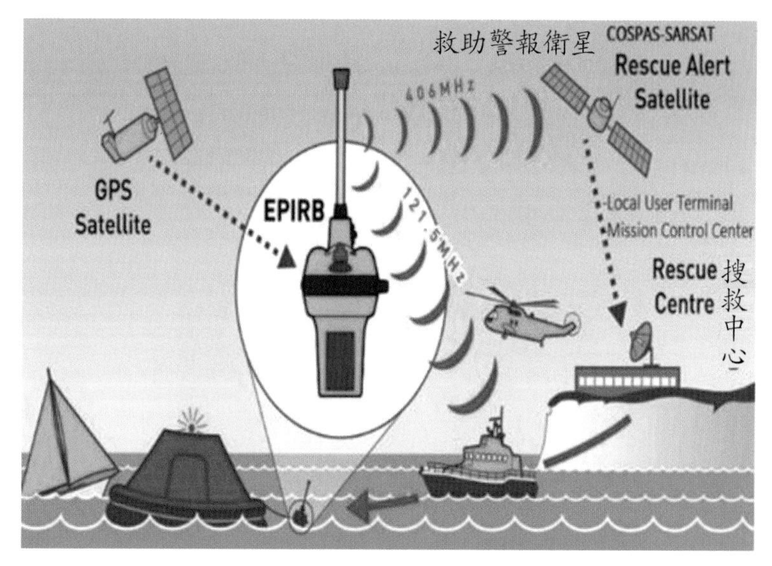

圖 6.14　應急指位無線電示標功能示意

Source: Cultofsea.com

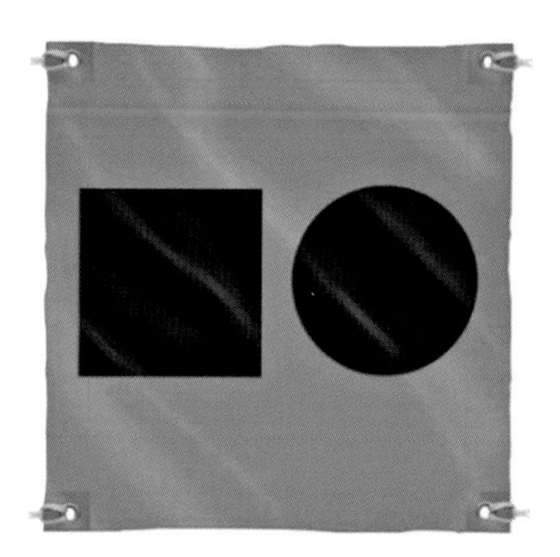

圖 6.15　遇難需要救助之信號

(二) 一個染色標識（參閱圖 6.16）。

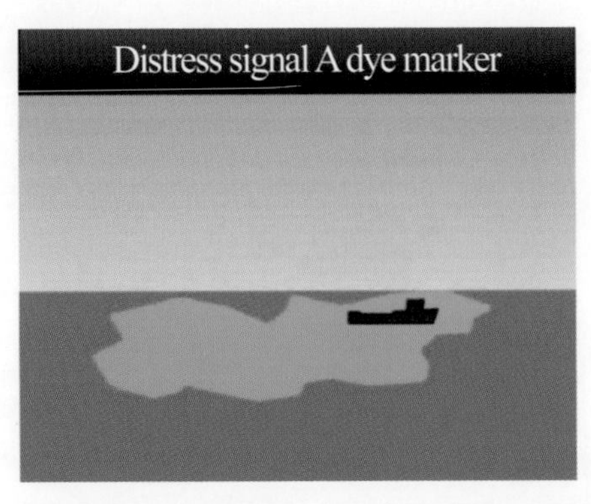

圖 6.16 遇難需要救助之信號（易成汙染源，不建議使用）

第七章 有效聯絡與航儀的正確使用

7.1 有效聯絡（Effective Communication）

每一個沿海國家，無論其幅員大小，總會有許多關於船員的傳說軼聞，而且無論科技如何的發達，總會有一部分人口從事與海洋相關的活動。如果我們排除遊艇、漁船、海軍、海巡，以及學術單位的研究船等從事非商業性質活動的船員，則剩下的商船船員（Mercantile mariners），毫無疑問的勢必在國家經濟發展過程中扮演極爲重要的角色，因爲藉由他們的專職奉獻，船舶始能正常的運送貨載、旅客，以及支持設於外海的能源裝置、水下基礎構造物的保養與後勤補給等作業。而所有這些實務的進行都必須依賴相關成員間（Between all the parties involved）能夠保持有效的聯絡始能達致。

所謂靠山吃山、靠海吃海，傳統上居住於海岸或其附近的人類，除了提供海上勞動力外，通常會發展出他們獨特的對話與表達方式（Own patterns of speech），例如來自東北角地區漁民所說的臺語，雖毫無困難地可與來自小琉球的漁民相互溝通，但其間就是有些微差異。而在某些國家，儘管地理上的接近，但是語言的腔調與表達的區域性差異（Regional differences）常是非常顯著的。例如筆者就曾引領一艘來自海南島的小商船進港，沒想到整船同文同種的中國船員，就是沒有一個人可以說出讓我聽得懂的國語（普通話），於是只有藉肢體溝通。試想，如果連使用相同母語的人士之間都會遭遇溝通困難，那麼當分處兩艘船舶的兩位不同國籍的船員企圖以共同（第三）語言溝通聯絡時，尤其當兩個船員對於所謂的「共同語言」（目前為英文）都不是很精通時，一旦遭遇危急事故而需採取緊急措施去化解迅速發展的危險情況時，後果將會非常嚴重。

眾所周知，英文已成為國際貿易、法律、外交、航空與海運等不同領域的通用語言，故而國際海事組織乃積極促成海事專業英文說法與寫法的標準化，並自 2001 年 11 月起採用標準海事聯絡語法（詞組）（The IMO's Standard Marine Communication Phrases, SMCP），其目的是要所有從事與船舶有關業務的人員，不論其母語是否為英文，必須僅能使用標準措辭與語法。很不幸的，從個人在職場上的觀察，幾乎所有海員與介入海員事務的陸岸人員都依舊樂於使用屬於他們自己版本的英文會話。另一方面，海運界長期以來每遇有事故發生，都會痛定思痛的暢言要以航空業的運作作為改革範本，但總是不了了之。其實，職場環境的不同，訴求亦有所出入，如果一定要師法航空業，則其中最值得海運業學習的當是其毫不妥協的聯絡紀律，蓋唯有如此始能達致精準與統一船、岸，或是船、船間作有效聯絡的目標。

7.1.1 語言聯絡上的誤解（Misunderstandings）

相信只要回憶往事，就會發現我們在與他人接觸中，一定會有許多錯誤聯絡與無知的誤解是由無心或可笑的失言混合造成的，而且有些情況下甚至會造成事故。海運社會中最常傳誦關於拋錨的軼聞就是，甲船的船長透過無線電對講機命令立於船艏的大副拋錨（"Let go" anchor），結果位於附近的乙船的大副立即拋下其艏錨。另一則軼聞就是某位在駕駛臺的船長主動協助實習生折疊一面旗子，當折妥之後船長大聲狂叫「鬆開」（Let go），其本意僅要年青人鬆開其抓住的一端。沒想到此一指令被立於船艏敏感度極佳的大副聽到，故而迅即拋下艏錨。姑不論兩件陰錯陽差的意外可能造成的困擾與損害為何，很明顯的都是起因於未明確辨識聯絡對象所造成的。尤其透過無線電語音設備所傳達的信息更可能失真，例如在某一個狂風巨浪的黑夜，航行於南中國海突然收到一則發自某一已棄船的船舶之求救信號。由於本船所處的位置與求救信號播放源有相當距離，故而只能在沙沙的無線電頻率上聽到模糊的求救信息。結果當報務員抄下濃厚菲律賓腔「Escudo ten pesos」的信文時，不禁質疑我們所收到的信文竟然只是最新的菲律賓披索匯率？經過同仁費心推敲，很快的就知道救難船正在傳送他的船舶已救起十位遇難者「Rescue ten persons」的信文。又如某次站在日本船塢的新造船旁邊，筆者向事務所的招待員說：「Please give me a copy」；意指在她桌上的船塢聯繫名單（Shipyard contact list），但她認為我是指旁邊的飲料杯（Beverage cup），並走向她身後的販賣機（Dispenser）幫我拿了一杯咖啡，可見即使最簡單的字彙亦可能讓聽者產生誤解（Misinterpretation）。

其次，從語言學的角度來看，方言（Idiom）與俚語（Slang）對非母語的對話人（Non-native speakers）而言，是非常困難的。以英文為母語的人，從不考慮聽話者可能僅具備基本的會話與文法技巧，而不分皂白的使用它，此可能為聽話者帶來迷惑，乃至誤解甚或完全不懂。有關方言最典型的例子，就是一位年紀頗大但英文不是很好的貨櫃船日籍船長，在美國引水人引領下進入某河川。航程中他企圖在通過被濃霧封鎖的急轉彎狹窄航道之前超越一艘船速較慢的拖船，並依據國際海上避碰章程的規定鳴放汽笛警示。然引水人卻慢慢的答道：「Two whistles and that's purdy much it」（參閱註 1）。這一說讓老船長更加困擾，因為先前已和引水人討論過在航行中欲發出信號時，使用船艏的汽笛或船艉的汽笛之效果差異。實際上引水人的意思是說船上有兩個汽笛眞好的意思。再者，只要有航行歐、美地區經驗的船員皆知，美國海岸防衛隊播放的無線電航行安全訊息，其廣播速度既快腔調又重，筆者每聞及此，不禁要懷疑究竟有多少非英語系的船員可以正確且完整的收聽其廣播內容。反之，日本海上保安廳的航行安全廣播，雖其英文發音並不是很正確，但卻是速度適中簡明易懂。可見若純從安全角度來看，能夠講出讓人聽得懂的英文才是最重要的。

另一方面，從許多事故的調查報告得知，船舶內部的聯絡不良與不充足，常是船舶肇事的主因。例如在駕駛臺團隊運作過程中，未邀引水人加入航行計畫的討論，或是當值駕駛員對引水人的意圖有所質疑時，而無法及時精準的表達自己的疑慮，都是溝通不良的明證。而令人擔憂的是，此等情況通常都是需要立即採取緊急因應措施的關鍵時刻。以 2007 年 11 月撞上舊金山奧克蘭大橋橋墩的香港籍貨櫃船 C 輪爲例，撞船前引水人曾因雷達螢幕回跡顯示模糊而質問中國籍船長：「Where is the span？」船長猶豫一陣仍不解其意而未作答，此亦是造成引水人延宕危機排除的原因之一。相信英文水平不高的船長一時之間對於「Span」（兩橋墩間之間距）一詞定有疑惑。然而吾人相信美國引水人一定認爲處此情境下，沒有人會不懂「Span」所指爲何。這也就是我們一直強調在駕駛臺要使用 IMO 的標準海事詞彙與語法的原因所在，也就是在駕駛臺務必講簡單易懂的英文，而非刻意使用艱澀難懂的辭彙。

【註 1】
「Purdy」一字爲美國南方腔之口語，相等於「pretty」。北方人較少用這個字，這也有點是「偏鄉」的用語。

7.1.2 文字聯絡（Written communication）

除了上述語言的溝通困擾外，文字上的溝通亦是吾人不得忽略的區塊，以船上船長簽發的當值守則（Standing order）或夜令簿（Night order）爲例，吾人常會驚訝的發現少數船長，因爲過度著墨於細節性指示，致使原本應力求簡明扼要的守則竟可長達二、三頁。不容否認的，在筆者擔任船長初期，亦常縱容自己以抄襲範本的形式，甚至會將整段精簡的章節列入，此主在企圖讓船上外國籍船員得以迅即了解筆者的企圖並遵從之（Easily understood and followed by a mixed nationality crew）。但很顯然的，交待事項愈瑣碎愈會模糊重點之所在。及至海上資歷漸加累積，筆者簽發的當值守則雖然依舊廣泛，但通常只是數行簡要交待，也少有遇到外籍船員有看不懂的反應，因此更少有修改或重寫的時候。可見抓得住重點與原則讓屬下一看即懂才是最重要的。

其次，相對於簡單易懂的美式英文，吾人在海運領域中最常遭遇的困惑當屬大英國協國家所發行的公文書，因爲讀者常會遇到雖整段章節中沒有不懂的生字，但就是無法確定其眞意爲何？儘管如此，吾人可以確定的是，在可預期的未來英國依然是諸多國際海組織的重鎭所在。該等組織雖一再強調遵從國際海事組織海事語言標準化的重要性，但卻無法改變其使用艱澀難懂字彙的傳統傲慢陋習。好似不使用艱澀的詞彙與深奧的語法就難以顯示學問之高深，其實，類此舞文弄墨不僅背離了公文書易懂善記的原始用意，更易讓船員對公告事項產生疏離感。當然此一現象亦有相當程度顯示出，海運社會的高階人士刻意忽略當前海運勞動市場上仍是以未開發的非英語系國家船員爲主流的事實。

除了難懂的書面資訊外，實務上，船員經常被他們所不能控制而且不需要的複雜作業手冊與出版物所困擾著。其實，所有需要公告周知的訊息本就要精簡易懂，例如單是國際安全管理規章（ISM Code）的內容就不知有多少雷同的贅述。凡此皆會讓船員產生時間上的排擠作用，非但未能達到預期效用，反而會帶來企業體最爲忌諱的資源浪費。

值此凡事講求全球化的時代，有效的溝通與聯絡已是各行各業不可或缺的職場必備功能，何況是跨國化程度極高的海運業。作爲一個海員至少要了解到，聯絡的目的是確保可以從信息接收者處得到值得要的回應，蓋惟有如此才可以確保生命、財產、環境與商業的安全。而指導聯絡溝通的原則爲發送的信文必須明晰、簡短而且結構要完整，又無論採文字、口頭、神經、視覺或旗語等方式都要能快速與有效的傳送（The guiding principles are clarity, brevity and completeness in the composition, and promptness and efficiency in transmission, whether written, verbal, cyber, light or semaphone.）。面對海上陸續發生因聯絡失誤或延宕，致生禍端的局面，未雨綢繆的作法，就是無論海上的海員或陸上的管理階層平日就要模擬在各種緊急情況下，如何以英文簡潔正確的表達本身企圖的說法。不容否認的，船舶可能面對各種意想不到的事故，但只要有心預爲準備總是較易化解困惑的。

若再從專業的角度來看，則在企業版圖內講相同的語言更是最重要的，例如航海出身的同行，都知道船上結構物是以「甲板」（Deck）命名的，但時下年輕船員動輒以「樓上」、「樓下」（Up/Down stair/floor）替代各層「甲板」，類此連基本專業名詞與術語都將要失傳的局面，不禁令人擔憂其他關係船舶安全至巨的基本船藝（Seamanship）與航海術是否能完整傳承？再者，專業名詞的失聲，不僅突顯專業技術式微的警訊，更意味著國內海事人才嚴重斷層與專業傳承無以爲繼的危機。

7.2 過度倚賴與不當使用航儀

1972 年批准生效的國際海上避碰規則，本就期望經由一套簡單的法規（Code）指引船舶在海上如何操縱，保持相互分離，以降低碰撞的風險。而簡潔、明確、易懂爲此等規則的主要原則，以便採取適當有效的措施避免碰撞。毫無疑問的，法規的解釋（Interpretation）當然也很重要，因爲在海上複雜多變的情況下，海員必須對如何依照規定作出判斷，進而採取正確措施。而爲達到此一目的，早期各級海事院校的航海科系學生都被要求逐字的詳讀，並背誦避碰規則條文，甚至部分英文條文。可以理解的，即使再周全的法規都無法顧及各種海上情境，因此避碰規則條文解釋上的爭議很難避免，其中尤以第十九條【船舶在能見度受限制時之措施／Conduct of vessels in Restricted Visibility】，早被業界公認爲最不明確的條文，因此海運社會遂有要求重寫此一規則之議。

事實上，最令人爭議的是，乃在駕駛員訓練的過程中對於此一重要條文的強調與闡述不足。處此情況下，若再加上藉由高品質的現代化雷達與航行儀器所提供的各種航行資訊，很容易讓當值駕駛員養成過度信賴（Over-confidence）航儀的習性，進而造成情境警覺的喪失。尤其在能見度受限制的情況下，常會誤導當值駕駛員與瞭望者的判斷，導致兩者皆存有自我感覺良好的心境，那將是極度危險的。如同 Rivers Humber 與 Nersy 兩船因能見度不佳而發生碰撞的例子。因兩船的航行速度在當時能見度受限情況下都是不適當的，結果當值駕駛員察覺到情況的嚴重與碰撞危機時，已經太晚而無法採取避碰措施了。顯然此一事故的主要原因就是操船者在濃霧中仍舊以視界良好時的船速航行。平心而論，這是事故發生後的檢討，然而實務上礙於船期的緊迫，試問有哪位船長在大洋中航行會因濃霧而減速？針對此一職場矛盾，筆者只能呼籲船長與駕駛員在能見度受限情況下，應提高警覺與加強瞭望。

基本上，以當前的雷達避碰功能而言，只要專注當值與勤加觀測都可化險爲夷。此外，在能見度受限制情況下，使用 VHF 作爲船舶間的避碰溝通工具應特別謹慎，因爲實務上我們經常聽到兩船的當值駕駛員同意採取「右舷對右舷（綠燈對綠燈）」相互通過，此一作爲基本上已違反避碰規則第十九條第四款「對正横前方之船舶朝左轉向」的規定。即使在船舶互見情況下，亦違反避碰規則第十四條迎艏正遇船舶「應各朝右轉向（兩船採左舷對左舷通過）」的規定。需知不當使用 VHF，已經被指摘爲變相鼓勵當值者同意違反避碰規則的行動，而增加碰撞的風險，以及衍生事故的相對責任。

其次，AIS 問世時，人們都高度肯定它有助於降低碰撞風險的功能，因爲許多船舶碰撞的主因在於瞭望員無法藉由位置資訊確認其所建立聯絡的船舶是雷達上的實際目標，導致盲目的對「非碰撞風險標的船」採取碰撞行動。

如同上述，AIS 被引進之主要目的確實在於提升情境警覺，以及協助當值瞭望者採取正確行動以避免逼近情況，但是目前顯示，它正負面的導引人們走向降低瞭望標準，因爲許多取巧的駕駛員常以 AIS 所提供的航行資訊來取代 ARPA 的功能作爲避碰用途。此就是時下過度強調可將傳統航海技術訓練轉移至電腦技術，而疏於瞭望實務的現況，因此駕駛員再也不會利用藉由羅經復述器（分羅經）（Compass repeater）觀測目標所得到的方位，以及雷達探測到的距離來判斷碰撞風險的有無。殊不知此等權宜的實務轉移，已嚴重的降低了海員最基本的傳統瞭望專業水平與風險認知。

如同前述，在現代電子航儀問世之前，評估碰撞風險的方法被闡述於海上避碰規則第七條的「碰撞危機」（Rule 7-Risk of collision）。然而現行的實務是無論逼近情勢是否正在發展中，駕駛員皆會聯想到「所有可用方法」（All available means）一詞等同於簡單的利用雷達與 AIS 去作目標識別，而 ARPA 顯然已成爲當前航行與避碰的最主要航儀。

人類習性（The human trait）喜於採行阻力最小的選擇，例如職場最常見的就是，船上的駕駛員未經確認所收到關於航道資訊的軟體是否實際安全或是正確，即將航行巷道（Navigational track）資訊灌入航儀。相同地，大多數駕駛員亦會利用電子海圖的功能設定一條往返目的地之航跡（Reciprocal navigation track）。結果，因爲各廠商的電子商品的功能設計邏輯雷同，造成不僅在狹窄水道或是在大洋中，船舶都無法避免與他船迎艏正遇的情況，此乃是多數駕駛員無視，或根本不知道傳統實務上，船舶在北半球應將西向航線畫於稍爲偏北的航海習慣。此一情況更因駕駛員未了解大圈航路（Great Circle Route）與 GPS 所計算出的航行參考數值有所出入的事實而更加惡化。

因此，全面性使用電子航儀與電子海圖的結果是，船舶有分享航行資訊與遵循完全相同的航道（Identical tracks）的趨勢，故而造成在分道航行巷道水域內船舶過於接近（Remain in close proximity）的結果，因爲多數船舶皆無視相對於本船吃水的安全可用航行水域的廣闊度與水深分布，僅一味地堅持航行在利用電子航儀作前置設定的既定航路（Pre-setting charted track）上。此尤以接近交通輻輳的轉向點（Way point）時爲最。類此不知善用安全水域空間權宜避險的僵直航行作爲當然增添無限碰撞風險。最典型的例子就是抵港船舶在引水人登船區（Pilot boarding ground）接領引水人上船時，少數船長無視當下風向與航道的走向（角度）差異，只知將船舶置於分道航行巷道內正中央的建議航向上，就是不願稍作轉向營造下風（Make good lee）環境讓引水人迅速安全登輪。此等作爲亦可歸因於過度依賴電子航儀的負面效應。

再者，最令人擔憂的是，電子航儀廠商已經悄悄地因海員瞭望標準的相對降低，對安全係數作出妥協，因爲人們已將依賴電子航儀視爲安全操縱船舶的主要方法。需知新式航儀儘管再受歡迎，總有其不被熟悉與偶發狀況的風險。

另一方面，隨著各種新式航儀的陸續問世，考量駕駛員的作業需求，造船工程師遂興起建構系統整合船橋（The integrated bridge）的概念。亦即將船舶航行、推進、操舵等系統整合的概念，主在消除往昔駕駛員常需疲於奔命於不同類別，且分散於不同位置的各航儀設備間的操作困擾，以達到大幅改善瞭望者工作環境的目的。毫無疑問地，一個多功能的系統將提供所有資訊，以及船舶安全航行所必須的功能。

然無論如何，駕駛臺當值瞭望問題的複雜性，並不可能僅靠簡單的機械運作或由軟體設計的任務導向分析的電腦程式即可解決。結果，爲滿足本就存在於方程式的不同變數，航儀勢必因需具備太多原本不需要的簡單功能，反而變爲更加複雜，諸如爲顯示相對向量或偏心功能（Off-center function），致顯示器需要設計許多下拉清單（Drill-down menus）模式。其次，爲回應顧客的需要，廠商不得不在設備的功能上作出交互相容的設計，結果發現航儀整合的理想雖易被理解，但個別航儀設備卻常被錯置（Misplaced）而降低其應有功能。因爲時下軟體工程師的職業性熱忱，已成爲習慣於將一切轉換成數位的世代（Digital era），此一結果將導致當值駕駛員或瞭望員習慣於關起駕駛臺門窗，如同操縱電玩一樣，僅會利用航儀的印刷電路系統來操縱船舶，而忽略了傳統航海技術才是確保安全的依賴。實務上，最常見的景象是船舶都已經進入港口了，包括船長在內的駕駛員一人緊抱一部雷達顯示器，就是不願拿起望遠鏡仔細目視觀察外部相關景象，這是極其危險的趨勢，因爲雷達在近距離的顯像絕對與實況有所出入，何況採目視觀測又可同時感知船舶相對於岸上目標的運動趨勢，此絕非雷達幕上的冰冷數字所能完全替代的（參閱圖 7.1）。

圖 7.1　無視實際情境只專注於顯示器

再次強調，海上環境本質上即是一套變數，其乃多元方程式的一部分，根本無法精準地利用傳統機械模型（Mechanical model）的線性方程式解決。結果，原本爲了達到提高海員的情境警覺，以及協助其解決問題的目的，卻因航儀的複雜與多樣化，誤導使用者以爲其無所不能而過度倚賴，致成爲許多海上事故的主因。

7.2.1　案例解說

【案例 1】汽車船與漁船間的碰撞（如有使用音響信號與保持適當瞭望應可避免）

一、案例說明

2013 年 6 月 22 日 1700 時，12 層甲板高的汽車船 N 輪，自日本京濱港啓航，目的港爲巴拿馬的 Balboa。

6 月 23 日 0730 時船長到達駕駛臺。當時天候良好視線清楚，船舶在開闊海域亦無其他船舶。處此情境下，船長決定駕駛臺只留下當值駕駛員一人作爲單一瞭望員（Sole lookout），以便讓船員得以在既定的分配時段休息，值班船員即受命離開駕駛臺。此一作法符合該船由船舶管理公司撰寫的駕駛臺程序手冊（Bridge Procedures Manual），該手冊允許在白天、開闊海域與交通量較少情況下，駕駛臺只留一人值班並兼任瞭望，此爲人員精簡的必然結果。

0750 三副到駕駛臺接班，大副告知視線良好，周邊沒有其他船舶。三副確認航向與船速（063°/15.8 節）後，開始單人值班，並將右舷雷達設定於 12 浬距程。

0915 時，三副看到開始下雨，並且觀察到一片濃厚雨雲自左前方趨近。0920 時，三副打電話給船長建議下班船員應將住艙外門關緊。不久後他透過廣播系統傳達此訊息。

0930 時，N 輪進入陣雨中，能見度轉惡導致僅能看到距駕駛臺前方約 30 公尺的桅桿。因爲透過窗戶只能看到有限的距離，三副只能移動到雷達前繼續瞭望。但無論透過雷達或 AIS 的訊息，三副都沒有看到附近有其他船舶。他也沒有報告船長能見度距離已降低，而且也未依據在能見度受限時依規定應鳴放適當聲號，依舊保持相同的航向與船速航行。

事故後調查發現，VDR 的資料判讀接收到 0934 的大雨聲，直至 1001 時才減弱，繼而未聽到雨聲。1030 時，VDR 再度收到不同於雨聲的巨響，持續約 3 秒鐘。此聲音只從駕駛臺外翼側的麥克風的收音取得，而非駕駛臺內部的麥克風。依據船上報告，1100 時雨勢逐漸消失（Died down）至三副下班時，以及隨後 1200 至 1600 時的值班都是平靜無事的（Uneventful）。

約在 1915 時，N 輪接收到來自日本海上保安廳飛機的 VHF 告知其船殼有刮痕（Scratches）。船長要求船員查看有無損壞，但未發現任何損壞。

稍後，船長接收到衛星電話，被告知要求保留 VDR 資料，並返航日本。該船駛往仙台縣的 Siogama 港，並且拋錨進行碰撞調查。至此，N 輪船上的船員都未察覺到發生碰撞。

另一方面，2013/06/22/0915 時，鮪釣船 Yujin Maru No.7（以下簡稱 Y 輪）離開 Siogama 港欲前往馬里安納東部的魚場。船上有一名船長，一名輪機長與七名船員。Y 漁船的姊妹船 Yoshi Maru No.55（以下簡稱 Y55），亦在下午離開港口前往同一漁區捕魚。離港前兩船長討論他們將採取的航路，而且在 6/23 清晨確認兩船分隔約 30 浬，Y 船在 Y55 的東方。

Y 船船長採取八名船員每人輪值駕駛臺二小時的值班規定（船長除外）。他不允許除輪機長以外船員操作船上的航行儀器。但要求船員觀測到他船時必須叫他。

Y 船在船舯部設有操縱室，操縱室上方則設有一較小的瞭望室。因爲如在操縱室瞭望會有相當大的盲區（Significant blind areas），而且只能看到船艏正前方兩側各 45° 的範圍。瞭望室沒有任何航行儀器，但儘管雷達設置於瞭望室下方的操縱室，值班者仍可透過連結兩室的開口看到雷達幕。

一名水手在 0800 到駕駛臺接班，確認自動操舵機上航向設定於 125° 船速約 9 節。0900 時，該水手注意到因爲開始下雨故而無法看得太遠。在 0930 時，他爬下操縱室查看雷達顯示器，雷達幕上顯示出趨近的雲層，以及一艘船約在右後方 60° 方向的 6 浬外。因此再度爬上瞭望室，無視駕駛臺兩側只能瞭望到各 45° 的範圍，就坐下來繼續瞭望。就在其坐下沒多久，突然感到一陣震動，瞭望室被撞破，使得他被撞飛落入大海中。

此時在後甲板下休息的輪機長與六名船員，因察覺在震動後海水迅即灌入住艙，立即逃上甲板。再利用置於船艉的充氣式救生筏逃生，並救起被撞飛入海的瞭望員，只不過未見船長逃生。稍後，眼見漁船即將沉沒，輪機長決定解開聯結救生筏與漁船的繩索，並啓動 EPIRB。

1115 海上保安廳以衛星電話請求附近的 Y55 漁船前往救援 Y 漁船。1345 救生筏上的船員順利被救起，並繼續搜索船長蹤跡。其後保安廳持續搜索三天但仍未見船長蹤跡。事後調查，漁船船員在製作筆錄時說出該船被一艘藍色大船撞到，而且船名字首爲「O」字。

二、事故檢討

1. 汽車船的三副無論從目視（大雨）或是雷達（未調整「雨雪干擾抑制」（Rain Clutter）功能紐）都未看到他船。甚至不知道自己究竟用的是 S-band 或 X-band 雷達？顯然不知下大雨時應選用 S-band 雷達較易測出目標。

2. 漁船的瞭望員則是因爲瞭望室的盲區太大根本不可能看到汽車船從右舷 83° 接近。同時船長不允許船員調整雷達的設定值。

3. 此一事故突顯出如果兩船的當值者都能在碰撞前鳴放汽笛或可避免碰撞，但實務上當值駕駛員懼於驚動船長與同仁大都不願使用它。

4. 儘管船長的當值守則與駕駛臺程序手冊都寫明視線不良時應報告船長；汽車船三副深信在大洋航行不可能有與他船碰撞的風險，故而在視界不良時不僅未報告船長，僅憑雷達螢幕資訊即自認安全無礙，而且誤判陣雨迅即通過。

5. 駕駛臺僅留一人值班並不適合於視線不良的情況（Sole watch keeping was not permitted in restricted visibility），如能及早呼叫船長至駕駛臺協助，並鳴放汽笛或可避免事故。

6. 如果漁船亦裝置有 AIS，汽車船三副或可從雷達螢幕中看到，也因爲未裝 AIS，漁船也無法看到汽車船。三副過度倚賴 AIS 資訊，深信 AIS

可顯示出所有船舶，事實上，如果他船未裝置 AIS，即使在本船附近也無法測出。

7.3 不當使用特高頻無線電話（VHF）的後果

人們常從已然發生的事故中去探討分析問題的所在，進而得到結論，並企圖將其移植到其他的情況上適用之。以船舶碰撞事故爲例，如果能夠將整個船舶碰撞過程切割成各單一行動的區塊來看，則將很容易看到當事人在處理一個走向變壞的情勢，但卻未能及時有效制止。事實上，眼前船上的避碰設施與知識已相當完備，難道是我們對安全的認知過度憂慮了嗎？可以確定的是，硬體設備大都沒有問題，關鍵在於軟體，也就是「人」的問題。

回顧近年來發生的幾起撞船事件，都是肇事船舶間已經在特高頻無線電話（Very-High Frequency, VHF）上建立聯絡的情況下發生的，而且多數案例更是在視線良好的「互相看見」的情況下。基本上，無法建立聯絡通不上話尚且有些微推諉的託辭，但無線電話能夠搭上線，也看得到對方卻又撞上，著實令人不解與扼腕。究其原因不外當值者的專業信心不足優柔寡斷，更未體認到本身未盡職責所衍生的後果將是無可彌補的。

其實，目前船上使用 VHF 通訊甚爲普遍，然而知道其源起始末者卻不多，而最令人遺憾的是，雖 VHF 使用方便且具時效性，但在使用超過半世紀後的今天，當初所欲克服的問題似乎仍未徹底解決，反而還有許多海難事故是因 VHF 的不當使用（Improper use）而造成地。

有關 VHF 被廣泛使用於船舶上之緣由如下：1966 年 6 月 16 日英國籍油輪 Alva Cape 與美國籍蒸汽機油輪 Texaco Massachusetts 在紐約港 Bayonne Bridge 西側的 Bergen Point 外，因使用 VHF 聯繫的不當而釀成碰撞事故，並造成三十四名船員被燒死，以及嚴重的海水汙染。試想如此大的海難事故發生於首善之港的紐約對美國是何其大的打擊，於是美國國家運輸安全局（National Transportation Safety Board, NTSB）當即著手調查，並於 1969 年作出航行於美國水域之船舶應加強船舶與船舶間的無線電話通訊的迫切性建議。然直至 1971 年 8 月 4 日尼克森總統始簽定《船橋與船橋間的無線電話通訊法案》（Vessel Bridge-to-Bridge Radiotelephone Act）。雖此一法案僅適用於美國水域，但卻引起主要沿海國間的爭議，因爲國際間已有國際海上避碰規則（COLREGS）作爲船舶避碰的依據，故而利用 VHF 作成船舶避碰協定的正當性與合法性頗受質疑。然無論如何由於美國的強勢表態，以及後續又接連發生數起類似海難，最後終促使國際海上人命公約（SOLAS）亦通過 VHF 的設置與使用相關規定。

7.3.1 案例解說

【案例 1】通訊不良導致碰撞（Mis-communication leads to collision）

一、案例說明

某貨櫃船船上兩位不同國籍的當值駕駛員進行交接班。此時在該船左前方 14 浬處有一艘散裝船。貨櫃船擬從散裝船船艏以最近距離（CPA）1.5 浬橫越。而在貨櫃船左舷 6 浬處另有一漁船群（參閱圖 7.2）。

接班駕駛員（Relieving officer）將雷達測距減至 6 浬，並將其注意力聚焦於漁船群。並做幾次小幅度朝右轉向（Making several small alterations to starboard）。

因爲下班駕駛員（Departing officer）可以講與漁船相同的當地語言（Local language）。所以接班駕駛員請其告知漁船遠離本船。

另一方面，散裝船的駕駛員亦會講當地語言，一聽到貨櫃船發出請

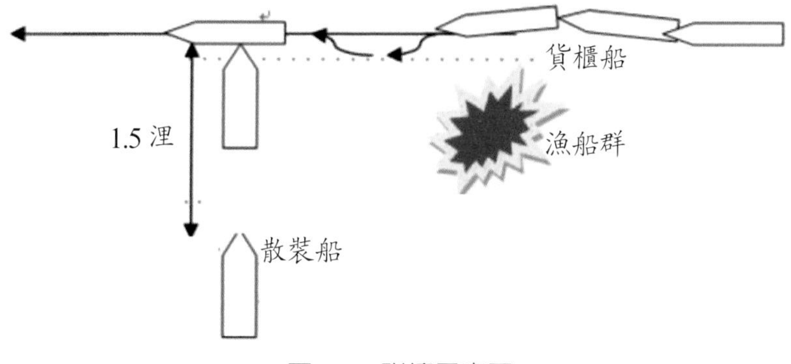

圖 7.2　碰撞示意圖

求漁船避讓的訊息，立即以當地語言呼叫貨櫃船，請問其是否可以從其船艉通過？貨櫃船下班的駕駛員回答可以，但是接班的（菲籍）駕駛員並不知道他們以當地語言達成協議（Arrangements had been made in the local language）。

下班的駕駛員用英文告訴接班的駕駛員，散裝船已同意左對左通過。接班的駕駛員仍然迷惑著，並質問下班的駕駛員眞的達成左對左通過的協議。下班的駕駛員回答：「是」，並建議最好通過散裝船的船艉。幾分鐘後，接班的駕駛員告訴瞭望員準備手操舵，並下達「左滿舵」（Hard-to-port）的舵令（擬從散裝船船艉通過），但隨即改成「穩舵」（Steady），繼而「右滿舵」（Hard-to-starboard）。此時散裝船已非常接近，碰撞無法避免。結果散裝船撞到貨櫃船左舷船艏部。

二、學到的教訓（Lessons learned）

1. 一旦聯絡錯誤，即使兩船相距再遠且目視清楚可及，仍無法避免碰撞；

2. 當值駕駛員的注意力被導引至其他細節，駕駛臺的不良溝通導致不好的決策；

3. 很明顯的，明確的溝通聯絡對任何船員都是重要的因素，特別是多元國籍組成的船員通常會使用自己的第二語言作爲溝通的工具語言。避碰關鍵時刻採行的關鍵措施仍應以簡單、明確易懂的英文溝通，並確認各方了解無誤。

4. 明顯違反國際海上避碰規則第八條第二項：「爲避免碰撞……，並應避免對航向及（或）航速，作斷續而微小之變動」之規定。致使對方船舶誤判或無法明顯看出本船的運動企圖。

【案例 2】違反國際海上避碰規則第七條（碰撞危機之判定）；第八條第 3、4、5；第十五條（交叉相遇）；第十六條（讓路船之措施）；第十七條（直航船之措施）之規定。

一、案例說明

1995 年 6 月 22 日 0330 時，韓國籍總噸位 150,9972 噸的海岬型散裝船 Hanjin Madras（以下稱 H 輪）在空船的情況下欲自韓國的普項港（Pohan）航往新加坡，但卻在濟洲島南方約一百浬處與另一總噸 170,698 噸的海岬型散裝船 Mineral Dampier（以下稱 M 輪）發生碰撞。M 輪係從巴西裝載 166,000 噸鐵礦砂欲往韓國卸貨。事後，兩船船東在倫敦的海事法庭提出反訴（Counter Claim）向對方求償。

從調查報告得知，事故發生當時的能見度至少三浬，此表示肇事兩造僅能在接近此距離時方可看見對方（In sight one another），很顯然地，二艘船舶所面對的狀況正符合國際避碰章程第十九條航行於能見度受限制的條件下。如同吾人航行於該水域常有漁船群聚的經驗一樣，H 輪的當值駕駛員從雷達的觀測上可以發現肇事海域有約有七、八十艘漁船在作業，此對二輪的航行當然有一定程度的影響。此時 H 輪航向爲 203°（T），船速爲 11.5 節。就當雷達偵測出於船艏前方有從事捕漁作業的漁船群時，該駕駛員即決定運轉其船舶至漁船群的東邊，亦即改變航向向左，以保持將漁船群置於該船之右舷。

另一方面，M 輪原本航向爲 029°（T），船速 12 節。但當值駕駛員發現漁船群後，亦轉變航向向右至 065°（T），以便將漁船群置於該船左舷。此時兩船的相對關係變成 M 輪位於 H 輪右船艏的交叉相遇情形。稍後，H 輪的艏向定於 150°（T）。此時 H 輪的當值駕駛員從雷達回跡上發現 M 輪係在其左舷船艏三度方向，距離約 10 浬處。但不知何原因，H 輪再次轉變航向向左至 140°（T）。及至兩船距離約在 4～5 浬時，兩船首次經由 VHF 開始進行對話，第一句通話是由 M 輪的駕駛員說出：「紅燈對紅燈」（Red to Red），H 輪的駕駛員立即表示同意此操船運作，並回答：「好的，紅對紅通過；重複，左舷對左舷通過」（OK. Red to Red passing;repeat, Port to Port passing），同時更進一步建議 M 輪保持其現行航向與船速：「Keep your present course and speed」。M 輪隨即回答：「了解您的訊息」（Understand your message）。

很遺憾地，由於漁船隊位於右舷側，使得 H 輪在當時根本無法向右轉向，因而該駕駛員遂繼續保持其航向與船速約再過四分鐘後，但由於漁船群仍然過近，不得不再度向左轉向至 130°（T）。二分鐘後，H 輪才開始轉向向右。此時，兩船相距約三浬，處於可以互見的情況，並進行第二度的 VHF 對話，H 輪駕駛員再度要求 M 輪要保持其現行航向與船速，M 輪駕駛員回答了解其訊息。但就在 H 輪轉向向右，且短暫地保持航向於 137.5°（T）不久後，仍因漁船隊過於接近，H 輪艏向再度轉回至 130°（T），並保持此航向航行約五分鐘。直至碰撞發生前五分鐘 H 輪才用 15° 的舵角向右轉向，並鳴放汽笛一短聲。而到了碰撞發生前的二．五分鐘 H 輪駕駛員發現情況危急，才再改用右滿舵轉向。毫無疑問地，此一動作雖可增加船舶向右迴轉的迴旋率，但同時也會因用舵產生的阻力增加而降低船舶的速度。終而導致 H 輪以 50° 朝後的角度撞上 M 輪的右舷船艉近第八與第九艙間之艙壁處（駕駛臺前方）。結果 M 輪僅在七秒鐘內即斷成二截並迅速沉沒，船上二十七名船員喪失生命（參閱圖 7.3）。

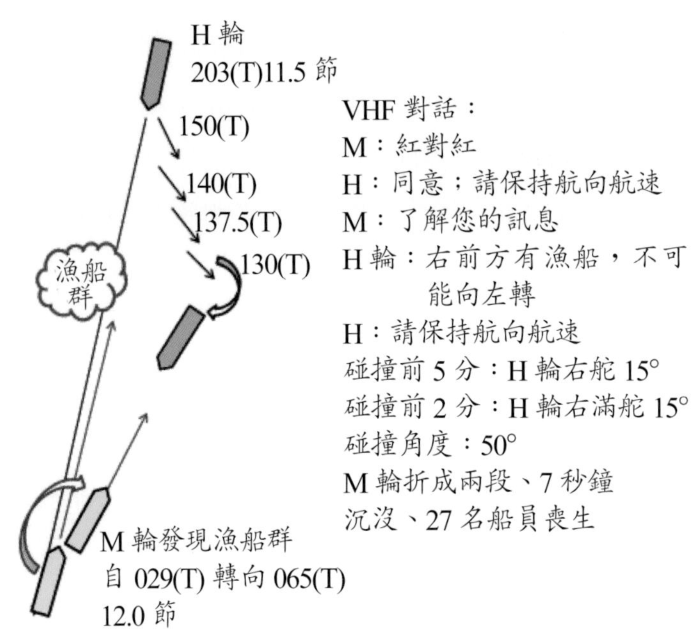

圖 7.3　H 輪與 M 輪碰撞示意圖

二、法庭的判決

根據英國上訴法庭的判決認定，當兩輪作第二次 VHF 對話時，兩船係處於可以互見的交叉相遇情形，依據國際海上避碰規則第十五條的規定，H 輪負有讓路的義務；又依據國際海上避碰規則第十七條第一項第一款的規定，M 輪則有保持其航向與船速的責任。其實，設若 H 輪能夠及早採取適當的避碰措施以履行其責任，當然不會被批判其要求 M 輪保持直航的繆誤。很顯然地，H 輪的過失在於其既不能依照其宣示的意圖採取行動，卻又要 M 輪保持既定航向。

反之，M 輪的過失在於第二次 VHF 通話後，發現 H 輪顯然未依照避碰規則第十五條的規定採取適當行動以讓路時，竟未能立即依據國際海上避碰規則第十七條第一項第二款的規定採取適當的避碰動作。其實 M 輪之所以會有此過失有相當程度係因過度於相信 H 輪駕駛員會依照先前 VHF 的通話協定履行讓路義務。另一方面，H 輪自碰撞發生前九分鐘起即一直犯下不可原諒的過錯，因爲其未能及早採取積極的行動，只有在通過漁船隊後爲向 M 輪顯示紅燈才企圖向右舷作大角度轉向。而當 H 輪採取行動時，竟只採用右舵 15° 轉向，此一連續小幅度的緩慢轉向動作肯定會增添 M 輪的困擾與誤判。當然兩船間的 VHF 通話內容已成爲法庭最最主要的判決依據。

基本上，若依照國際海上避碰規則的精神，在兩船可以互見之前，M 輪如果未採取避碰措失亦不會被認爲有過失，然而當其可由目視及雷達測知 H 輪的運轉受漁船群的限制，而且只有在通過漁船群後始可向右作大角度轉向時，就不得主張毫無過失。至於 H 輪之所以過失比例較重，乃因其負有讓路給 M 輪的義務，其在技術上毫無疑問地可藉減速，或轉向向右至漁船群所在的西側，或二法兼行以避免碰撞。如同上述，在兩輪可以互見之前，兩輪皆無責任。但稍後 H 輪當值駕駛員未能依據其向 M 輪駕駛員所表達的 VHF 訊息，即向右轉向以避讓 M 輪，以及稍後又採取不充分的避碰行動，皆是違反國際海上避碰規則的嚴重疏失。反之，M 輪駕駛員不僅未能瞭解避碰法規的眞義，亦未施展優良船藝。但無論如何，其所犯過失純係因 H 輪的嚴重過失與誤導所致，因而法庭判定 H 輪負 80% 的過失責任，而 M 輪則僅負 20% 的過失責任。

三、檢討分析

我們知道，VHF 在大多數情況下是非常有效用的船舶通訊儀器，例如當兩艘或多艘利用 VHF 通訊的船舶互相趨近時，依據避碰規則規定應讓路的船舶告知另一依規定採取行動的船舶本船的企圖；相對地，有時則是由應保持航向的船舶詢問讓路船究竟要採取什麼行動。其次，當兩艘船舶在能見度受限制的情況下互相接近時，亦即可適用避碰規則第十九條的規定，此時依據本條規定採取行動的船舶若能以 VHF 告知他船本船所採行動，則對他船的安全航行將有很大的助益。

但我們更要充分體認到任何想要利用 VHF 作爲船舶間安全通過的協議，其實充滿了許多可能因誤解而衍生的危險，此包括語言與意圖等層面的誤解。因而船舶管理人與船長應愼重告知其駕駛員避免僅採用 VHF 的通訊作爲避碰的依據，而要確實依據國際海上避碰規則的規定行事。不可否認的，在現實的職場上 VHF 乃是眼前海上避碰最常用的工具之一，但更要切記國際海上避碰規則的法制力才是最優先地，因爲除非存有避碰規則第二條規定「不得不背離規則規定」的情況外，採取任何避碰行動絕對不能違反避碰規則的規定，否則極可能發生類似 M 輪的慘劇。

海事法庭之所以要強調此一說法，並非要全面禁止欲互相通過或將成逼近情況下的船舶間有關航行避碰的 VHF 通訊，而是法庭已體認到不當或不確定的 VHF 通話常會導致毀滅性的誤導後果。故而在充分了解他船所發訊息的內容前，絕對要提高警覺小心航行，更應注意他船的確切行動爲何？毫無疑問地，最重要的是應先確認發出訊息的究竟是那一艘船舶，需知在交通輻湊海域常發生讓船訊息一發出，通常即有數艘船舶同時回應的混亂局面，其中極可能不包括我們想要通話的避讓對手船。似此，當然會發生拿張三當李四的錯亂情境。

另一方面，不當使用 VHF 的案例顯然已被海法界普遍認定爲不適當的航海行動（Inappropriate navigational action）或怠忽職守（Inaction），亦即負責航行者若有不當使用 VHF 的事實，則其所受的譴責與過失程度理應加重。再者，不論兩船在 VHF 的通話是否包括達成航行上的協議，其通話的內容極可能作爲日後法院判定肇事船舶間所應負的責任比重之依據。故而必須強調的是，VHF 通話達成的協議並不具法律上的效力。此外，由於船舶碰撞的直接原因通常是與國際海上避碰規則的要求或優良船藝相悖離的航海行動或疏忽所致，可見不當使用 VHF 絕對是不適當行動或疏忽的一種，故而吾人對於 VHF 通話時的遣詞用字與行動企圖的一致性焉能不謹慎爲之。

至於本案例中 H 輪的駕駛員未能預先判斷漁船隊的存在可能影響其與 M 輪相互通過的可用水域，竟然將漁船群置於右船艏方向，此先天上已限制其稍後向右轉向的餘地。此即實務上吾人所言之「見樹不見林」典型案例，也就是思慮不夠全面性。特別當船舶在沿岸航行時，常有一船面對多艘來船的情境，此時採取避讓第一艘相對較近船舶時，就應考慮避開了第一艘船舶，能否避開其後的第二、第三艘？或是本船因讓船開始就轉向錯誤的一側，而被後續的避讓情勢逼迫至鄰近岸邊的淺水區或岸邊。這是在日本沿岸航行時最常遭遇到的情境。可見本案例中的兩艘船舶於茫茫大海中相遇，縱使有漁船群擋路，任一艘船舶都不應將本船轉向困境所在的一側。其實，在水域寬闊的大洋上，案例中的 H 輪若發現該船因漁船群在右前方而無法向右轉向，又因 M 輪在左前方也不能向左轉向，此時應可及早採取向右或向左迴轉 360° 再回到原航向的避讓方法，也就是利用（迴轉）時間換取空間的方法化解撞船危機。

【案例 3】違反違反國際海上避碰規則第五條（瞭望）；第八條第 2、3、4 款；第十五條（交叉相遇）之規定。

一、案例說明

2007 年 7 月 27 日 0220 時，日本海上保安廳獲報在利島北北東方約 7.5 公里處（石廊崎燈塔西南方約 16 公里處），希臘籍海岬型（Cape size）散裝船 A 輪與新加坡籍貨櫃船 W 輪發生碰撞。

碰撞後，W 輪的機艙處於浸水的狀態中，並呈現出向右舷傾斜 12° 的狀態，並以每小時二公里的速度向東方漂流。日本海上保安廳當即派出配置特殊救難隊員的飛機，以及所屬二艘巡視船急速趕赴現場。

由於此一海事涉及我國籍船東與船長，而且所造成的商業損失及其衍生的負面影響難以評估，因而值得我海運社會的所有成員加以關切，是故筆者特翻譯橫濱地方海難審判所的海事陳述書，以供我海上同行參考（參閱圖 7.4）。

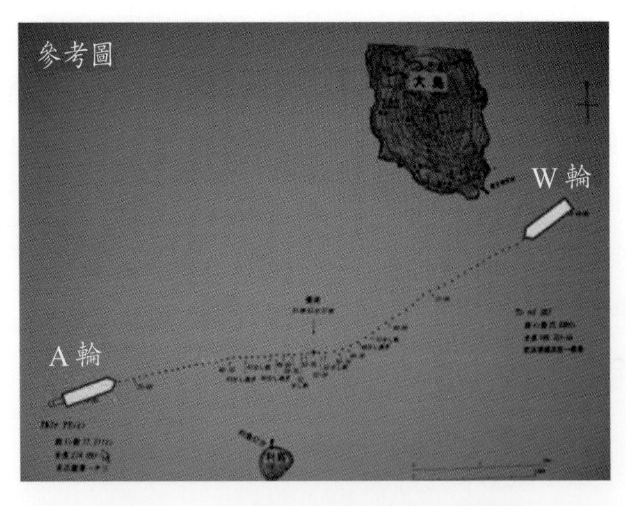

圖 7.4　A 輪與 W 輪碰撞過程示意圖

希臘籍散裝船 A 輪，配置出力 12,135 千瓦的柴油機，總噸位 77,211 噸，船員 23 名（希臘籍 10 人；菲律賓籍 13 人），含 B 船長及 C 二副，在名古屋港卸完煤炭，以空船的狀態（艏吃水 8.5 米，艉吃水 9.5 米），於 2007 年 7 月 26 日 1100 時自名古屋港開船欲航往智利。B 船長在引水人引導協助下，循伊良湖水道航路南下，1635 時引水人在上述水道航路之南出口離船，此後即由船長繼續執行操船的指揮。1700 時，B 船長始下令主機以海速全速前進，並航向靜岡縣石廊埼的外海。及至 1830 時，大副至駕駛臺接班當值後，船長始離開駕駛臺。

B 船長約在 2230 時該船航經石廊埼西南方時再度來到駕駛臺，駕駛臺的當值體制仍舊維持原狀。但船長顯然有一旦危險狀況發生時隨時接手的打算。故而當該輪通過伊豆諸島的大島與利島間之交通繁忙水域的整段航程，船長都在駕駛臺。

27 日 0000 時，二副至駕駛臺接班，此時 A 輪船位在石廊埼燈塔 189°（T）距離 9.3 浬處，駕駛臺有 B 船長坐鎮，當值舵工則同時擔負瞭望的任務，並顯示航行中動力船舶的規定燈號，以及二部雷達保持運轉的狀態下繼續向東航行，0118 時，船位在利島燈塔 287°（T）距離 7.1 浬處，船速 14.2 節（對地速度，以下同），利用自動操舵儀設定航向 082°（T），朝大島與利島間之間前進。

0125 時，船位在利島燈塔 296°（T）距離 5.7 浬處，B 船長及 C 二副利用設置於該輪駕駛臺右側，可重疊顯示於具備避碰（ARPA）功能雷達幕上的船舶自動識別資訊系統（AIS）發現 W 輪的回跡出現在左船艏十度，距離十五浬處。

0140 時，C 二副在船抵利島燈塔 334°（T）距離 3.5 浬處，在左舷船艏 7 度距離 7.0 浬處看到 W 輪的二盞白色桅燈。C 二副認定從該角度來看，W 輪應可從本船的前方向右穿越。0143 時，A 輪船位在利島燈塔 345°（T）

距離 3.3 浬處，轉向至 090°（T），船速 13.7 節。

C 二副不僅從 ARPA 擷取 W 輪的回跡外，同時並持續監視 W 輪的 AIS 資訊。0146 時，A 輪船位在利島燈塔 354.5°（T）距離 3.3 浬處，此時 W 輪的位置呈現在 A 輪左舷船艏 12 度 4.2 浬處；在此同時，位於 A 輪左舷船艏 15 度 2.8 浬處的 G 輪，以特高頻無線電話（VHF）16 頻道呼叫，要求「右舷對右舷通過」，A 輪船長當即表示認知，但在 0147 時，卻又改以「左舷對左舷通過」的要求，而且兩船均同意。

B 船長及 C 二副，預期 W 輪的方位會向右方偏一點，但最多亦僅能以 0.4～0.5 浬的最接近距離（CPA）通過，因此一方面「期待」W 輪能夠作大角度轉向以保有較大的通過距離，同時保持高度警覺的監視其動態。

0148 時，A 輪船位在利島燈塔 004°（T）距離 3.3 浬處，發現位於左舷船艏 9 度 3.0 浬處持續接近的 W 輪顯然沒有轉向的跡象，然從雷達上表示二船未來預測位置的向量（Vector）來看，如果二船保持航向與航速不變，則 W 輪將會從 A 輪船艏前方 1.5 浬處自左舷向右方橫越。

0149 時，A 輪船位在利島燈塔 007°（T）距離 3.3 浬處，B 船長發現 W 輪自左舷船艏 8 度 2.6 浬處持續接近，此時即使 W 輪開始向右轉向，CPA 亦僅有 0.3 浬左右，但卻未立即命令 C 二副以 VHF 與 W 輪建立通信並確認其操船意圖。而 C 二副亦未主動以 VHF 確認 W 輪的操船意圖。

0150½ 時，A 輪船位在利島燈塔 013°.5（T）距離 3.4 浬處，C 二副發現 W 輪已在左舷船艏 6 度 1.8 浬處，因此判定 W 輪將很快地自本船船艏通過，而爲讓兩船以較大的距離通過，在告知船長後，立即以自動操舵的模式開始向左轉向。

0152 時，A 輪船位在利島燈塔 017°（T）距離 3.4 浬處，船艏向 084°（T），B 船長發現 W 輪約在其正船艏前方 1.2 浬處，而且繼續向右轉向，此時可清楚地看到 W 輪的兩舷燈，因而立即指示 C 二副以 VHF 要求 W

輪「右舷對右舷通過」。C 二副當即以 VHF 呼喚 W 輪要求「右舷對右舷通過」。W 輪立即回應同意此要求，此時 C 二副命令舵工改自動舵爲手操舵，並立即向左轉向至 073°（T），但船長認爲轉向幅度仍不夠乃直接下令指示繼續向左轉向至 068°（T）。

0152 時稍後，B 船長霍然看見 W 輪的左舷燈，立即下令左滿舵；在此同時，C 二副自行判斷等待 W 輪向左轉（先前要求右舷對右舷通過）已經無法避免碰撞的發生，因而乃在 0152½ 時，逕自透過 VHF 要求 W 輪改採「左舷對左舷通過」，W 輪立即回答同意此一請求（船長不知二副已要求對方改採左對左，依舊認爲還是以右對右通過）。

A 輪一面鳴放汽笛一面向左轉向，就在 W 輪船體舯部通過 A 輪船艏時，命令主機全速後退，但全速前進情況下命主機倒俥根本不可能。故而就在 0153½ 時，於距利島燈塔 007°（T）距離 3.3 浬處，在全速行進的狀態下，A 輪船艏以以 77 度角撞上 W 輪的左船艉（參閱圖 7.5）。當時天候有雲，吹東南風，風力四級，潮汐約爲高潮，能見度七浬。

圖 7.5　兩船碰撞示意圖

至於新加坡籍貨櫃船 W 輪，配置出力 23,250 千瓦的柴油機，總噸位 25,836 噸，船員 21 名，含 J 船長及 D 二副，裝載 1,338TEU 貨櫃（艏吃水 9.10 米，艉吃水 10.40 米），於 2007 年 7 月 26 日 2140 時自京濱港啓航開往香港。

J 船長在引水人引導協助下，出港後沿浦賀水道航路南下，2318 時引水人在船舶駛離上述水道航路後離船，此後由船長繼續執行操船的指揮，並朝大島東方之方向行駛。27 日 0000 時，船抵東京灣口之洲埼西方水域，D 二副上駕駛臺接班，船長依舊留在駕駛臺，直至 0100 時，船抵大島南方水域時，船長始離開駕駛臺。

此時，W 輪駕駛臺有 D 二副值班，當值舵工則同時擔負瞭望的任務，並顯示航行中動力船舶的規定燈號，以及二部具備避碰功能但未能顯示 AIS 資訊的雷達保持運轉，主機以海速全速前進的狀態下向大島東方南行，0116 時，船位在龍王埼燈塔 101°（T）距離 3.5 浬處，航向定於 243°（T），船速 18.0 節，利用自動操舵儀向大島與利島之間水域航行。

0137 時，W 輪船位在利島燈塔 048°（T）距離 8.3 浬處，D 二副將航向轉至 238°（T），此時從距程（Range）設定於六浬的雷達幕上首次發現在右船艏 16 度 8.8 浬處的 A 輪回跡，故而在持續監視該回跡的情況下繼續航行。

0144 時，船位在利島燈塔 044°（T）距離 6.2 浬處，D 二副在 ARPA 可以攫取 A 輪回跡的情況下，再度確認 A 輪的航向、船速、CPA 等資訊，而從雷達幕上的向量顯示得知，大約六分鐘過後本船應可從 A 輪船艏前方以二浬間隔的態勢安全通過，應而決定從 A 輪船艏橫越通過。

D 二副除了適當的更迭切換雷達距程外，並持續監視 A 輪，以及位於 A 輪船艏右前方的 J 輪，和位於其正前方反向航行的船舶的動靜。0147 時稍前，D 二副從 VHF 聽到 A 輪與 G 輪，要以「左舷對左舷通過」的信文。因而判定 A 輪亦定會與同爲反向船的本船以左舷對左舷通過，同時將船舶轉向右舷，但卻未將本船的操船意圖以 VHF 告知 A 輪。

0147 時，W 輪船位在利島燈塔 042°（T）距離 5.3 浬處，船速 18.8 節，D 二副發現 A 輪位於右舷船艏 21 度 3.6 浬處。若是要從 A 輪船艏安全通過勢必要開始向右轉向，然而此時 G 輪卻位於本船右舷船艏 25 度 1.4 浬處向西航行（與 W 輪同向）。所以無法採大角度右轉，因而只能在 A 輪的進路前方採小角度慢慢向右轉向，也因此衍生出與A輪碰撞的新危機。

0148 時稍後，W 輪船位在利島燈塔 040.5°（T）距離 4.9 浬處，發現 A 輪位於右舷船艏 18 度 3.0 浬處，而且二盞白色桅燈清晰可見。D 二副從該角度判定兩船應可以較小角度交叉通過，0149½ 時，船位在利島燈塔 038°（T）距離 4.6 浬處，一度將航向定於 250°（T），則設定於 0.3 浬的 ARPA 接近警報即會鳴放，位於右舷船艏 12 度 2.3 浬處的 A 輪回跡亦會閃爍，此表示有碰撞的危險存在。因此，D 二副於 0150½ 時，船位在利島燈塔 036°（T）距離 4.3 浬處，利用自動操舵儀再度將船向右轉向，約於此同時，A 輪亦開始向左轉向。

0152 時稍前，船位在利島燈塔 032°（T）距離 4.0 浬處，D 二副發現 A 輪約在正船艏 1.1 浬處，而且 A 輪表明要以「右舷對右舷通過」，此時 D 二副無視於先前本船已處於向右轉向的運動態勢中，立即同意 A 輪「右舷對右舷通過」的請求。

D 二副當即命令舵工以手操舵模式扳至左舵十五度，但因迴轉慣性使然，此時船艏依舊向右迴轉。直至 0152½ 時，船艏始停止向右迴轉的趨勢。但此時卻從 VHF 聽到 A 輪要求改爲「左舷對左舷通過」的信文（前述 A 輪的 C 二副自行判已經無法避免碰撞的發生，未告知其船長逕自透過 VHF 要求 W 輪改採「左舷對左舷通過」），D 二副立即同意 A 輪請求，同時下達右舵十度繼而右滿舵的命令。結果 W 輪就在向右迴轉的運動態勢中被撞上（參閱圖 7.6）。碰撞的結果是，A 輪船艏撞出一個大破洞（參閱圖 7.7），而 W 輪左船艉破裂（參閱圖 7.8），機艙進水動力全失，貨櫃受損。所幸兩船人員均平安無事，亦無油汙染事件發生。W 輪最後以空船狀態自日本拖回基隆台船公司修繕。

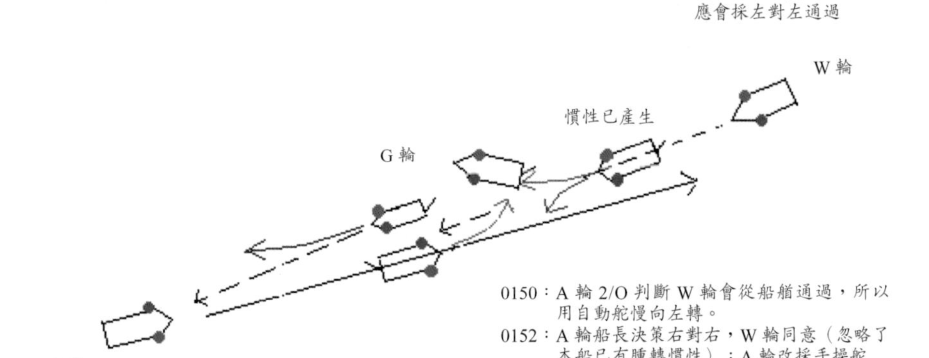

圖 7.6 兩輪碰撞示意

圖 7.7 A 輪受損情況

圖 7.8　W 輪受損情況

二、事故檢討——正確使用 VHF 的重要性

不容否認的，使用 VHF 作爲船橋與船橋間的聯絡，乃至 VTS 作爲交通管制與港口運作，已是非常普遍的實務。問題在於那些使用 VHF 避碰的海員，究竟說了哪些話？以及爲什麼他們會說那些話？如比較一般駕駛員使用 VHF 聯絡所採取的避碰措施與第八條第一款「如當時環境情況許可，應及早明確地採取措施，並注意優良船藝之施展。」的規定，即可知道濫用 VHF 做無謂聯絡的嚴重性，尤其通話內容更是令人啼笑皆非。例如：

1. 兩船在空曠的太平洋上相遇，兩船都有非常足夠的時間與空間避免發展成爲「逼近情勢」，卻在此時發出「貴輪的企圖爲何？（What is your intention？）」的信文；

2. 當兩船相距數浬之遙，而且非「交叉相遇情勢」，竟然僅爲了要確認「左舷對左舷通過」而發出「紅燈對紅燈（Red-to-Red）」的信文。

顯然兩船都未遵行避碰規則第八條第一款：「及早、明確、優良船藝」的避碰原則。

因此，濫用 VHF 令人擔憂的負面發展包括：

1. 此等沒有必要的通訊聯絡可能不會造成任何傷害，但除了讓身處大洋的駕駛員稍解孤寂的心靈外，對避讓也無所幫助。尤其容易讓駕駛員養成在任何情況下，只要看到任何船舶都想呼叫的習慣，反而忽略或延遲於採取避碰規則規定所應採取的行動。長久之後，恐將造成海員對避碰規則規定的生疏，甚至將規則邊際化（Marginalization）。於是「我將讓對方更接近點，然後再同意如何通過」的決定，就成爲典型不採取避碰行動的惡習。很遺憾的，此種作爲在現實職場上一再重複的發生。

2. 駕駛員能夠如果依照第八條第一款「及早明確地採取措施」的規定，將大幅減少駕駛臺與駕駛臺間通話的需要。因爲只要您及早採取明確行動化解任何可能的逼近情勢，相信對方就不會興起建立聯絡的念頭。

3. 企圖藉由 VHF 安排船舶間的相互通過，以及同意相互避讓的作爲，常常會造成混淆不清、浪費時間，甚至違反避碰規則的規定。

上述習慣都是危險的，有時甚至是造成碰撞的主因。故而在大洋上遇到沒有避碰迫切需要的他船應避免：「在我右舷船艏的船舶……，請問貴船企圖爲何？」（Ship on my starboard bow......what is your intention？）因爲當今國際航線船舶都裝置有 AIS，沒有道理無法識別趨近目標的船名，何況只要「及早明確地採取措施」根本沒有聯絡通話的必要。

【註 1】VHF 訊息力求完整正確

法律上，如果經由 VHF 發送的訊息有誤或會產生誤導，即欠缺完整性，則該訊息發送者有擔負因而引發的（從屬、間接）損害的較大責任風險。（the broadcaster of information does so at the risk of bearing the greater burden of liability for consequential damage if that information should, in any way, be false or misleading, i.e., lack integrity）。

【註 2】切記！操船結果常常無法預先協議

因爲海上環境因素瞬息萬變，只要發現有任何危機存在的可能，就應主動積極的採取避碰行動才是，盡量避免用 VHF 達成讓船協議。

第八章　港區操船

8.1 引言

「船舶操縱」（Ship handling and manoeuvring）一詞，本係指駕駛與操縱船舶的專業技術，而關於此門科學的書刊著作皆被稱爲「操船學」，但業界一般多以「操船」（Ship handling）簡稱之。坊間有關操船的著作不勝枚舉，但多偏重理論端的論證，對於涉及港區等限制水域內的船舶操作實務著墨較少，故本書特別以港區內的操船實務與體驗爲主要闡述，也就是「港區操船實務」（Practical port manoeuvring）。

從空間管理（Space management）的角度來看，船舶無論在狹窄、限制水域運轉，或在寬闊水域避讓他船，爲了確保航行安全，操船者必須選擇在其船舶可以安全操控的空間範圍內運轉。尤其大型船舶通常較小型船舶更需運轉空間，故而船長或操船者對其船舶的實質（船型）大小所造成的限制因素要有充分的了解與掌握，例如在狹窄港區內迴轉掉頭時，本船長度相對於該水域的寬闊度就是最主要考量因素。因此提升對距離、迴轉半徑等限制因素的感覺乃是訓練操船者與瞭望者最基本也是最重要的部分。

筆者猶記得初任引水人時，請教某前輩講述其數十年的操船經驗，老前輩悠然回以：「操船的重點不就是方向、距離、速度與槓桿！」當下頗覺空洞，如今轉眼自己任職引水人已逾二十年，在引領萬餘艘船舶進、出港與離、靠碼頭後，終體會出在港區等限制水域內「操船」，確實只要掌握這幾項要素，大都能保持船舶運轉安全。當然操船者時常保有警惕之心才是最重要的。

只不過除了方向、距離、速度外，前輩所言之「槓桿」一詞較不爲吾等後學所引用，其實「槓桿」（Lever）一詞就是我輩常言之「力臂」（Arm of force）與「力矩」（Moment of force），而力臂的長短與力矩的大小則依施力作用點的位置所在有所變化。顯然，以現代船舶運動科學的術語言之，在港區內操船的要素不外向量（含方向與速度）、慣性、距離、迴轉半徑與迴轉率等。

基本上，「操船」技術本屬「船藝」（Seamanship）的核心，將之類比爲「藝術」，乃是因爲「操船」如同拍攝電影一樣，是一門操船者很容易因過程無比順利而產生自我讚嘆，或因非預期的狀況不斷而懊惱自責的藝術。因爲操船者一旦採取任何動作就會產生不同的結果，此如同電影一經拍成，就很難進行修改，總會給人留下許多無法達到完美的遺憾。尤其操船環境更是變幻無常，如時間、地點、情勢等條件都不是我們所能預期與掌控的。因此，操船者務必體會到在操船領域中，「完美」常常只是理想而已，而理想中的「完美」常是諸多無心的巧合交集而成的，切勿刻意爲求「完美」而捨本逐末，無形中妥協了安全運作的考量，需知安全永遠是最優先的考量。猶如職場常聞只要安全無事，何必在乎姿勢優美俐落與否！

8.2 趨近引水人登船區

基於航行與港口安全考量，全世界商港幾乎都採強制引水（Compulsory Pilotage）制度，也就是船舶進、出港都要雇用當地引水人引領，故而船舶進出港都要接送引水人登船與離船。毫無疑問的，引水人登船主要在提供船長航行諮詢與相關建議，但前題是如何讓引水人安全登船。引水人攀爬引水梯登、離船的驚險動作，就是引水人執行引航業務過程中風險最高的一段。而一般人咸認引水人在強風大浪狀況下，攀登搖晃不定的大船風險甚高，然若一定要比較危險度，則引水人離船時的風險亦不下於攀登上船時。因爲在有海浪的情況中攀爬引水梯下船，引水人難以預測引水艇何時會無預期的隨著波浪急速「抬高」，進而撞擊到懸於船舷的引水人。

吾人常言，好的操船術貴在預期研擬與籌劃，也就是當前盛行的航行或引航計畫，而非只是等事故發生後再研擬因應（Good ship handling is anticipation, not reaction）。因此船舶抵港前對港口的水文、規定與相關運作習慣預先研讀，是每一位謹慎的船長或操船者必修的功課。基本上，此等前置準備不外：

1. 詳查抵達時之水文狀態與氣象資訊，如漲、落潮與流向、流速、盛行風。

2. 交通動態；及早與引水站建立聯絡，並確認有無他船同時抵達或出港，並密切注意其動態。有無優先排序進港的郵輪，或運轉能力受限制的特殊船舶？抵達後能否立即進港？

3. 隨時保持可以控制船舶運動的船速運轉，此爲克服外力與因應突發狀況發生的必備條件。

4. 除非面對急迫危險，否則務必要忍讓，切勿躁進或爭先恐後，並與他船保持安全距離；因爲同一引水艇上的引水人只能依序於一定時間間隔攀登抵港船舶，故而確認引水人登船的先後順序（Boarding sequence），可避免與他船過於接近的困擾。

5. 基本上，引水站會依據抵港先後、碼頭位置、船種、貨載特質與操船難度等考量因素，告知抵港船舶的登船順序、應保持之航向與船速。

但必須強調的是，從引水站出發的引水人可能未考慮到貴船實際遭遇到之水流或其他困難。因此，如有無法配合引水站的要求、或有任何疑慮的情況應及早告知，以爲因應。

6. 履行將船舶駛至引水人登、離船區（Pilot boarding ground/area）接送引水人的義務（如圖 8.1）。全世界各港口劃定並公布的引水人登、離船區位置，有如陸上交通管理單位指定的計程車招呼站一樣，大都經過長年觀察該地點受風、浪、水流等水文因素影響最小，亦不影響交通流才作成決定的。因此船長有義務將船駛至該引水人登、離船區的參考點，期使引水人盡速且安全的順利登船。

7. 提醒駕駛臺團隊成員切勿因引水人上船而生心防鬆懈。

8. 與引水人保持經常性連繫，並注意其企圖，尤其當引水人以當地語言與拖船或岸方聯絡時更應注意。如有任何疑問定要查明其企圖，以免衍生不必要的爭議。

圖 8.1　船長負有將船駛至引水人登船區的義務

8.2.1　如何營造引水人登、離船有利條件

全世界水域除少數位於無風帶或地理條件特優的港口外，一般港口的引水人登船區都無法全然避免風、浪、水流的影響，因此在強風巨浪中如何安全接送引水人成爲船長抵港時的重要課題。由於引水人登船區的所在位置常常也是眾船聚集的交通繁忙水域，因此除了安全外，接引引水人的作業務必力求迅速與順暢，以免因延宕致讓前進中的船舶持續趨近港口或岸邊，尤其此時船長可能面臨船體遭受強風或水流等外在因素的負面影響而無法停俥，同時引水艇在船邊顛頗搖晃，致引水人屢屢嘗試卻因浪大船搖而苦無攀爬機會，亦不能加俥擺脫趨近的他船或航行障礙物。此種內心煎熬相信是所有船長都曾體會過的痛苦經驗。而要引水人快速且安全登輪的必備條件不外：

1. 爲引水人營造良好的下風（Make Good Lee for Pilot）登船環境；
2. 保持適宜的登船速度（Maintain appropriate boarding speed）；.
3. 適宜的引水梯長度。

所謂「營造下風」就是要操縱船舶讓本船位於引水艇的上風側（Upwind or windward），以便幫位於下風側（Downwind or leeward）的引水艇與引水人遮風擋浪。而爲達此目的，就是要操縱船舶使得船艏向與盛行風向，或是與海浪來向的角度儘量接近 90°。

如同前述，由於在接引引水人的同時，前進中的船舶會持續趨近港口或岸邊，因此選擇「作下風」的地點與時機非常重要，基於安全考量寧可選擇位於引水人登船區的靠海一側進行轉向營造下風，切勿等候船舶通過引水人登船區後，再轉向營造下風，因爲此時若引水人無法順利登船，或是延遲登船，則至引水人登船後，船位可能已陷入連引水人都無法挽救的極度危險困境中（參閱圖 8.2、8.3）。

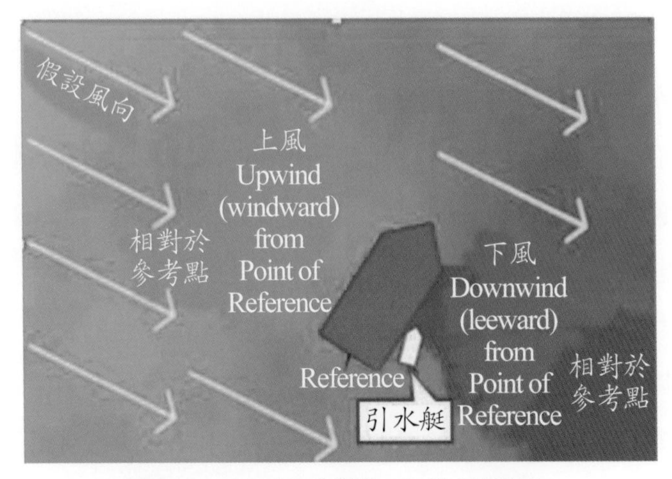

圖 8.2　為引水人營造下風以利登船

圖 8.3　引水人攀登引水梯

其次，引水人登船速度（Pilot boarding speed），以及引水梯如何吊掛（How to rig pilot ladder），是所有抵港船舶必問的要項，關於引水梯部分國際引水人協會（International Maritime Pilot Association, IMPA）已有詳細規定並經 IMO 認可，本書不再贅述。至於引水人登、離船速度，吾人在職場上常見部分船長或許認為停俥，甚至將船完全停止下來，可能較有利於引水人的登、離船。事實上，從流體運動與小艇操縱的角度來看，除了極少數特殊的情況外，要求引水人從引水艇攀登或離開靜止狀態下的船舶，並不是最理想的。理由是引水艇當然也是船舶的一種，而既是船舶就需藉由主機與船舵來控制接靠方向，或調整兩船間的相對態勢，而欲產生舵力就需有俥葉的排出流，此表示引水艇必須有前進速度才能有較佳的方向性控制能力。因此大船在接送引水人時必須保有適當的前進船速，一般以七至八節為宜，因為大船有前進速度舷邊才會有朝後的水流，此一現象始可為引水艇營造頂流進俥前行的條件，而頂流比較容易操船則是眾所周知的基本航海常識（參閱圖 8.4、8.5）。

此外，必須強調的是，不論大船或引水艇在接送引水人時都應避免使用倒俥，因為前者倒車時，俥葉會產生朝向船艏的排出流，此排出流不僅會沖開原本緊貼於船舷的引水艇，若果引水梯位置近於艉部，則甚至可能導致引水艇傾覆。至於後者不能使用倒俥的原因則在於會使艇艏向失去控制。

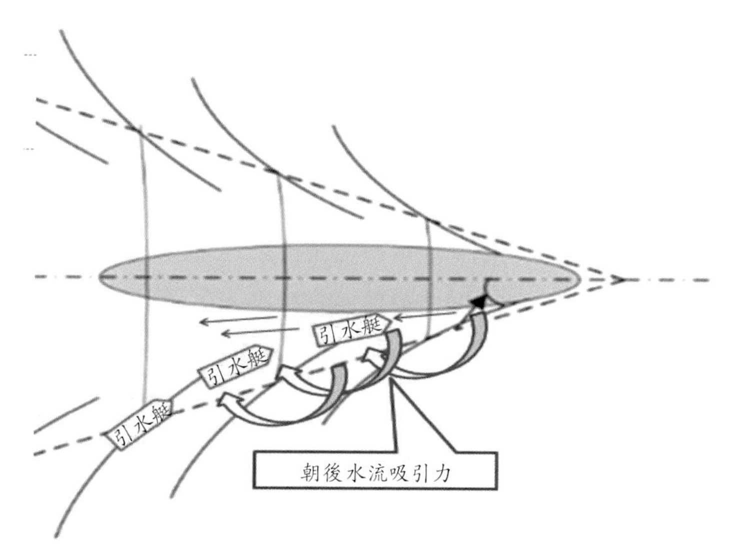

圖 8.4　接送引水人大船應保有適當前進速度

圖 8.5 朝後水流吸引引水艇貼靠大船船舷

再者，何謂適宜的引水梯長度？實務上，儘管引水站於船舶抵港前已告知引水梯距水面的高度，但職場卻常遇到過短或過長的引水梯，致使水人無法順利登船，而不得不等候船上調整長度後再行攀爬。引水梯過短當然無法攀爬，反之，引水梯過長則末端勢必浸入水中隨浪拍打搖晃，此時引水人如果貿然攀爬，不是被浪打得渾身濕透，就是因引水梯搖晃過度致無法抓牢而落海。因此，爲確保適宜的引水梯長度，船員繫妥引水梯後應觀察一陣子，以確認引水梯是否會浸水，如有，應立即調整高度。

其實，除了上述營造下風與保持適當前進速度外，因爲船舶抵達引水人登船區與港口時，每每需減速或停俥等候引水人或船席，此時應特別注意操船環境對本船的可能影響，也就是除了船舶交通動態外，更要注意風與水流等外力的影響。今舉某拖船在港口外遭受水流致生海事爲例（參閱圖 8.6）：

某一拖船欲拖帶駁船進港，結果未考量強勁水流的影響，亦未察覺本身向東漂流的事實，更未採大幅度向西修正流壓差的措施，結果拖船本身是通過錨泊船，但被拖曳的駁船卻漂向下流側撞到錨泊船，尤其在拖纜帶力與錨泊船錨鏈拉緊的情況下，更加劇碰撞的強度。此正如同駕駛臺位於船艏的汽車船或郵輪進港一樣，如果不瞻前顧後，恐無法如願「頭過身就過」的順利通過狹窄的港口或堤口。

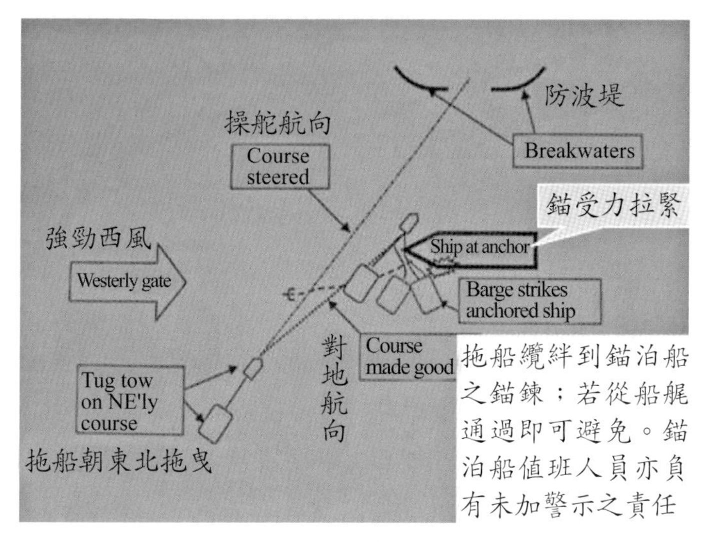

圖 8.6　航行於受潮（流）水域應勤測船位

連帶地，類此因遭遇水流偏航的現象也突顯出「偏流角」（Drift angle）對船舶操縱的影響。因而當航行過程中遇有必須通過狹窄水道或堤口的情況下，操船者務必預爲試算本船在某一角度的偏流角下，所產生的船體斜航現象究竟會讓船體橫向偏出（位移）既定航跡線多少距離，以作爲操船的依據，並避免因船體斜航過度觸及淺灘或堤岸（參閱圖 8.7）。

事實上，相對於航海領域所稱的偏流角，航空界則將飛機航向與對地軌跡間的角度取名爲「蟹行角（Crab angle/Side-slip angle）」，以「蟹行（Crabbing）」橫著走來形容偏流角現象也是蠻貼切的（參閱圖 8.8）。雖兩者都在形容實際運動方向與計畫航向的差異現象，但航海的偏流角主要起因於風與水流的影響，航空的偏流角則多因氣流與地形風引起（參閱

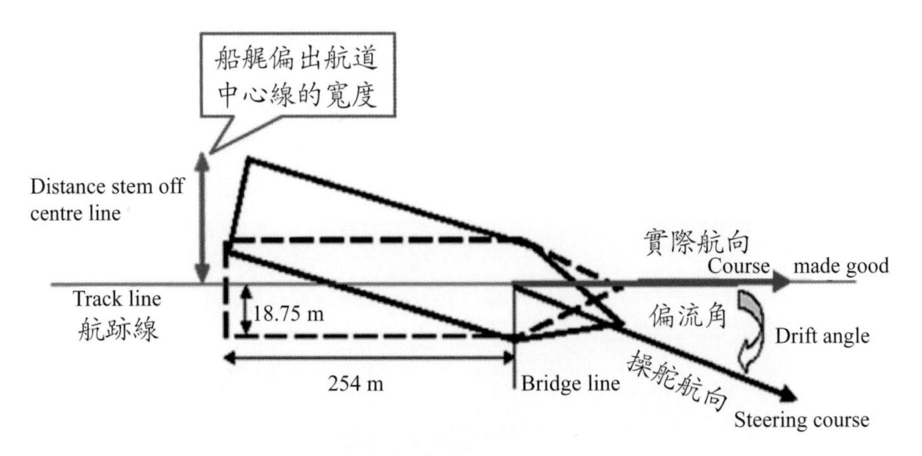

圖 8.7　偏流角與船體斜航關係示意圖

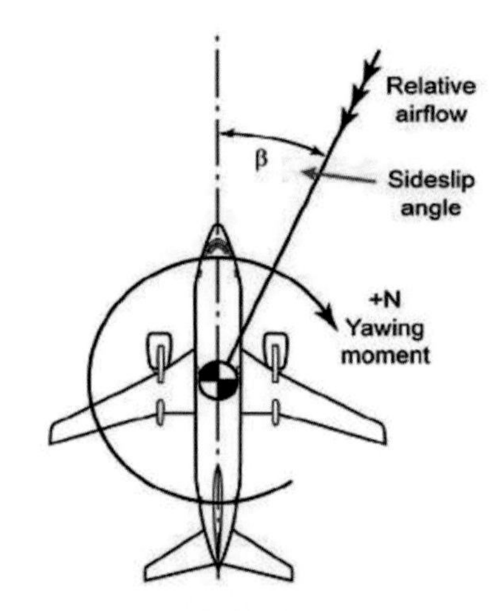

圖 8.8　航空領域的偏流（蟹行）角概念

圖 8.9）。兩者都與「橫向（風、流）力元素」（Crosswind/Crosscurrent component），以及船或飛機的「速度」有關，也就是船舶或飛機的速度愈慢受此橫向力的影響愈大，當然船體或機體的偏航也就愈大。

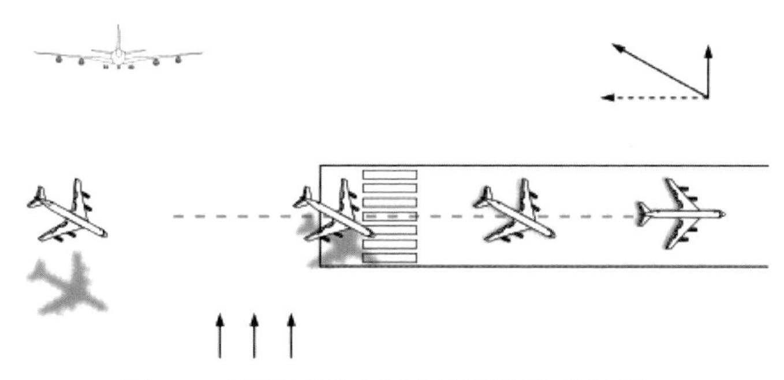

圖 8.9　飛機受橫向風力影響產生蟹行角

之所以在此提出航海界往昔幾乎不使用的「蟹行角」一詞，乃是近兩年頻頻引領大型郵輪進出基隆港，歐美船長作抵港資訊交換或航前簡報（Arrival MPX/Pre-departure briefing）時常會強調進出潮流湍急的基隆港可能產生的「蟹行角」，要求駕駛臺團隊成員注意此現象及備妥因應腹案。

另一案例為 2017 年某船在清晨引水人登船後準備進港。引水人來到駕駛臺後隨即交換一般航行訊息，並向船長出示 MPX 表格（Master-pilot exchange form）。此時該船使用手操舵（Hand steering），當值駕駛員忙於測繪船位，船長則立於俥鐘旁協助。由於無出港船，船長與引水人在船舶前進情況下繼續討論引航細節。

在稍後的 35 分鐘，引航作業完全依據航行計畫進行。然而當船舶離開深水航道後，引水人卻將船引領到該船海圖上的計畫航路，以及他自己在 MPX 表格上的計畫航路的東側。

過程中，駕駛臺團隊成員從未質疑引水人為何要偏離計畫航路。當船舶趨近內港堤口時船速仍超過 14 節。此時引水人開始擔憂在二艘港勤拖船未就位前該船就會抵達堤口。經過無線電與一艘拖船船長連絡後，確認另一艘拖船無法準時抵達，引水人遂決定讓該船停在航道南方的外海等候第二艘拖船抵達後再行進入航道，因而將船駛入右邊的 1 號浮標與 2 號燈浮之間。幾分鐘後船長告知引水人龍骨下水深（Depth under keel）只有一米。

此時引水人亦注意到水深愈來愈淺，並命令駕駛員將前俥（B/T）全速往左打。因爲當下船速約 7 節，B/T 的效果顯然不如預期。而在後續的幾分鐘，該船先是速度漸緩，繼而慢慢停止，終至擱淺在河道進口南方的沙泥底質淺灘上（Grounded on the sand and mud bottom）（參閱圖 8.10）。

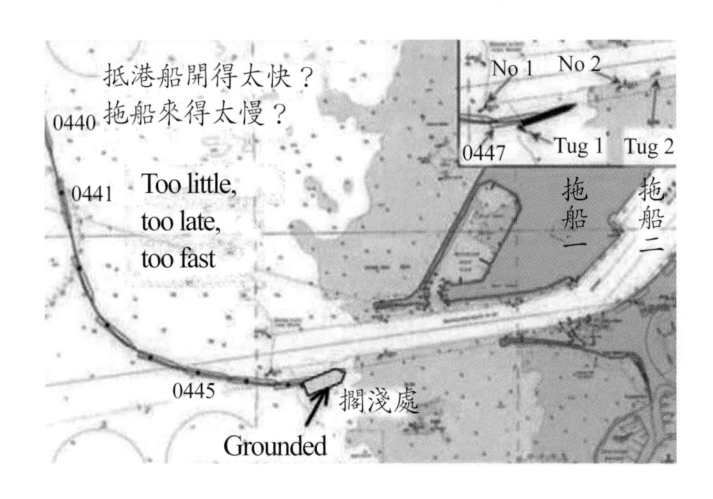

圖 8.10　等候拖船不慎擱淺的抵港船

事後的官方調查報告做出下列結論：

1. 船上未有效施行駕駛臺資源管理；駕駛臺團隊成員未主動參與引航作業，而且未有效監督船舶的進程（did not effectively monitor the ship's passage）；

2. 船長準備的「B to B」航行計畫（Berth-to-Berth passage plan）的相關資訊，被證明是不充分的。因其所呈現的訊息基本上只是一張轉向點的清單，而且未被確實遵循；

3. 引水人計畫的引航程序未包括緊急計畫（Contingency plans），如引航作業中風險認知的放棄點（Abort points）；

4. 港勤拖船會合進港船舶的程序，以及其在引航區的協調未明確定義。以本案爲例，拖船的協調不足，以及引水人與拖船船長間溝通不良導致拖船無法於預期時間就位就是。事實上，2016 年高雄港某艘從一港口進港的散裝船，亦曾發生 VTS 告知引水人拖船很快就會抵達，引水人遂大膽操船進港，事實上拖船正從二港口趕來，結果因拖船未及時抵達協助而發生碰撞碼頭的海事。

5. 船員經常將其在引航過程中本應執行並協助的工作百分百的交付引水人，而且少有提出質疑者。本案例中的引水人顯然將船帶得太快了，結果因爲拖船未按時就位，使得他被迫即興演出（Improvise），而駕駛臺團隊成員竟然只能做旁觀者（Bystander）而毫無動作。

以上案例雖與接送引水人無直接關係，但在強調一般港口或河口外都有強勁水流存在的受潮（流）水域（Current-affected waters），以及常有錨泊船在趨近港口航道或附近水域錨泊，抵港船舶務必提高警覺，尤其更應避免以慢速近距離通過錨泊船船艏。

而爲避免上述危險，抵港船舶在趨近港口，或未拋錨停俥漂流等候引水人或船席時，應：

1. 勤測船位，確保本船船位未偏離計畫航路；若發現船位偏離計劃航路，應積極動俥修正回到安全所在。

2. 操船者應注意船舶的對地航向與船速（Course and Speed made good），切勿被操舵航向（Course steered）的數值所誤導。實務上，有太多船舶趨近港口時，立於駕駛臺的操船者只見到防波堤口或港口燈塔在「船艏前方」，就自認安全無礙，實際上因爲視覺差的關係，即使船位偏離既定航路，防波堤口或港口燈塔亦仍會呈現在操船者視感上的「船艏前方」。上例中的拖船船長就是始終認爲自己是朝著港口正中央前進的，實則已因水流影響偏離既定航路。

3. 注意周遭船舶的動態與整體交通情勢。

4. 確實守聽岸台（警告）訊息傳播，確認對外聯絡管道暢通。

8.3 港區操船的特質

眾所周知，一般船舶在大海上航行除了異常天氣系統偶會造成船舶或貨載的損壞外，常受到風、浪與洋流的影響，但此等自然因素大都只會造成船舶偏航與增、減速的現象，對船舶並不會產生毀滅性的安全影響與威脅。因而只要具備基本航海知識者，大都可以克服並圓滿完成航行任務。

反之，在港區內操縱船舶所需的技術、知識、緊急因應能力與在海上航行時是有很大不同的。尤其在港內航行時船速勢必減緩，不僅船舶的自主操縱性能明顯降低，更易受外力影響，使得船舶在港區及其周邊水域發生碰撞與擱淺事故的比率相對提高。

針對此背景環境，當船舶趨近港區時，操船者應特別注意；

1. 提高警覺：大多數船長或駕駛臺團隊成員，在近岸航行時，因陸岸在望或進入港區後就心防鬆懈，此爲安全大忌；

2. 海上風險是無法全然避免的，因此一旦事故發生，指揮者務必存有使傷害減至最低，毅然停損的概念；

3. 近岸航行與進、出港屬高風險作業，應暫時排除其他次要船務作業或私人雜務專心操船；

4. 確實守聽岸台（警告）或他船的訊息傳播，確認對外聯絡管道暢通；

5. 遇有任何機具異常，應備妥因應腹案作最壞打算，並及早告知港埠管理單位與引水人本船需要之協助。而暫時拋錨等候協助，常是避免狀況惡化的妙方；

6. 沿岸航行或進、出港之任何作業都要備有緊急因應方案（Contingency plans）；

7. 無論操船者或是瞭望員，務必定時利用目視觀測周遭情境變化，不能完全低頭凝視航儀螢幕或指示器，以防航儀顯示失眞的誤導。

基本上，在港區內操船具有下列不同於大洋航行的特質（Peculiarities of Harbor Navigation）：

1. 港區水域地狹船多，故而船舶自趨近引水人登船區起，及至進入港內運轉泊靠碼頭的階段，實為船舶在整個航程中的最驚險航段（The most critical passage of the voyage）；可以理解的，此高度風險常使得操船者的心理壓力無形增高，如少數船長，在港外航行時猶怡然自得，及至船舶鄰近碼頭邊時，不是疾步左右奔走猛吸香菸，就是動輒高聲咆哮，情緒失控的樣貌。切記！冷靜專注才是操船成功的必要條件。

2. 由於船舶在港區內有引水人在船協助船長，結果促成兩位專業背景與實務經驗完全不同的陌生人隨機組合共處一船，進而合作操縱船舶；儘管各方都以船舶安全為首要考量，但可以想像的，因見解不同引發雙頭馬車（Dual leadership）的困窘場合很難完全避免，故而偶會遭遇對方不同表達方式與程度的扞格或牽制。

3. 港區操船因受地形限制，致船速勢必減緩，此不僅會使船舶的自主操縱性能明顯降低，更易使外在因素的影響加劇，因此通常需要外力協助與配合，如港勤拖船（Harbor tugs），帶纜船（Mooring boat）等。

4. 船體運動易受到地形、淺水、其他船舶、人為障礙物，如碼頭與橋梁等的限制，使得操船指令被施行後，船舶的運動態勢常不是操船者所預期者。

5. 易受他船的影響。一艘船舶對於過往船舶排水量、河岸效應以及龍骨下的最少水深等因素所產生的不同反應，皆是港內限制水域的水文特質。

具體言之，影響港區操船安全之要素，不外：

1. 外力因素；此項乃屬操船者無法控制的外力（Uncontrollable forces），包括：

(1) 風：基本上，大多數港口的港區內因具地形遮掩性，故而風力的影響通常會小於港外，但如同前述，因地形受限與運轉能力降低，相對地使風對船舶的影響加大，因此「風」常是決定港區操船平順與否的主要因素。風對操船的影響除了風力的大小與風向外，更視其施力於下列不同處所，以及船舶的受風面積（Acts on the sail area/windage of the ship）大小而異：

① 曝露的上層建築（住艙）（Exposed superstructure）；

② 船殼結構（Hull structure）；

③ 船舶停俥船艉有偏向上風的傾向（Ships tend to back into the wind）。

實務上一般皆以30節風速的作用力約等於1節水流作用力概算之。

(2) 水流：施力於船舶水下側面積（Acts on the underwater lateral area of the ship）的水流，常造成船舶的偏向與漂流（Creates set and drift）。相對於船舶在大洋上受水流作用產生偏航或增減速現象，港區內的潮流則爲影響操船的另項重要因素，因爲強勁潮流常會造成轉向困難的情況，尤其在港口防波堤端點附近，常會因堤岸兩側的水壓差產生流向與流速分布極不規則的渦流（Vertex；Eddy），使得通過該水域的船舶會產生突然偏轉（Suddenly sheer）的現象（參閱圖 8.11、8.12、8.13）。

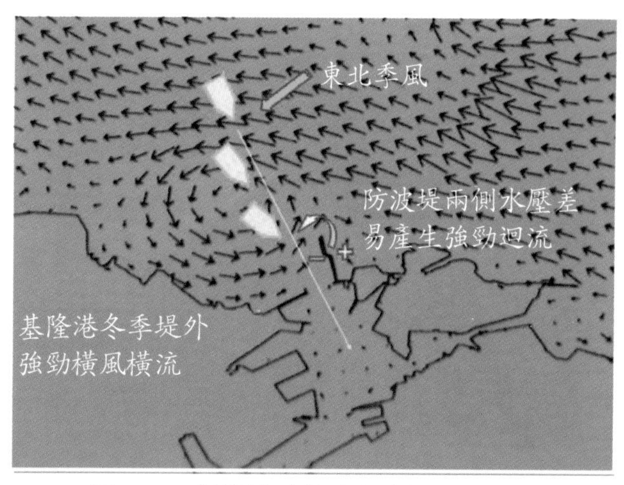

圖 8.11　基隆港外冬季強勁橫風橫流圖

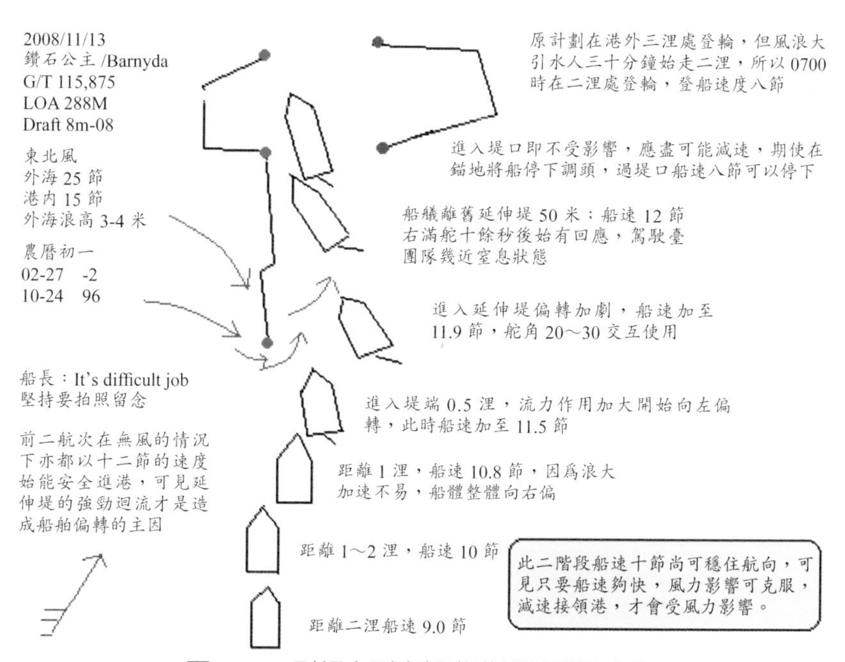

圖 8.12　引領大型客船進港偏航體驗實記

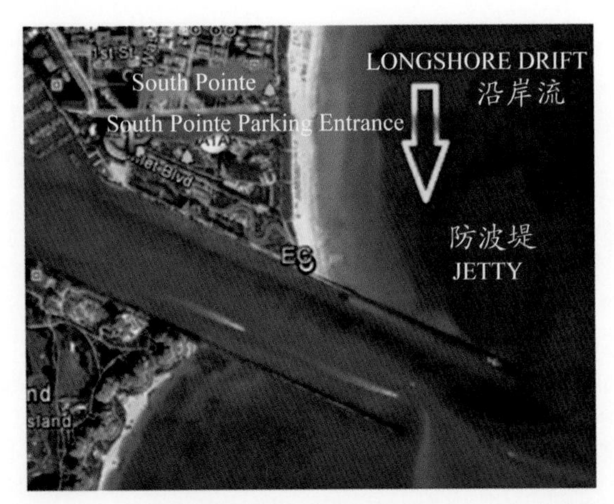

圖 8.13 美國佛州河口外受地形導引的沿岸橫流

Source: www.geocaching.com

必須強調的，風與流對操船的影響，並不僅限於港區內或大洋中，只是在港區操船過程中，船速普遍較低，甚至多處於近似靜止狀態下，故而更易受風、流的影響。尤其風對高乾舷船，如郵輪、汽車船與貨櫃船的影響最是顯著（參閱圖 8.14）。

圖 8.14 風與流對船艏向的影響變化

Source: wwww.myseatime.com

2. 操船空間：指水域寬闊度、淺水區與遮掩性。所謂「寬闊」、「水的深淺」，乃是指相對於特定水域的特定船舶的大小與吃水而言。

3. 船速：依法規限制與操船需要而定。船速基本上是操船者可以控制的要素，同一艘船舶由不同的操船者操縱，就會有不一樣的結果。謹慎的操船者會預想其當下所採取的操船措施或手段，可能會帶來的負面結果而備妥因應腹案。反之，魯莽粗率的操船匠，不知做「萬一」的最壞打算，只知「衝、衝、衝」，結果一旦遇有偶發狀況，常常難以有效因應。

4. 慣性：包括線性運動與迴旋反應。眾所周知，一艘滿載船舶以港速全速（Harbor full speed）進港，在航道上滑行一段距離後，即使利用倒俥或拖船協助，有時仍無法將船停住。通常我們都會將此現象統稱爲船舶的「慣性」（Inertia；Momentum）。「慣性」對船舶運動的影響是所有航海人員都有的常識，但也因「慣性」常在操船者無意識中漸次積聚，因而增添了高度的無預警風險。針對此潛在操船風險，操船者在船舶進入港區後對船舶的進程務必採取保留態度，及早備妥因應腹案，以免失控。

5. 本船狀況：如重載、輕載、俯仰差、受風面積、主機馬力大小；加減俥的限制、啓動空氣（Starting air）允許動俥次數、使用倒俥的限制、錨具狀況等。

6. 拖船種類、馬力的大小、拖船船長技術；儘管港勤拖船都有額定規格，但拖船的出力、施力方向、船長的技術通常都是操船者無法掌控的。因而常會出現同一艘拖船換了船長作業，就會有不一樣的成效。

7. 碼頭法線與盛行風的相對角度。可以理解的，當港口盛行風方向與碼頭船席法線呈近 90° 時，對於船舶離靠碼頭的難度都會增高，此尤以高乾舷船爲最。

8. 碼頭船席距港口的遠近。船席距港口愈遠，操船者對於船舶的運動反應愈有緩衝時間。一般最令操船者困擾的船席就屬位於堤口附近的船席，因爲港口附近流速湍急，非大俥快速難以安全進港，一旦進港卻又要急於將船停住，甚至要作大角度急轉彎，如基隆港火號澳船渠內的碼頭（西 25-33 號）即是最典型需要採「快進速停」操船方法的船席。

【註 1】動量、慣性（Momentum）
物體運動一旦產生動量，將會持續加快發展，進而導致很難停止下來。船舶運動所產生的「慣性」就是如此，一旦「慣性」產生就很難利用常規的制動力去停止她。

8.4 港區操船實務

基本上，儘管各個港口的地形與船舶操縱當下的外在環境因素不同，但船舶操縱的基本原理與應用是不變的，若一定要說成有所差異，就只能說是各港的港區作業習慣與限制或有不同，例如日本各港的高效率拖船會在大船進入堤口處迅速繫帶拖纜隨行護航，或是繫纜作業有帶纜艇（Mooring boat）協助就是。因此，必須強調的是，雖本書所舉港區操船實例，皆以筆者服務的基隆港爲例，但仍應適用於其他港口，畢竟操船的原理與原則是一樣的。

8.4.1 如何有效停船

之所以將「有效停船」列爲本節首項探討單元，除了前述某些港口因地形與水文因素迫使船舶需以較快的船速進港外，因爲絕大多數船舶抵港之首要目的就是進港裝卸貨物與上下旅客，所以「儘快」進港常是港區各相關業者的共識，故而除了趕辦各種進港手續外，就是催促引水人與船長將船「儘快」駛進港口。處此背景下，儘管所有人仍都主張安全第一的原則，但多少會影響操船者心理上既有的操船節奏，然而船舶不似汽車，每有進港容易停船難的潛在性風險。

吾人在陸上常言：「十次車禍九次快」，然在港區環境下，從往昔海事案例觀之，則可謂：「十次海事十次快」。因爲除了極少數外力影響特別大，操船者不得不採取較快船速的情況下，幾乎所有海事都是肇因於「快」，因爲「快」而導致因應無方，甚或失控。偏偏許多港口的開口走向，常與港口外的潮流漲落方向接近垂直的。類此港口，船舶進港不得不採取較快的船速始能克服橫向流壓，因而常會發生進港後無法有效停止船舶致生海事的案例。

以基隆港爲例，港口附近的潮流與進港航向幾呈九十度，漲潮流向西，落潮流向東（In the vicinity of the entrance, the tidal stream run approximately at right angle to the line of approach in the immediate vicinity of the entrance, the flood stream in Westerly direction and ebb in Easterly direction）。

如第三章所述，在船舶機具正常情況下，欲使船舶減緩船速或停止下來，除了使用主機倒俥與拋錨外，仍有許多操作技術與方法（Operational technique and methods slower approach speed）可以配合使用，如：

1. 利用滿舵進行三百六十度迴轉（Hard-over turn）；此法常運用在船舶進港過程中，因爲突發狀況、交通管制或其他原因，致臨時改變或取消進港計畫，而不得不調頭往外海方向迴轉，此一迴旋動作不僅可化解危機，當然也會減緩船速。必須強調的是，迴轉前應先觀察周遭環境，確認有無其他船舶或航行障礙物後，選擇較安全一側進行迴轉，並用無線電話告知周邊船舶本船企圖。

2. 循環用舵（Rudder cycling）；就是在水域空間允許的情況下，連續交互更迭採取左、右滿舵的操作，期以增加阻力並降低船速。如同前項，第一個滿舵究竟要採取右滿舵抑或左滿舵，端視周遭環境與危險障礙物位置而定。毫無疑問地，所採取的第一個滿舵當然要轉向較安全一側，待船艏回應舵力開始轉向明顯時，就應回舵改採另舷滿舵，直至船艏回應舵力開始明顯轉朝反向時，再繼而將舵扳至另舷滿舵。一般開始採行循環操舵時機爲船舶進入堤口減俥降速並穩舵後。經驗得知約使用左、右各四次滿舵後，船速可降至初速（Initial speed）的 50%。而當船速降至一定程度時即可配合主機倒俥將船停止（參閱圖 8.15）。必須強調的是，所謂「循環用舵」指的是「滿舵」（Hard to port/Starboard），因爲只有使用滿舵才會有阻力效果。記得曾有某船撞擊碼頭後，海事調查發現船長稱其在撞擊碼頭前曾使用「循環用舵」，但經詢問後發現該船長所採用的最大左、右舵角僅有 20°。似此，舵板阻力當會不及滿舵狀態，減速效用亦隨之降低。

Rudder Cycling 循環用舵法
左滿舵 Hard to Port
Initial Course 起始航向
半速前進 Half Ahead
Initial Course -20 Deg 起始航向 -20º
右滿舵 Hard to Starboard
Initial Course -40 Deg 起始航向 -40º
慢速前進 Slow Ahead
Maximum overswing 最大偏向
左滿舵 Hard to Port
Initial Course 起始航向
微速前進 Dead Slow Ahead
Maximum overswing 最大偏向
右滿舵 Hard to Starboard
全速倒俥 Full Astern
Initial Course 起始航向
停俥 Stop Engine
Ship Stopped in water 船舶靜止

圖 8.15 利用循環滿舵配合主機停船

3. 利用拖船的協助（Tug assistance）；若為停船目的，通常都會在船舶進入港口前或進港後迅即將拖船繫帶於正船艉（Center lead aft），此拖船一般稱為「制動（煞俥）拖船」（Braking tug）。事實上，此一繫帶在正船艉的拖船，除了可以提供制動力外，更可以藉由其左、右向移動改變施力方向，協助被服務船改變艏向，故而此拖船亦可稱為「操舵拖船」（Rudder tug）（參閱 8.16）。

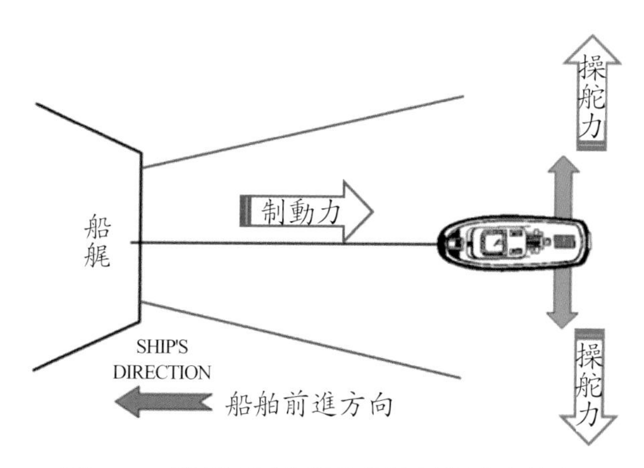

圖 8.16　利用正船艉帶拖船協助制動與轉向

至於「傍靠拖船」（Alongside tug），顧名思義就是指前後繫帶拖纜，橫靠緊貼在被服務船舶舷邊的拖船。此一作業方式多用於歐、美國家，國內港口少有採用。此一繫帶方式，不僅可用於增加被服務船的前進力，亦可協助「煞俥」制動，當然亦可協助轉向。最主要的是，此一繫帶方式可減少拖船作業水域，並且因為未繫帶較長的拖纜，所以能夠即時反應操船者的指令，減少拖輪效能提供上的延遲（參閱 8.17）。

除了上述方法，由於科技發達，船舶機具大幅精進，所以年輕一代海員相對地較少使用錨具。需知前輩們一再叮嚀：「錨為窮人們的拖船」（Anchor is poor man's tug），可見正確使用錨具的重要性與經濟性。

圖 8.17　橫靠緊貼在被服務船舶舷邊的「傍靠拖船」

毫無疑問的，在正常情況下所有海員都能順利拋錨，但在船舶快速進港後，欲在極短時間與距離內利用拋錨「有效停船」，則需特殊的操作方法。因爲此種情況下，操船者要的是制動力（Braking power），也就是需要利用錨具在海底滾動所產生的阻力，而非利用錨爪抓地所產生的抓著力（Holding power）。因此有別於正常情況下的拋錨法，此時若欲「有效停船」務必要拋出雙錨，也就是在進港前就要部署兩組船員分站於船艏左右兩部錨機的操控位置。一經進入港口後，在減速的同時，即下令其中一組拋出左或右錨，而且錨鏈不能鬆出過長，以防錨爪抓入海底，因爲此時吾人只需要錨在海底滾動「拖泥帶水」，一般鬆鏈長度只要一節甲板至一節下水（One shackle on deck-One shackle in water）即可。直至錨機刹俥片（Braking lining）非常吃力，甚至發出燒焦異味時，應即稍鬆刹俥旋即再絞緊，以防刹俥片燒焦，進而無法產生有效制動力。此時應命令另組船員拋出另舷艏錨，同樣地鬆出短鏈後絞緊錨機刹俥片讓錨拖地滾動。直至此一後拋錨具極端吃力時，再度鬆出先前拋出錨的錨鏈，同樣也是再鬆出一節左右的短鏈。如此利用左、右艏錨交替輪流刹緊、鬆短鏈的拋錨法，大約兩錨各放出八至九節（Shackles）時，就能將初速八至九節（Knots）的萬噸級船舶在一千公尺的距離內有效停船。筆者任職二十年引水人有幾次採用此法，但多因事出突然船員配合度不是很理想，故而都是險狀萬分，認眞言之，只歷練過一、二次上述眞正成功拋錨制動的經驗。這當然與部署在船艏的船員之經驗與配合度有關。

或有論者擔心採用上述左、右錨更迭制動的方法，在拋出第一個錨時，會讓船舶產生向拋錨側偏轉的趨勢。事實上，從經驗上得知不會發生類似現象，因爲此種情況下，船速夠快而且只鬆出一節短鏈即剎住，所以不會對船艏產生太大牽引力。

其次，不能一次拋錨即鬆出所有錨鏈的理由在於，當大型船舶以八至九節速度衝進港時，一旦錨鏈未剎俾任其自由鬆出，則躺臥於海底的錨很容易因船舶快速前進而受力崁入海底，及至錨鏈全部鬆出後，仍未有效停船，使得鬆出的錨鏈承受過度負荷，常會造成最後一只錨鏈環自焊接於錨鏈艙壁（Bulkhead of Chain locker）上的「錨鏈固定端」（Bitter end of chain）處斷裂脫出（參閱圖 8.18）。可見一次鬆出長鏈的結果不僅未能效停船，更易平白損失艏錨與整條錨鏈。尤其未有效停船的後果通常是帶來更大的撞擊事故。

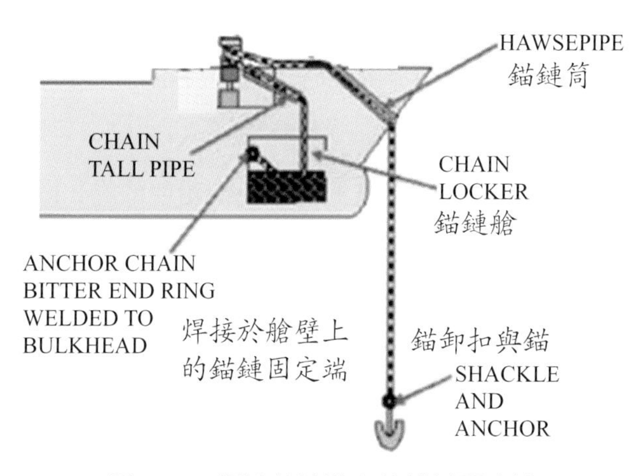

圖 8.18　焊接於艙壁上的錨鏈固定端

8.4.2 速度控制

如同上述，大多數港口的出港船舶只要備妥航行計畫，船舶機具運轉正常，大都可以安全出港。反之，船舶進港的難度相對較高，因爲仍有許多地理或水文條件較差的港口，進港船舶如不採取較快的速度就無法克服外力安全進港，而一旦進港後就要在最短的時間與距離內將船停住。

必須強調的是，以上「快進速停」的操作，只是進港的關鍵航段，至於安全進港後的操作就必須儘速回歸「能使船舶停止前進」的「安全速度」規範。

船舶航行於港區內除非有「安全」上的顧慮甚或威脅，否則就應緩輪慢駛。保持緩輪慢駛的原因在於：

1. 相對增加偶發事件的因應餘裕。至於要緩輪慢駛至何種程度，乃依特定船舶在特定環境下的狀況而定，例如船舶的大小、吃水、受風面積、主機倒俥馬力的強弱等。

2. 設若不幸發生撞船或撞岸事故，緩輪狀態下的事故後果與損壞程度亦會相對降低；依據經驗値得知，萬噸級貨櫃船只要以四節以上（含）船速撞擊碼頭，通常船殼都會破裂。反之，若以二節以下的速度撞上碼頭，通常只會造成船殼凹陷，這也是謹愼的操船者在進入港區後都會儘速減緩船速，及至目視可及欲泊靠碼頭時，就要將趨近速度降至二節，以免因突發事故造成重創。

3. 避免因船速過快所產生的波浪，傷及他船或他物，間接的發生「浪損」（Wash damage）（參閱圖 8.19）。

以英國的 Cowes Harbour 爲例，港口管理委員會即針對「浪損」發出警告：「提醒並要求所有港口使用者，隨時都要以安全速度航行，並不能產生跡流或波浪致妨害其他港口（河道）使用者（All harbour users are reminded of the requirement to, at all times, proceed at a safe speed and

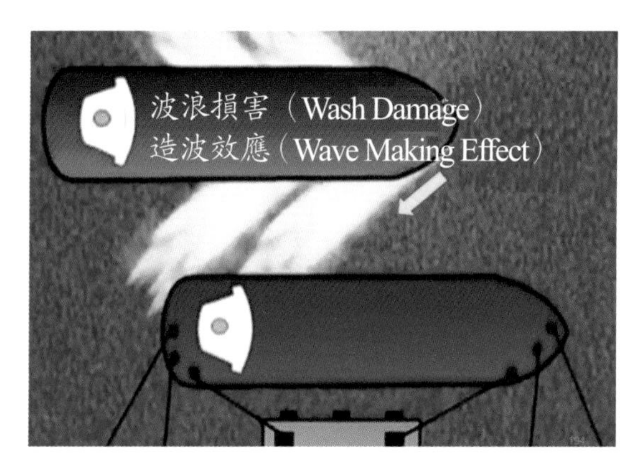

圖 8.19　港區船速過快引發波浪損害

not to produce wake or wash that could cause a nuisance to other harbor/river users）。本港不僅供船舶與舾裝完備的小艇使用，亦常有小艇（Tenders）及舢舨（Dinghies）川航。而此等小船的乾舷甚低，很容易被（大船興起的跡流或波浪）淹沒。相信您不會想爲一個在小艇上的家庭的沉沒負責任…」。

「浪損」造成他船或貨物的損壞，或還可由保險公司善後理賠，然一旦涉及人命傷亡，就會讓單純的損壞事故變成既需面對無止無盡的民事訴訟，更要背負刑事責任的重大案件，焉能不謹愼面對。

8.4.3　船體迴轉

從安全運轉的角度來看，船舶在港區操作最重要的是如何在危險來臨之前將船停止下來。其次，港區操船過程中最關鍵的操作就是在船舶離、靠碼頭時無可避免的「調頭」（Turning）。因爲「調頭」過程中發生事故的比例僅次於衍生自與速度相關的事故，故而「調頭」迴轉常令操船者神經緊張，尤其船舶在迴轉過程中，因爲船艏向持續轉動，操船者通常會將大部分注意力集中在「迴轉」上，而未察覺出由各種因素所造成的緩慢縱向運動。此在水域廣闊處或無危險，然而若在水域受限之處則很容易發生觸撞他船或外物的事故。

港區進行船舶「調頭」，較爲安全的作法是讓船體處於靜止狀態下，也就是不要存有縱向運動時進行。但事實上，船舶在港區內迴轉過程中，除了如風、流等不可控制的外力外，最有可能促使船舶產生縱向運動或位移的情況，就是協助推頂或拖曳船舶調頭的拖船的施力方向。因此操船者應隨時注意船體是否產生縱向運動，一旦發現船舶有縱向運動產生，應立即動俥制止，或下令拖船改變施力方向。實務上，觀察迴轉中船舶是否有縱向運動的方法，不外：

1. 觀察側向疊標（Range）變化：操船者定點立於駕駛臺翼側隨機挑選二處正横向的遠方目標或岸標作爲觀測基準。不容否認的，觀察迴轉中的船舶是否有縱向運動，難度高於穩舵定向時的船舶甚多。但只要仔細觀察遠近疊標相對位置的變化總是可以察覺出船舶動態。

2. 查看在船艏協助推頂調頭的拖船之排出流方向：如果推頂中的拖船的排出流朝本船船尾方向，則表示本船已有前進速度。排出流方向與本船縱向軸線所成的角度愈小，則前進速度愈快。

3. 尋求航儀的協助：基本上，當前船舶的航海儀器都能顯示縱向船速與橫向位移，如都普勒測速儀（Doppler Speed Log）即是（參閱圖 8.20）。因此操船者若無法由前二項方法判斷船舶的運動狀態，最好參考測速儀顯示數值。但不可否認的，有少數操船者會礙於顏面，而不願啓齒詢問駕駛臺團隊其他成員關於船速的資訊。其實，詢問船速乃是爲確保船舶安全，進而喚起所有團隊成員警覺意識的雙重核對（Double check），並不會因而降低其他成員對您的專業評價，何況駕駛臺團隊本就是要分工合作的。而基於安全考量，目前市場上就有許多攜帶式的小型 GPS 相關產品，足可提供操船上的參考。

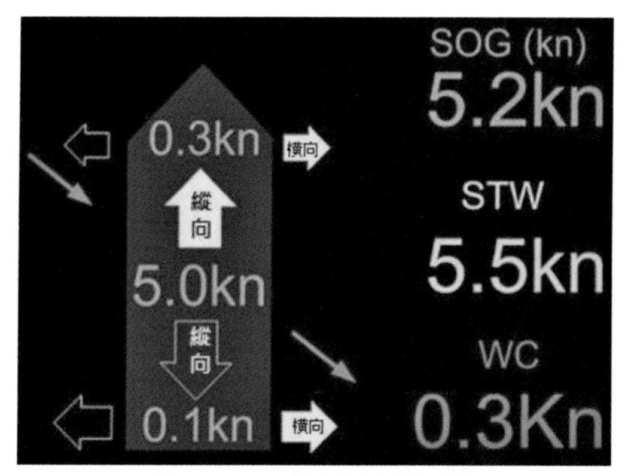

圖 8.20　都普勒測速儀

毫無疑問的，船舶在港區有限水域中迴轉調頭，操船者最擔心的應是除了船位誤入淺水區外，就是撞及他船或外物。如同前述，儘管科技發達，各式測距儀（Distance finder）陸續問世，但謹慎的船長或引水人都會請求立於艏、艉的船副回報離岸或他船距離。然或因訓練不足，許多船副都不知採用比照法來判斷距離，例如以兩個纜樁的間距（一般爲 25 公尺），或是拖輪的長度（30～40 公尺）作爲比照基準（Compare reference），因此回報至駕駛臺的距離常與實際距離相去甚遠，有時候甚至連個位數都出現了。其實，基於經濟與裝貨考量，除了當前新式巨型貨櫃船駕駛臺設置於近船舯處，以及郵輪與汽車船設置於船艏外，其餘船舶的駕駛臺多設置於近船艉處。故而當船舶在港區內迴轉時，因爲迴轉水域間的距離固定不變，蓋只要讓操船者所在一端（船艏或船艉）儘量接近岸邊或他船，則操船者只需專注於較近自己的一端，就可掌握本船與他船（或岸邊）的距離，而不用再分心擔憂遠端（船艏或船艉）的距離了，因爲近端離岸（他船）愈近，遠端距彼岸（他船）的距離就愈長，迴轉當然就沒有問題了（參閱圖 8.21、8.22）。

圖 8.21　迴轉時讓操船者所在一端儘量接近岸邊

圖 8.22　客船船艏緊咬岸際進行迴轉

最重要的是，在進行迴轉作業前應先了解本船船橋至船艏或船艉的距離，如同前述，操船者所在較短一端的距離才是吾人操船迴轉的重要參考值。依照規定所有船舶必須在領航卡（Pilot card）上明確顯示船橋至船艏與船艉距離的簡圖。另外，因操船上的需要，同時亦會在駕駛臺兩舷翼側的適當位置漆寫「船橋至船艏與船艉距離」，以供操船者參考（參閱圖

8.23）。

基本上，每艘船舶的領航卡內容大同小異，但少數謹慎的船長會要求將所有與運轉相關的數值資料列入卡內，並置於舷側操縱臺供引水人參考（參閱圖 8.24）。

圖 8.23　客船標示的「船橋至船艏與船艉距離」

【註】上述標示中「駕駛臺至船艏」的距離應爲 45.0m/147.5.feet。

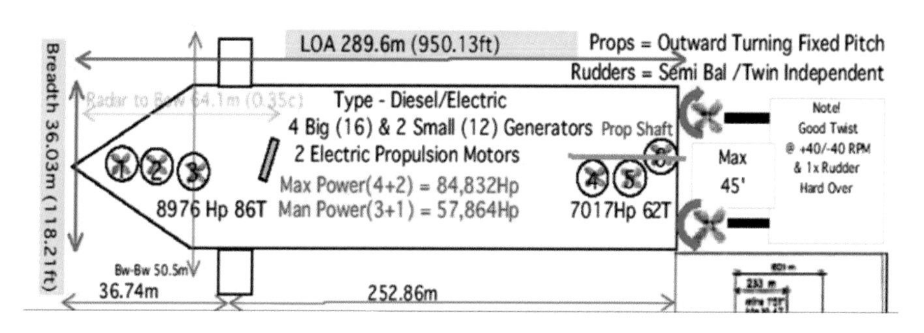

圖 8.24　黃金公主郵輪的操船相關細目

其次，船舶在迴轉過程中亦可利用觀察船艏或船艉橫向推進器的排出流，或是倒車時的俥葉流，得知艏、艉的概略位置，並據以判斷船舶的離岸距離（參閱圖 8.25、8.26）。

圖 8.25　利用 B/T 排出流判斷船艏位置

圖 8.26　利用 S/T 排出流判斷船艉位置

再者，在無風無流情況下，如船舶噸位不大時，船舶在港內迴轉調頭當然可以運用本船的俥、舵，以及俥葉的橫向推力作自力調頭（參閱圖 8.27）。當然亦可藉由拋短錨的配合，縮短調頭時間。但此等操作僅限較小型船舶，未配置 B/T 的大型船舶在港區內調頭還是要雇用拖船協助較為安全。

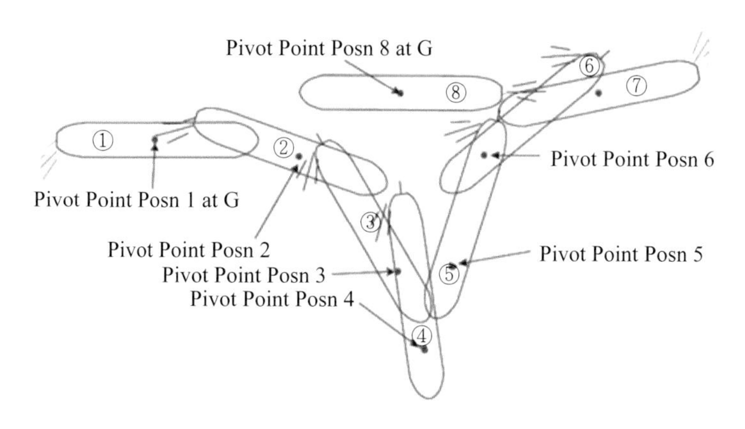

圖 8.27　船舶原地自力調頭示意圖

基本上，未配置 B/T 的稍大型船舶，在港區內若僅欲依賴俥、舵或是拋短鏈錨進行調頭，通常都有相當難度。此時只有雇用港勤拖船協助。若不離、靠碼頭，僅是單純調頭，一般僅雇用一艘拖船即可。因爲國內港口拖船所提供的協助，不是推頂就是帶纜拖拉，因此所雇用的拖船究竟要推頂或拖拉（Pushing or Pulling）？以及部署的位置，都會影響到迴轉的成效，操船者應特別注意。基本上，在船舶迴轉過程中欲取得最大的拖船效益，應將拖船置於下風推頂，以圖 8.28 爲例，位置「1」：拖船在上風舷推頂船艏；位置「2」：拖船在下風舷拖拉船艏；位置「3」：拖船在船艉上風舷拖拉；位置「4」：拖船在船艉下風舷推頂。顯然，位置 4 最具迴轉效率，因爲其在船艉將船體推向上風的同時，風壓會以拖船的施力點作支點，將船艏段推向下風，如此兩力形成方向相反的迴轉力矩，而且船位不會像位置「1」與位置「2」一樣地整體被推（拉）向下風側。至於位置「3」的部署位置雖亦有助於迴轉，但因其採繫帶拖纜拖拉方式，必須顧慮到拖纜的強度負荷，拖船船長通常不願意全力拖拉，故而效能就會相對降低。因此，使用拖船協助調頭時務必堅守「拖船配置在下風舷推頂」的原則。

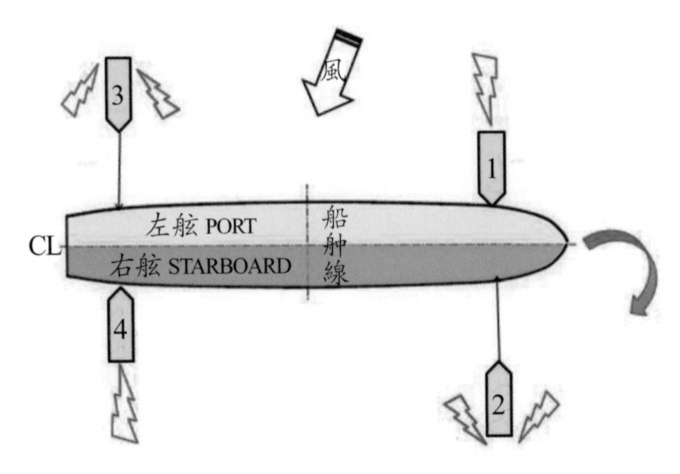

圖 8.28 拖船協助船舶調頭示意圖

至於利用拖船推頂協助調頭迴轉，如欲獲致有效推頂，應命拖船儘量接近艏、艉端施力（Tug nudging the bow/rear），如此才能因力臂較長而產生較大的迴轉力矩。但有些船舶因為結構考量，只能在船殼標示有「Tug」的位置推頂，以免傷及船殼（參閱圖 8.29）。

最後，談及船舶在碼頭邊的調頭操作。船舶泊靠碼頭無論左靠或右靠，終需面臨調頭的操作，不同的只是究竟要在靠泊前或是離泊時進行調頭而已。如果大型船舶利用兩艘拖船協助或配合 B/T 使用，無論泊靠與調

圖 8.29 拖船置於端點施力始能有效推頂

頭的操作難度都不高。難度較高的反而是長度一百多米，總噸位八、九千噸，且未配置 B/T 的重載雜貨船。因為類似船舶在我國商港傳統習慣上，除非有特殊狀況，否則在航商的成本壓力下通常只雇用一艘拖船協助。在此情況下只有考慮拖船與舵的聯合運用，如果水域受限可能要考慮使用艏錨配合操作。以下特舉基隆港西 21 號碼頭（長度 236 米）為例：

某艘未配置 B/T，長度 108 米長的液化船欲左靠位於船渠內端的橫向碼頭，即船舶進入渠內必須向右轉向 90 度（參閱圖 8.30）。依據基隆港多年操船的經驗與習慣，基本上使用一艘拖船帶在右船艏，如此船艏就藉由拖船的推頂或拖拉控制，船艉則利主機的進、退俥與舵的配合使用，讓船體緩慢向碼頭進靠（參閱圖 8.31）。

為考慮開船方便，一般在靠泊時會拋下開錨，亦即將船舶駛至對正船渠中央處，再緩輪前進，及至船艏離碼頭超過一個船長約 20 米距離處拋下開錨，再利用拖船邊推頂船艏邊鬆錨鍊，船艉則利用俥與舵的配合，將船體整體向左橫向貼靠碼頭（參閱圖 8.32）。似此，開船時船艏只要利用

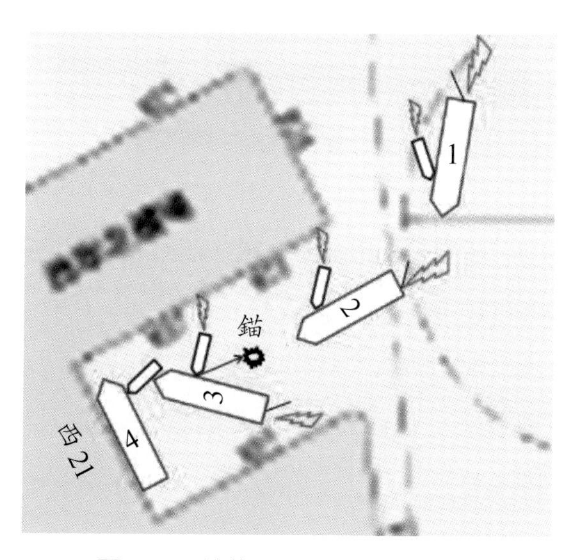

圖 8.30　泊靠西 21 號碼頭示意圖

圖 8.31 拖船帶在右船艏推頂；船艉利用俥舵控制

圖 8.32 船舶完成左靠碼頭

絞錨就可離開碼頭，船艉則利用拖船拖離。及至船艏轉向渠外時就可將錨完全絞起向船渠外行駛。

至於操船水域受限的船渠或狹窄水道內的直線碼頭，如同上例的同型船，因爲無法就地調頭，所以必須船艏繫帶拖纜，船艉利用俥、舵的配合進行泊靠（參閱圖 8.33）。

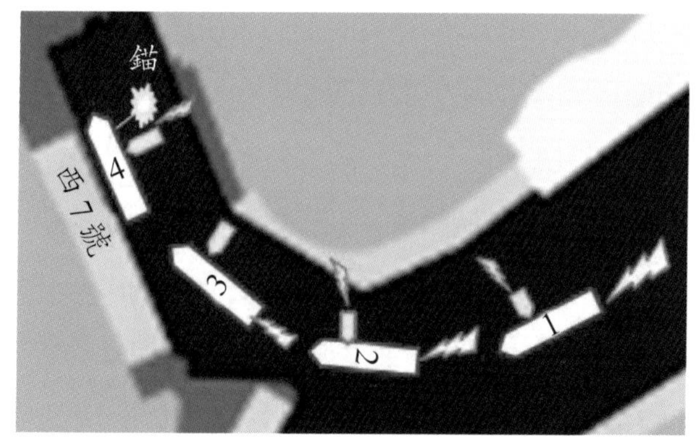

圖 8.33　船艏繫帶拖纜船艉利用俥舵進靠碼頭

相同地，爲考慮開船方便，在泊靠時應拋下開錨，否則開船時只要船艉拖船在正船艉朝外朝後拖拉時，船艏勢必偏向岸際進而觸碰碼頭。如泊靠時有拋錨，則開船時只要絞緊船艏錨鏈，船艏就可避免偏轉觸碰碼頭，繼則利用拖船的拖拉配合倒俥，拖短錨退出船渠。及至船艏離開船渠口後，就可將錨完全絞起，解掉拖纜動俥轉向前行（參閱圖 8.34）。

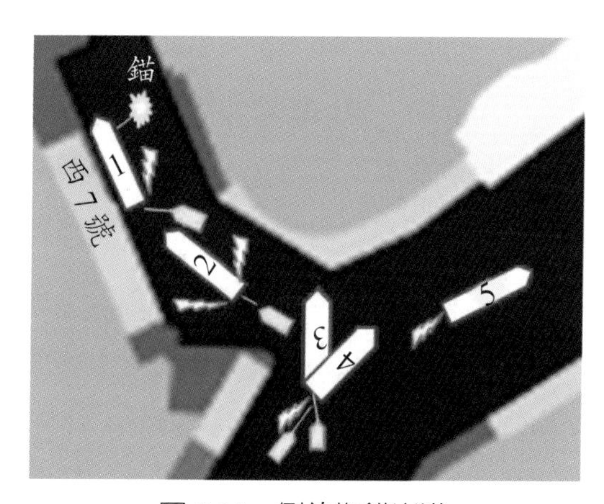

圖 8.34　倒俥拖錨出港

必須強調的是，使用此法最重要的是必須慎選拋錨點的位置，理想的拋錨位置是當船舶駕駛臺前進至與碼頭船席標誌點（旗）（Bridge mark）正橫（Abeam），而且船艏距碼頭法線二個船寬或以上時才可下錨。因爲如果拋錨點距離碼頭少於二個船寬，則一旦船艉拖船拖拉時，會因爲先前拋下的開錨欠缺橫向拉（分）力，船艏依舊會偏轉觸岸。至於太早或太遲拋錨，則起錨時船體會產生縱向移動的分力，恐會與繫泊於前後碼頭的他船觸碰。類此將錨拋得過近於碼頭的作法，實務上吾人謔稱爲「夭壽碇（錨）」。因爲類似拋短錨或過早拋錨的作法會給不知情的開船引水人帶來相當困擾，即絞錨時不僅無法拉開船艏，更會產生船體縱向運動。實際上，無論碼頭的地形與走向如何，只要想藉由拋錨調頭，就必須將錨拋於距離碼頭至少二個船寬處，如果風力強勁時應拋於更遠處，唯有如此才能讓開錨產生作用。

再者，若在水域幅度受限處欲令船舶調頭，就需避免讓船舶產生縱向運動。以基隆港東岸貨櫃碼頭爲例，假設無風無流的情況，欲讓長度 290 米的貨櫃船在寬度 380 米的航道調頭，首先就是不能動俥，要耐心地利用 B/T 與拖船的配合，或是雇用二艘拖船將船體平行拉離碼頭，尤其船艉務必拉出至比「駕駛臺到船艉距離」更遠處。不能動俥的原因就是要避免產生縱向運動，因爲如果船體沒有縱向運動，只要將船體整體平行拉出至比「駕駛臺到船艉距離」更遠處，再進行迴轉調頭，就不會有船艉觸碰碼頭的可能。可見掌握「駕駛臺到船艉距離」對操船者重要性。職場上常見欠缺耐心的操船者在拖船尚未將船體拉出足夠距離，就開始解拖纜利用滿舵 Kick 扭轉船艉離岸，此一操作不僅產生的扭轉力有限，反而增添許多縱向前進分力，結果稍後勢必要被迫使用倒俥停船，此時不僅船位難以掌握，更可能因倒俥無法順利啓動而生碰撞風險。

適當的作法就是先令船艉拖船與 B/T 將船拉出，及至船體整體被拉出至比「駕駛臺到船艉距離」更遠處，再令位於船艉的拖船解纜至左船艏推頂調頭。其實，拖船解纜後直接就近在右船艉推頂，亦可產生迴轉效能，只不過拖船在右船艉推頂的結果，會造成大船在迴轉的同時，船體會整體往推頂方向偏移，因此船艉的迴轉間距每會過於接近繫泊於前方的他船。反之，若令拖船至左船艏推頂則不會產生船體整體位移的現象，也就是船艉部可保持於本船原本繫泊船席長度的範圍內，進行定點迴轉。（參閱圖 8.35）。

圖 8.35　船艉拖船解纜改至左船艏推頂調頭

8.4.4 迴轉支點（Pivoting Point/Center, PP）與力矩

眾所周知，船舶的迴轉支點位置會隨著船舶的運動狀態在船體縱向線（Longitudinal centerline）上產生位移，亦即除了船舶靜止不動時，迴轉支點會位於近船體中點處外，只要船舶有運動趨勢，迴轉支點就會移動。而迴轉支點的移動就會連帶影響到「力臂」（Arm of force）與「力矩」（Moment）的變化。此「力臂」、「力矩」即早期前輩們所言之「槓桿」。其不僅關係到行進中船舶的迴轉運動，更影響到船舶在港區內離、靠碼頭過程中的移動態勢（參閱圖 8.36）。

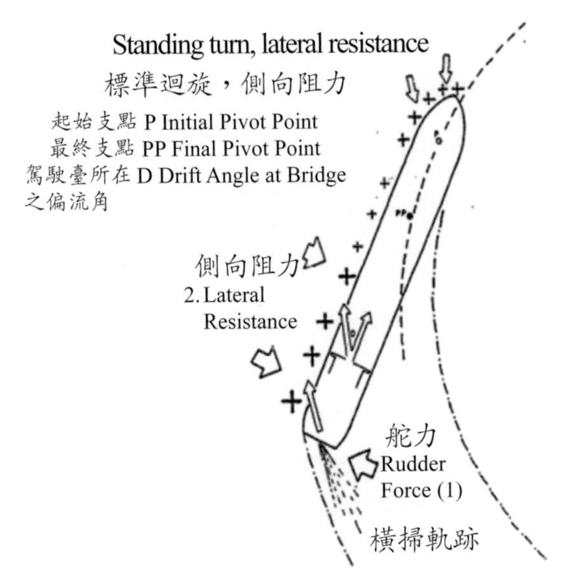

圖 8.36　迴轉支點位置隨著船舶運動變化

可以預期的，船舶進入港區後，在離、靠碼頭的過程中進進退退在所難免，因而迴轉支點的位置也就忽前忽後。儘管船舶在港區內的船速不會太快，但也因爲港區水域有限，故而迴轉支點稍有變動就會對船舶的運動態勢產生明顯影響，當然也會有不一樣的結果。基本上，在港區操船領域中，操船者需要考慮迴轉支點變動所帶來影響的情境，不外：

1. 船舶作靜態調頭迴轉；此時迴轉支點位於近舯點處，因而前後的力臂亦近乎相等，只要艏、艉的施力相等，船舶大概就可在原地以舯點爲圓心，船長爲直徑的圓圈內完成迴轉。

2. 船舶在動態中進行調頭迴轉；如同上述，動態中的船舶，其迴轉支點會前後移動，結果造成支點前後的力臂不同，以圖 8.37 爲例，原本在兩艘施力相同的拖船協助下，欲做橫向移動的船舶，常會朝艉拖船施力相反方向迴轉。往昔許多海事案例，就是因爲類似船體前後力臂相差太大，致使船舶突然偏轉失控而造成的。此時應調整艏、艉拖船的施力，也

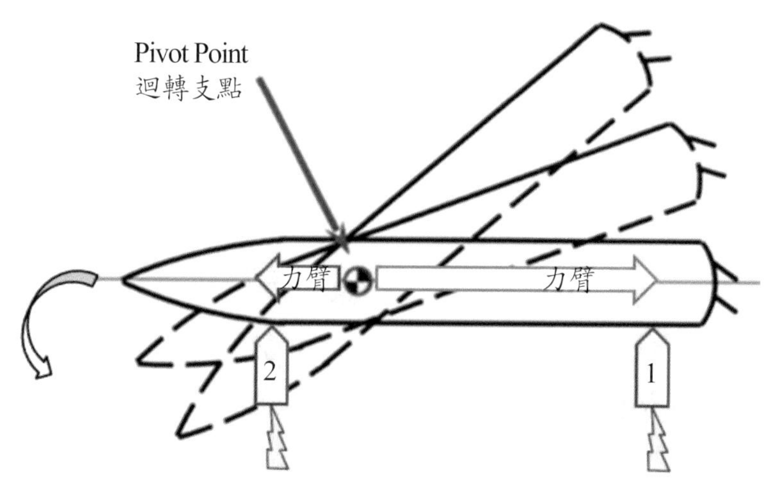

圖 8.37　力臂差異產生船艏偏轉

就是艏拖的施力要大於艉拖，及至二者施力產生的力矩相同時，船舶才有可能做水平橫向移動。

3. 船舶作大幅度轉向時；駕駛臺位於船艏的船型，如汽車船或郵輪，因轉向時船艏缺少操船參考基準，加諸迴轉支點位於近船艏處，因而常低估了船艉的橫甩速度與幅度，結果常造成「頭過身不過」，船艉觸碰他船或岸邊的後果（參閱圖 8.38、8.39、8.40）。

圖 8.38　郵輪迴轉時船艉觸撞他船

Source:www.dailymail.co.uk

圖 8.39　郵輪迴轉時船艉觸撞突堤

Source: forum.gcaptain.com

圖 8.40　汽車船駕駛臺位於船艏甩艉幅度大

4. 在港區航道進行轉向時，爲確保轉向後能夠將船位置於新航向線上，操船者在轉向時務必預估 PP 的位置，並以之作爲轉向依據，切勿過早轉向，以免轉向後距離新航向線過遠，當然過遲轉向亦會偏離新航向線。而要掌握此一操作技術最好先知道本船的轉向延遲距離（Advance），否則只能靠調整俥速與舵角達致之。

8.4.5 大角度轉向（Large turning）

某些港口受地形限制，進出港口或離靠碼頭時，可能面臨大角度轉向的考驗。此通常發生在碼頭法線的走向與進出港主要航道的方向接近垂直的狀況，故而船舶在離、靠碼頭過程中勢必要經過大角度的轉向操作。尤其是碼頭的所在位置座落於港口附近，港口外又有湍急的橫向潮流（Cross tidal current），則船舶若不加速無法順利進港，然一旦加速進港，又恐入港後難以及時停住船舶，因此對操船者而言絕對是高難度的操作。如基隆港火號澳的各個碼頭（西 25-33 號），就屬最典型在操船上需要「速進、急停、轉大彎」操作的例子。

如同前述，進港船舶爲了克服港口外的急流不得不加速進港，故而常有衝過頭的情況發生，此也導致少數自行進港的船長在進入港口後每於驚慌之際匆匆下達全速倒俥指令。一經機艙開出倒俥後，常會因俥葉的橫向推力作用推使船艏向右偏轉，導致船體打橫。船體一旦打橫後，更易遭受來自右舷的東北風影響，致船舶整體向下風漂流更快。此外，因倒俥的俥葉流係往船艏方向排出，船舵幾乎毫無效能，致使船舶失去方向性控制力，結果常會撞上西 25 號碼頭轉角處。其實，這只是一念之間，如同開車一樣，如因進港船速過快衝過頭，只要一邊減速一邊往港內航道或空曠處滑行，及至稍後利用主機倒俥、拖船協助或拋錨制動將船舶停止下來，再行調頭將船駛回船席所在就好。此即所謂「以空間換取時間」，勿需冒著讓船舶失去控制的風險，在快速前進情況下急於在船席外一定要將船停住。

面對此等需要大角度轉向的碼頭，操船者必須調整常態操船運作，否則恐將發生海事。今以東北季風盛行期泊靠基隆港西 25 號碼頭爲例說明（參閱圖 8.41）：

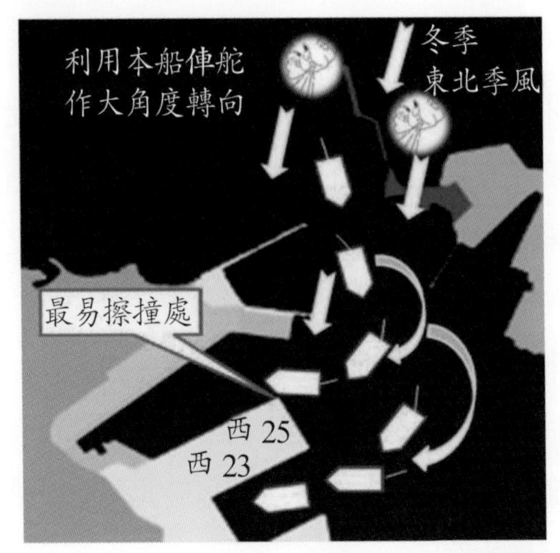

圖 8.41　利用本船俥、舵操船作大角度轉向

假使操船者無視東北風的影響，採取一般常態作法，即利用本船的俥、舵操船進行大角度轉向駛入船渠，勢將產生下列負面效應：

1. 利用右舵轉向，將使船艉向用舵的反向偏轉，也就是偏向左（下風）舷；

2. 行進中的船舶 PP 在前，一旦船舶轉向後船體正橫受風，因 PP 後方的力臂較長，故而將使艉部更易被吹向下風舷；

3. 利用進俥將船駛入渠內，完成轉向後常因船速過快，而不得不使用倒俥減速，則倒俥時俥葉反轉產生的橫向推力將推使艉向左舷（下風）偏移；

上述三項同時促使船艉偏向下風的作用，常會造成船舶擦撞船渠入口南側的轉角處。而該轉角亦成為基隆港出事率最高的風險所在。

相同的，也是位於船渠內的基隆港西 23 號碼頭，亦有類似操船上的陷阱。此型碼頭如果靠本船的俥、舵自力操船進行大角度轉向，船體將偏離欲靠泊的碼頭更遠。原因與前述靠泊西 25 碼頭的情形一樣。

類此需要大角度轉向始能趨近的碼頭，正確的安全操作應是先把船舶在渠口稍上風處穩舵（Steady）停俥後，再開始使用倒俥，以便在倒俥減速的同時，藉由俥葉的橫向推力作用讓船艏產生向右偏轉的趨勢，同時再利用拖船推頂左船艏轉向入渠（參閱圖 8.42）。使用此法的好處在於可避免船舶進入船渠後速度太快，否則一旦遇有偶發事件或倒俥無法啓動就毫無因應空間與時間。

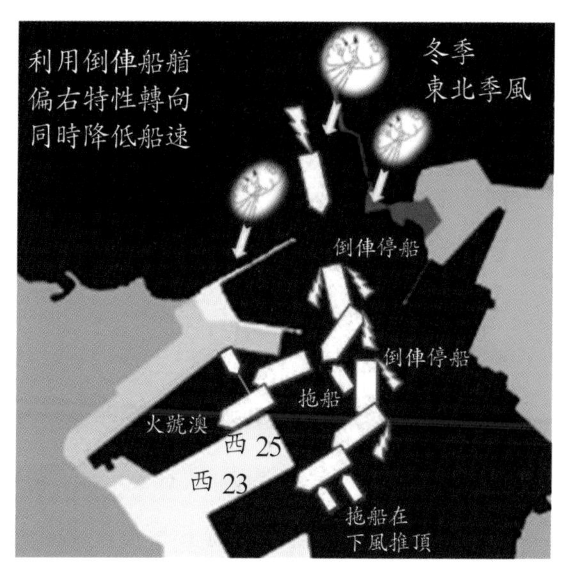

圖 8.42　先把船停住，再用拖船推頂轉向

反之，如果吹西南一南一東南風時，就需將船舶駛至相對於船席法線的稍南方處停住。此時配置有 B/T 的船舶，可雇用一艘拖船協助，並將拖船佈署於右舷船艉，以便將船艉推向上風，而船艏部分可利用 B/T 保持與碼頭的相對態勢，及至船艉推至上風距碼頭相當距離處，再命令在下風推頂的拖船改至左船艉（上風舷）繫帶拖纜（參閱圖 8.43）。如果是未配置 B/T 的船舶，則應雇用二艘拖船，一艘先在左船艏繫帶拖船，另艘拖船則如同上述先在右艉推頂，繼而改在左船艉繫帶拖纜再趨近碼頭泊靠。

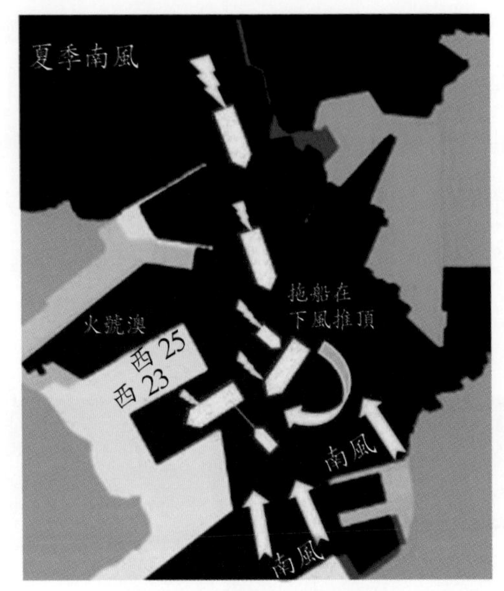

圖 8.43　船艉拖船先在下風推頂再至上風拖拉

8.4.6 橫向推進器（Lateral Thruster）

眾所周知，許多新式船舶都配置有「橫向推進器」，而「橫向推進器」包括「船艏橫向推進器」（Bow Thruster, B/T）與「船艉橫向推進器」（Stern thruster）。但因「船艉橫向推進器」易受俥葉排出流影響致效率欠佳，加諸船艉可藉俥、舵的運用調整態勢，故而一般船舶多僅配置「船艏橫向推進器」，也因此一般所言的「橫向推進器」多指「船艏橫向推進器」。更導致實務上在溝通聯絡中常有：「貴輪有無側推（前俥）？」的說法。

如同前節所述，B/T 的效率除受本身功率大小的影響外，更受船舶動態的影響，例如前進中的船舶如速度太快，因爲迴轉支點位於近船艏處，使得 B/T 作用的力臂相對變短，致使迴轉力矩隨著減小；反之，如船舶處於倒退動態中或前進船速極其緩慢，則因力臂較長，所產生力矩當然也變大（參閱圖 8.44）。

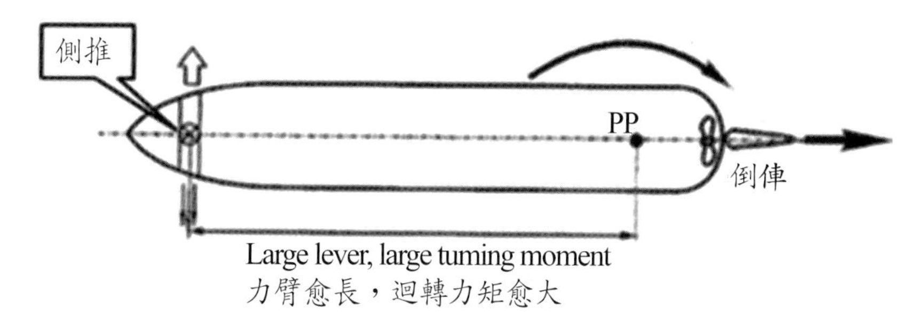

圖 8.44　力臂長短影響 B/T 的效能

實務上多數船長都會提醒引水人：「本船側推要在船速降至五節以下才有效」。事實上，很多船舶的 B/T 常常要等到船速幾近零時才能發揮效用。

因此操船者，在離、靠碼頭時，務必牢記只要船速未減緩前切勿過度企圖依賴 B/T 的功能。一般 B/T 的功率多以千瓦或馬力表示，1 馬力（1 hp）= 0.7456 千瓦（kW）。

【註 1】警示銘牌

實務上，引水人登船引領船舶時，偶會遇有少數船長基於保護船機的理念，可能會不同意引水人直接操控 B/T，同時提醒船速低於五節始能使用 B/T。為避免影響駕駛臺團隊氛圍，建議在引航卡（Pilot card）或操縱臺上備置銘牌書寫如下警示（參閱圖 8.45）：

1. 船速五節以上，請勿使用橫向推進器。
   ※「Do not use the bow thruster when ship's speed is above 5 knots.」
   ※「船速 5 ノット以上では運轉しないで下さい.」

2. 使用橫向推進器時，請緩慢加速。

※「Do not increase power drastically.」

※「Bow/Thruster を徐徐に使って下さい.」

圖 8.45 郵輪操俥台上的警示

嚴格地說，「Do not use」一詞並不精確，因爲船速超過五節，B/T 還是可以運轉的，只不過船速較快時，會因下列因素降低其效能：

1. 當船舶作前進運動時，迴轉支點（P/P）會往船艏方向移動，連帶的促使水下組力中心前移，且此阻力會隨著船速的增加而增大，並且與 B/T 的推力反向。結果就因 B/T 的施力點過於接近側向阻力中心，致力臂過短而無法與水下組力相抗衡，進而失去應有效能；
2. 因水體快速通過 B/T 通道（Tunnel）之洞口（Aperture），使得只有部分的水下阻力被吸入流（Intake）所吸收，因而嚴重的降低效應；
3. 船體前進時，通道進、出口之近處因吸入流及排出流形成各種壓力場（Pressure fields）。結果吸入流作用於船殼板的一部分，產生一股與 B/T 相反的力。此在船速二節的情況下，會降低 B/T 的效能至 50% 左右（參閱圖 8.46）。

   爲防止此一現象發生，部分船舶會在既有 B/T 通道的後方增設「反吸力通道」（Anti-Suction tunnel）。也就是利用此「反吸力通道」連接正壓力場（Positive pressure fields）與負壓力場（Negative pressure field）產生反制力（Counteracting force）解決此問題（參閱圖 8.47、8.48）。

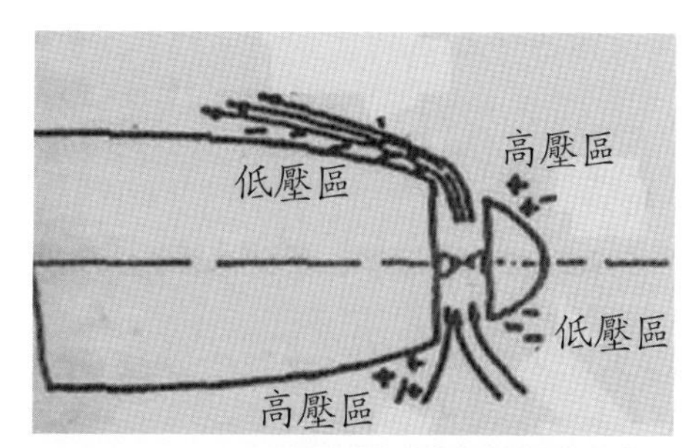

圖 8.46　B/T 通道入出口的水壓分布

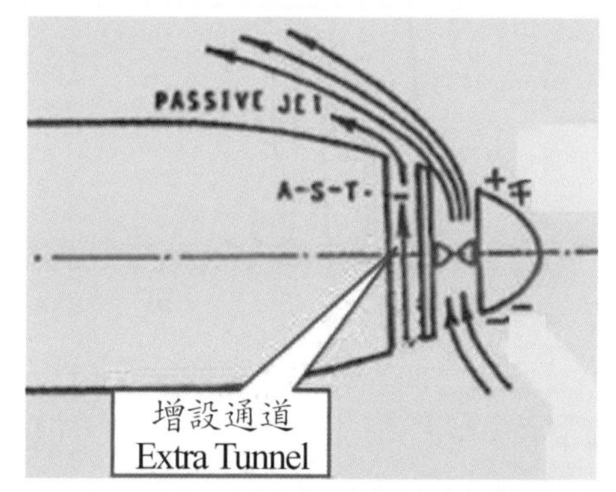

圖 8.47　橫向推進器的「反吸力通道」(1)

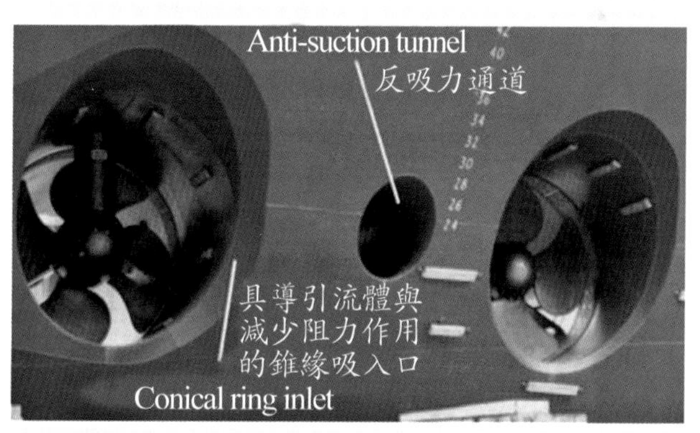

圖 8.48　橫向推進器的「反吸力通道」(2)

4. 當船舶具前進速度時，水體在船艏前方會產生一高壓區，使得船體之前部的側面阻力達到最高，並且隨著船速的增加而提高。因此，當船船欲迴轉時，B/T 必須推使船體向高壓區及船艏波（Bow wave）處，故而當船速超過五節左右時，B/T 的力量常會變得更弱，而無法克服此阻力；

5. 船速太快時，受跡流的影響，B/T 之排出流向與船艏艉線所成之角度，不再是船體靜止狀態時之直角狀態，而是趨向船體運動的反方向，且船速愈快曲折度愈大，B/T 效率更差（參閱圖 8.49）。

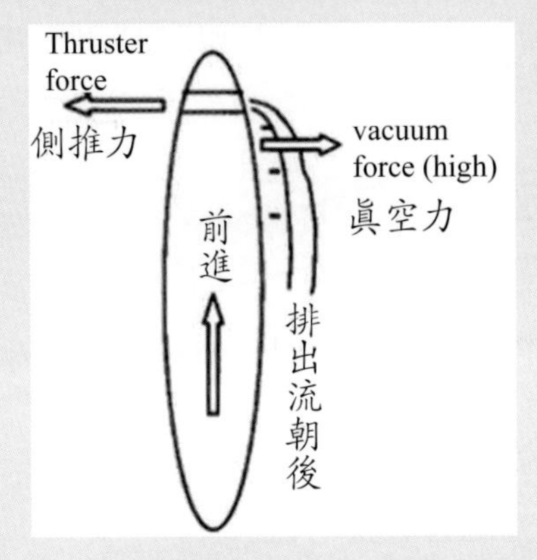

圖 8.49　B/T 排出流角度與船體近於平行

實務上，仍有少數謹愼的船長會謹守「Do not use」指示，只要船速不降至五節是不允許引水人使用 B/T 的，甚至連危急情況下亦堅持不准使用。其實，即使處於船速較快情況下，B/T 亦會有一定程度的效能，因而在緊急情況下，應配合其他操船措施使用 B/T，很可能就因爲此些微的助力化解危機。

如同上述，當大船具有對水速度時，會減低 B/T 的側向推力效應（Side thruster effectiveness），如在流水中離、靠碼頭時，船舶會有對水速度，也就是船舶可能仍會有進或後退的速度，或是船舶進港後速度未減緩時，必須考量 B/T 所能輸出的最大額定橫向推力是適用於無對水速度狀態下的船舶，因而對其依賴度必須有所保留。總之，B/T 的效用會隨著速度的增加而快速下降，當船舶具有二至三節對水速度時可能會降至 50% 左右。同樣地，船艉側推（S/T）的效能亦會隨著速度的增加降低。

8.4.7 瞬間進（倒）俥（Kick Ahead/Astern）

由於船舶操縱性能的優劣與否主要取決於船舶舵效的優劣，而舵效（揚力：Lift）的大小又與俥葉排出流的流速平方成正比，可見欲獲取較佳的舵效就需增加螺旋槳的轉速（參閱圖 8.50）。

但在港區或限制水域內操船，操船者常常只需要較佳的迴轉性能，而不希望產生太快的縱向運動（速度），因此在操船領域遂發展出利用主機作短暫的爆發式進俥（Put ahead for a short burst）以增加沖擊舵板的水流量的「瞬間進俥」的操船運用。可見「瞬間進俥」通常使用於船速較緩導致流過舵板之水流量較弱致船舵的回應較差時（The 'kick ahead' is used when a ship is moving forward at very slow speed due to minimal water flow over the rudder and the ship is not responding to helm.）。當然，「瞬間進俥」也可應用於啓動轉向或保持艏向的情況。

在上述操船者只要迴轉力而非縱向力的前提下，操船者必須在船體產生縱向慣性（Longitudinal inertia）前降低或停止主機轉數（RPM）。必須注意的是，過度延長或過於頻繁使用「瞬間進俥」，一定會增加船速並累積慣性，此勢必會迫使操船者採取再一次的「瞬間倒俥」，以改正此一非預期局面。因此，操船者必須預先評估他所操控的船舶在使用「瞬間進俥」後，會產生什麼反應（React）？若產出結果非自己所預期者，有無因

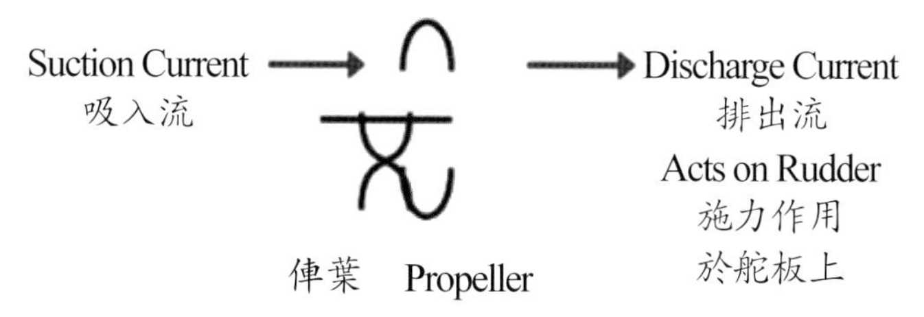

吸入流：水流流向俥葉（螺旋槳）
排出流：從俥葉後方排出，施力於舵板上。

圖 8.50　俥葉運轉流程示意

應方法？以免自陷困境。

再者，如果船舶在重載深吃水情況下，或是附著於船殼上的寄生物（Hull growth）過多時，會因流體的摩擦阻立較大，導致採用「瞬間進俥」的效果明顯降低。

另一方面，為獲致較佳迴轉力，在使用「瞬間進俥」前應預先將舵扳至（左或右）滿舵位置，再啓動進俥操作，以產生最大的轉向力（Maximum steering force）。因為如未採取滿舵，則將會有較大比例的主機輸出功率轉換至船體的前進運動上，而非轉換成轉向力。相同地，在主機轉速減低或歸零前，切勿急於回舵或減少舵角，因為只要螺旋槳未完全停止旋轉前仍都有推進作用，一旦回舵或減少舵角，不僅會減少船舶的迴轉動能，更會增加船舶的前進運動。

至於在港區操船領域，「瞬間倒俥」的使用時機，大多運用於船舶接近碼頭船席時，制止船舶縱向前進運動以調整泊靠位置，或調整船舶橫向泊靠碼頭的態勢，例如利用主機倒俥所產生的橫向推力，避免右靠船舶的艉部大力撞擊碼頭岸壁。

8.4.8 倒俥的使用

眾所周知，船舶雖無類似汽車的剎車系統，但卻可藉由螺旋槳的逆轉，或將吊掛式流線型梭體系統（Azimuthing Podded Drives System, AZIPODS）的梭體（Pods）反轉 180°，使前進中船舶的船速減緩乃至停止。而此一制動操作，除了前述的慣性作用無法讓船舶像汽車一樣在短時間內停住外，最重要的是，利用螺旋槳倒俥停船時，對操船者會產生下列負面影響：

1. 大多數船舶皆為右旋俥葉，故而倒俥時船艏會向右偏轉。必須強調的是，此一偏轉趨勢事實上常受使用倒俥前船舶的運動趨勢（Tendency）所左右。從實務經驗得知，大型船舶，尤其是重載船，快速進港後若未先穩舵（Steady），即使下令倒俥前僅有些微向左偏轉的趨勢，則倒俥後船艏並不一定會向右偏轉，偶而仍會向左偏轉。至於船艏究竟會向右偏轉多少？筆者的經驗是每艘船都不一樣，即使同一艘船在不同航次亦有不同程度的偏轉。基本上，船艏偏轉完全視特定船舶在特定環境（Particular ship in particular circumstance）下的各種因素而定，如倒俥前船舶的運動趨勢、重載或輕載、相對於吃水的水深、初始船速（Initial speed）、主機的反應快慢、風與水流的作用等。

猶記得某位航海本科學者的升等論文，述及：「船舶倒俥船艏偏右」，結果被外系專研流體力學的口試委員質問：「向右偏轉只是現象表述，請問船艏究竟偏右多少？」。前者一時語塞，當然升等亦未能順利通過。毫無疑問，後者所提出的質疑當然是從流體力學的純學術理論角度發想的，畢竟從事學術研究本就講求嚴謹的科學論證。然而在實際操船領域，相信任何人都無法預知「船舶倒俥船艏偏右」的程度大小，蓋操船者只要能針對「船舶倒俥船艏偏右」所產生的可能後果預爲因應，就是謹慎合理的，例如下令倒俥前就在右船艏或左船艉部署拖船，必要時命其全力推頂，就可制止船體偏轉的幅度。

2. 如同前述，船舶的運轉主要靠俥葉流沖擊到舵板，產生方向控制力達致之。操船者一旦使用倒俥，則俥葉排出流勢必往船艏方向排出，因此並無俥葉排出流沖擊舵板，船舵也就失去其固有功能，此意味著船舶將失去方向控制性，故而在實務操領域才會有「倒俥船舵無用論」的說法。因此，謹愼的操船者在港區或限制水域內使用倒俥前務必評估設若因使用倒俥致使船舶失去方向控制性，會不會帶來無可挽救的後果？若有，就不能草率地下令倒俥。

3. 當前船機科技精進，船舶進出港 Stand By 時，輪機員已不似往昔一樣需在高溫的機側待命，隨時因應緊急狀況，而改在空調控制室內談天說地看著儀表待命，所以心理壓力與警覺度不似立於駕駛臺的操船者高。也因此輪機員常在不知外在情境變化下，悠然的揣測操船者的運轉需要，導致常有「倒俥不來」的驚險情況發生。因此操船者務必牢記遇有緊急狀況欲停船時，切勿只下達毫無警示意味的「Dead Slow Astern」指令，而要直接下達「Half Astern」或「Full Astern」，以免閒聊中的輪機員誤判情勢，只是消極地配合回應，結果第一個倒俥常因啓動空氣（Starting Air）不足而失敗，因而延誤了挽救危機的黃金時機，更會造成操船者的驚慌而難於因應。

8.5 港區操船與泊靠要領

綜合上述，可將港區操船的操作要領列述如下：

1. 確認進、出港與離、靠碼頭船舶之優先順序；港內或航道中有無需要或正在調頭（Turning）的船舶？

2. 進行操船作業前務必先審視風、流、拖船的狀況，例如觀察泊港船舶的旗幟、煙囪排煙以確定風向；草擬引航計畫時最好將其影響力分成縱向與橫向分力進行評估；

3. 切勿抱持人定勝天的樂觀想法，勿與風、流作無謂抗爭，當船速減緩後應觀察此等外力影響，並嘗試利用此等外力，而不單僅是抵銷其作用而已；

4. 操縱船舶前應先觀察可供安全運轉的水域幅度，以及周邊船舶與岸邊設施的所在；一旦確認迴船場所的大小（Basin's dimension）後，無論船艏或船艉接近岸邊時，操船者心裡就可掌握仍可供運轉水域之距離，始能避免因不安（Apprehension）而採取不必要的運作；

5. 在長度及寬度受限的水域內操船，應以單舷或近操船者所在一端（視駕駛臺位置而定）爲操縱及安全距離的掌握依據，而勿需慌亂奔波於駕駛臺兩舷間；

6. 善用近艏、艉向的岸上自然疊標判定本船是否沿著既定航道的軸線（Axis）前進；或是利用正橫疊標以測定船體的位移；

7. 對所有可能影響停止船舶前進的因素保持高度警戒，如動能與速度，錨機的備便等；

8. 港區行船務必以隨時可以停止船舶前進的「安全速度」航行，也就是可以有效掌控舵效的最低速度（Steerageway）；

9. 責成專人負責對外通訊聯絡，以確保操船場域全面性的橫向溝通無礙；

10. 如可選擇，應向開闊水域（Open water）方向倒退，切勿置船艉於任何潛在危險區；

11. 儘管瞭望應兼顧四周，但原則上除駕駛臺設置在船艏的船舶外，操船者應面對船舶運動的方向，亦即倒退時應面向船艉方向（Face in the direction of ship movement）；

12. 使用拖船協助作業時，應預留拖船改變態勢的時間與空間餘裕（Time/Space allowance），以防非預期的延遲或效能低減；

13. 下達俥、舵令前，應先評估施行此等指令後有無負面影響？如有此可能，應備妥因應腹案；

14. 操船過程中，如有任何疑慮應先減速或停俥，待確認狀況無虞後再作後續處置；

15. 應隨時考慮其他港區使用者的處境，並提供必要的配合與協助；

16. 進行迴轉調頭前應考慮迴轉支點的概略位置所在，期以預估迴船範圍；

17. 在迴轉調頭前，應先令船舶停止，以免自我限縮判斷錯誤之邊際；

18. 迴轉調頭時，在艏向未達迴船角度之中點（Midpoint）前，切勿急於動俥，最好等到迴船操作接近完成時再開始動俥。

至於離、靠碼頭的操縱，除應謹守上述港區操船要領外，更要注意下列事項：

1. 預先與碼頭帶纜工人（Mooring line man）確認正確船席位置、哪舷接靠？為確保安全，操船者在抵達船席概略位置時，仍應要求立於艏、艉的船副回報與前後方船舶或岸際的距離，並核對帶纜工人所擺置的船席位置標誌的所在是否正確；

2. 如無特定商業要求，輕載船可先調頭泊靠，以防重載出港時調頭費時或難度較高；預期異常天氣系統即將來臨時，亦可考慮預先調頭以利離港作業；

3. 持續觀察船體與碼頭的相對位置以判斷相對速度，以及注意趨近角度（Angle of approach）的變化。但亦有論者不認同此傳統作法，如某航商要求屬輪泊靠碼頭時要保持「停、平、靠」。不容否認的，採取「停、平、靠」是可降低事故率，但在操船實務上，此一要求僅能說是理想而已。如前所述，海上環境變數變幻莫測，加諸每艘船舶的船型、操縱特性各有不同，若操船者為了要謹守管理階層堅持的「停、平、靠」原則，極可能要妥協掉許多趨吉避凶的固有操船要領，始能刻意修飾「停、平、靠」的船舶態勢，似此，反而讓操船者被迫採取非船員應有的作為（Non seamanslike behavior），進而招致非預期的風險。

4. 大型船舶接靠碼頭時，除要注意艏、艉與碼頭間的視距離（Apparent distance），更要觀察艏、艉部的趨近率（Rate of close）。因為當船體長度超過一定程度時會產生視覺上的「軌道效應」，亦即當船體與碼頭法線實際上已呈平行時，但立於駕駛臺的操船者仍可能會「感覺」到船艏或船艉較近碼頭。或是艏、艉趨近碼頭的速率實際不同，但是「看」起來卻是相同的。因此大型船舶泊靠碼頭時，建議操船者要持續參考測速儀以免因視感誤導而採取不當的措施致生海事。

第九章　港勤拖船的運用

9.1 港勤拖船

長久以來，拖船被廣泛使用於海事各相關領域，雖有不可抹滅的正面貢獻，但在使用拖船作業的過程中，仍有許多因素使得拖船無法達到預期效能，乃至發生意外事故卻也時而所聞，凡此皆突顯出拖船運用專業被忽略的一環。

基本上，對大多數提供中、大型船舶泊靠的商港而言，擁有一支以當港爲永久基地的拖船隊伍來協助船舶操縱，或離、靠碼頭是絕對必須地，特別是港區水域相對狹窄或潮流湍急的港口，如基隆港即是。因爲處於當今船舶大型化的趨勢下，若欠缺港勤拖船協助根本無法順利完成船舶離、靠碼頭作業，特別是格局較小且無法改善的傳統港口更有迫切需求，故而港勤拖船的配合度與其服務的良窳常是航商評估港埠作業條件優劣與否的重要指標之一。可見港勤拖船不僅是港埠營運收入的主要來源之一，更是關係港口經營成敗的關鍵要素。

眾所周知，傳統船舶的設計原本就僅提供縱向運動，而無法進行側向運動。及至近代，部分船舶才有橫向推進器（Lateral thruster）的配置，也因而具備橫向位移的功能，但除了新式大型郵輪分別於船艏、船艉配置萬匹馬力的橫向推進器外，一般貨船的橫向推進器馬力常不如拖船大，故而橫向推進器常被定位爲輔助操船設備，而非主力推進設備。因此在港區內的操船作業只得藉由拖船的協助始能完成離、靠碼頭、調頭轉向等作業。

可見拖船業務在港區運作中扮演極其重要的角色。不容否認的，或有論者認爲只要操船者的經驗與技術俱佳，加諸內、外在環境的許可，在沒有拖船的協助下，亦能進行船舶的離、靠作業，但這種具有潛在風險的運作絕不值得鼓勵，尤其在水域幅員並不是很寬闊的我國商港更不應貿然爲之。也因爲拖船在港區操船作業中扮演不可或缺的角色，故而特書此專章闡述。此外，必須特別強調的是，本書所提的「拖船」均指在港區內協助大船操船作業的「港勤拖船」（Harbor tugs），而非用於大洋救難或拖曳作業的海洋拖船（Ocean tugs）。

9.1.1 港勤拖船的投資與配置

眼前是一個以顧客爲導向的時代，而港埠營運既爲服務業，當需滿足顧客的要求，提供安全且具效率的服務，以求得所有港埠相關事業的共榮共存。而有關拖船的調派與計費就是航商計算港埠成本最爲在意的項目之一，因而每會因立場的不同而生齟齬乃至爭議。

如同前述，港勤拖船對港埠營運影響至鉅，那麼拖船究竟要如何配置與調度始能獲致最大的效用呢？對航商而言，除了合理費率外，當然希望港埠營運單位或民營拖船公司配置數量足夠，且強勁有力的高性能拖船，以便快速完成船舶在港內的操船運作。反之，立於服務供給者的立場來看，如果當港沒有一定數量的大型船舶的固定需求存在，則港埠營運單位或民營拖船公司對拖船所作的鉅額投資可能無法回收。因而解決之道乃是針對特定港口的作業環境，找出既能讓經營者合理獲利，又能滿足航商需求的平衡點，再作出有關投資規模的決定。

很顯然地，決定如何適當使用拖船的一個最重要因素，就是要配置幾艘拖船，以及需要多大馬力的拖船。關於此點，當然要由實際使用者來作決定，遺憾的是，長久以來港埠營運單位在決定拖船配置時，通常不會考慮操船者的經驗與需求，也未徵詢操船者的意見，因而常產生認知上的落差。毫無疑問地，評估究竟需要幾艘拖船始足以安全的運轉船舶，原本就是港埠管理與營運單位所應扮演的角色，特別是對於大型船舶或是受風面積較大的船舶（Ships with large windage）的作業需求，例如貨櫃船、汽車船與液態天然瓦斯船即是，只不過在現實職場上常發生決策角色錯置的現象。

其實，除了財政因素外，在評估拖船的使用過程中，最重要的影響因素就是操船者所具備關於當地港灣環境下的操船經驗。此意味著操船者，包括引水人、拖船船長與商船船長，所接受的正確實務訓練對一個港口的安全與高效率運作是相當重要的。

另一方面，隨著拖船馬力的不斷增加，我們不僅發現許多港口已有配置繫纜柱拉力（Bollard pull）【註1】高達七十噸的拖船投入營運中，甚至有少數繫纜柱拉力一百噸的拖船亦投入市場。當然每一個港口所需的拖船數量不可能是相同的。值得一提的是，除了拖船馬力之外，拖船的船型規格亦正在改變中，最顯著的現象就是將比往昔更爲強有力的主機裝置在相對較小的船殼內，如長度介於20～24公尺，繫纜柱拉力近於七十噸的精巧型港勤拖船（Compact harbor tug）即是。由於一般港內水域有限，故而此等體積小、馬力強、運轉靈活的拖船已成最受歡迎的發展趨勢。

再者，除了拖船的艘數外，拖船馬力的大小亦應與被服務船舶的噸位船型相配合，亦即小型船舶應調派小型拖船協助，大型船舶則應調派大型拖船協助。因爲實務上吾人常遭遇拖船船型大於被服務船舶的窘況。需知調派強有力的大型拖船服務小型船舶，既不能頂也不能拉，根本使不上力，當然無法達到平穩順暢的操船目標，何況大型拖船還容易對小型船舶造成船體損害。最常見的損害就屬小型船舶的船殼板被出力過猛的大拖船撞凹，或是拉力過強而將小型船舶的繫纜樁（Bollard）與導纜器（Fairleads）連根拔起。上述意外已有數起發生在採用六十到七十噸級繫纜柱拉力拖船的港口。

基本上，港口管理單位在評估港區操船作業究竟要多少艘數、功率或是拉力的拖船協助時，必須考慮到下列幾個基本要素；

1. 需要協助的船舶的質量；

2. 需要協助的船舶的設備；

3. 當港的外在條件因素；即外力（External forces）施於船舶上的作用，如風、水流等，以及夜間作業的需求即是；

4. 船舶抵港型態的分布（Distribution）；尖、離峰時段的交通流量差異；

5. 需要協助的船舶是否定期灣靠本港口者？

6. 需要協助的船舶是否因爲某種特殊情況才來灣靠本港口者？

7. 所有能提供服務的拖船之效能爲何？

8. 財務考量；財政預算、拖船價格、運航成本（Financial aspects；Budget；Tug price；Operating costs）等。成本雖然不是安全的應有考量，但是絕對有商業壓力。

相對地，操船者選擇拖船的考量因素，不外：

1. 航道與船席：迴船池大小、河道船席、船席的遮掩度、水深（Passage/Berth: Harbor basins; River berth; Jetties in open sea/protected water; Water depth）；

2. 環境條件：風、浪、湧、水流（Environment Conditions: Wind; Wave; Swell; Current）；

3. 船舶種類：貨櫃、散裝、駛上駛下型、客船（Type of Ship: Container; Bulk; Ro-Ro; Passenger）；

4. 所需協助的方法；繫纜拖帶、推頂、傍靠（Assisting methods: Towing on a line; Push-pull; Alongside towing）；

5. 既有的港勤拖船（Existing Tugs）；

6. 可用的經驗：包括拖船種類的經驗、拖船協助方法的經驗（Available experience: Tug type experience; Assisting methods experience）；

7. 拖船的安全：拖船種類、港口規定、船級協會規定、環境條件（Safety of tugs: Tug type; Port/State regulations; Classification regulations; Environmental conditions）。

此外，我們知道儘管某些港口的泊靠作業訂有最大風力、流速與浪高的限制，但基本上任一個港口的拖船配置，仍皆應以能夠在該港的特有環境下安全且具效率的完成任務為目標，此當然包括風力與流力極端惡劣的情況。至於單一船舶究竟需要多大拉力的拖船協助始能安全完成離靠作業，當然與操船者的經驗與技術有關。然最令人困擾的是，經驗與技術實在很難加以量化，因而在實務上吾人常見航商，乃至港勤船舶管理單位每因拖船調度所衍生的收費問題與操船者發生爭議，此乃因為眼前有些港口是以船舶的噸位與長度作為派遣拖船的依據，故而常誤導航商與拖船調度人員對事實的認知。需知天有不測風雲，左右船舶操縱的不確定因素甚多，因而毫無彈性的以明文訂下，或限制操船者使用拖船艘數與馬力的要求絕對是不合理也是最危險的。令人遺憾的是，這些在歐美海運先進國家根本不會發生的問題在國內港口卻經常發生。

事實上，操船者欲算出足以克服當前環境下之風與流等外力的拖船能量並不困難，一般港區泊靠作業所需拖船的拉力只要比此等外力多出25% 的餘裕（Allowance）即已足夠。然如同前述，大自然的現象是瞬息萬變的，即使操船者事前已算出泊靠作業所需的拖船能量，但卻常因船舶操縱的內、外在因素之瞬間變化，使得原本的操船計劃難以施行。以下特舉一有關自然因素對港內操船影響的實例加以說明：

「民國 93 年 9 月 9 日，由於氣象局連續數日預測因颱風的影響，旺盛西南氣流將爲臺灣全島帶來豪大雨，故而一再地重複發布豪大雨的預報，但卻疏於關注同時位於本島近旁且即將成型的輕颱的動態，直至十一日凌晨，豪大雨不僅一如預報所言造成北台灣地區嚴重淹水，更造成舉國上下關注豪雨而輕忽颱風的心防。結果當晚 2200 時熱帶氣旋（TD）在距基隆外海東方七十公里處，轉強爲輕度颱風，並被命名爲『海馬』。氣象局於是在 2300 時發布海上及陸上颱風警報。此時多數民眾早已進入夢鄉，至於在海上作業的漁民更是毫無預警地置身暴風圈內而不自知，其實，早自十一日早晨起，基隆港的風力已達七至八級，港區作業人員亦不知風力爲何會如此強勁，究竟氣象局並未發布任何異常氣象系統的預警，而且雨勢強大，能見度一度僅達二十公尺。此時港務局亦未發布港口封閉的指示，故而船舶進出港作業只得照常進行。當日早晨 0800 時，總噸位（G/T）55,493 噸，全長 200 米的汽車專用船『七海公路號』（M.V. Sevenseas Highway）欲靠泊東十號貨櫃碼頭卸車，由於當時風向介於正北與西北之間，且風力強達三十節，陣風三十五節，亦即碼頭座向與風向呈九十度，此表示乾舷超高的汽車船在靠岸時要承受強勁的正橫向吹攏風，故而引水人以拖船難以作業爲由建議該輪暫停進港，俟風力稍降時再行進港較爲安全，但航商礙於船期緊迫強烈要求即時進港，引水人遂應其要求出港登輪引航，結果一如引水人先前之判斷，該輪一進港後即因受風面積過大而造成操縱上的困難，所幸在某資深引水人的引領下，順利將該船調頭右靠於東十號碼頭，惟該輪在接靠碼頭時因承受強烈橫風，加諸高潮水位上漲，所以即使艏、艉都以拖船帶纜拉住，該船還是被『抬上』碼頭，致右船艏括傷，但機具未受損害。相同地，同日 1700 時，該輪卸車完畢，雖風力仍高達 35～40 節，但航商無視於泊靠時所遭遇的慘痛教訓依舊要求立即開船。雖該輪配置有一具二千四百匹馬力的船艏横向推進器（B/T），但風力實在太強了，因而引水人估計要三艘三千二百匹馬力的拖船協助，但事實顯示三艘拖船加上 B/T 所施出的功率根本無法將該船拉開，最後不得已增派第四艘三千二百匹馬力的拖船協助，二名資深引水人共計花費了三小時始將該輪拖離碼頭，其間艏、艉拖船各斷纜一次，並將該輪二度吹回碼頭。從此案例吾人得知大自然的力量確實是難以抗拒與預期的，故而在類似異常強風之情況下，航商不計一切後果堅持即時離、靠碼頭的強勢作法，實有待斟酌，試想若果爲爭取數小時的船期因而發生海事，絕對是得不償失的。不容否認的，事前引水人亦只預估風大必須要加派拖船，但並無人想到會使用到四艘大拖船協助才能勉強應付。實際上應是調派五艘甚至六艘拖船協助才算是安全的，似此，港埠營運單位若未配置效能足夠的拖船隊，根本無法滿足航商的需求。」。

另有一 4000TEU 級貨櫃船靠泊的案例亦同，在東北風陣風風力達 36～38 節情況下，船務代理堅持要讓貨櫃船進港泊靠基隆西 23 號碼頭。該船配置有 2,000 匹馬力的 B/T，引水人擔心船舶進港轉向後呈正横向來風，因此雇用二艘 3200 匹馬力的拖船協助，及至船艏轉向對正船渠入口後，即東北風從右舷正横方向吹來，此時引水人才驚覺即使二艘拖船全力推頂，整個船體依舊被風吹向下風側，因此趕緊呼叫第三艘拖船（2800 匹）協助，至此船體才不再往下風舷漂流。然當船體進入船渠後，發現船舶因強勁横風吹襲根本靠不上岸，而且稍稍往南邊漂流，眼見原本計畫要右靠西 23 號碼頭的船被吹得快要變成左靠西 20 號碼頭了，引水人立即呼叫在附近的另一艘 2800 匹拖船支援加入推頂行列。結果證明就是差這麼一點推力，終將貨櫃船順利推頂泊靠碼頭。事後檢討，除了陣風風力超過安全靠泊極限，以及該船甲板貨櫃堆積層數較高外，船上的 B/T 可能因使用年限過久致實際輸出功率減小，至於拖船則可能因爲天候海況不良無法全速有效推頂，才會動用到四艘拖船協助始能克服風壓（參閱圖 9.1）。

圖 9.1　四艘拖船加上 B/T 始足以克服風壓

可見任一港口所需拖船的型式、數量、繫纜柱拉力皆需考量當港的實際環境與需求，當然包括操船者的經驗，再以專業的方法決定。究竟以類似前文所述依據船舶噸位與長度所作成的拖船調度守則乃是在岸際辦公室所完成的紙上作業，因而極可能未顧及當前的港埠環境限制、船舶的個別狀況乃至引水人與拖船船長的經驗。毫無疑問的，港埠既然要開放營運，就應要有合理與安全的配套措施，提供數量足夠的拖船，否則極可能被國際海運社會冠以不安全港口（Un-safety port）的惡名。

【註 1】繫纜柱拉力（Bollard pull）

係指拖船施力於一經挽住（Belayed）或固定的拖纜之靜力（Static force）。繫纜柱拉力值乃是用來衡量拖船功率高低的標準。基本上，其所施出的力是由拖船的螺旋槳推力所產生的，但是每一個船級協會對於測試繫纜柱拉力所認定的標準並不一致，亦即對水深、拖纜強度、最大風速、水流等之限制條件不同。其實，港勤拖船在日常作業中所施出的拉力常要比繫纜柱拉力大，此乃因爲繫纜柱拉力係在靜水中測試所獲取的，但拖船實際作業水域並非靜水，因此原先設計好的拖船水下船型部分在拖船施力時即能因流體動力作用於船殼上而產生額外的拉力，此即拖船船型設計一直被重視之原因所在。另一方面，造船人員在繫纜柱拉力測試的過程中又可獲致持續繫纜柱拉力（Sustained bollard pull）與最大繫纜柱拉力（Maximum bollard pull），前者係以拖船主機在一定時間間隔內作額定全負荷，甚或超負荷運轉的狀況下所獲取的平均拉力值，後者則係指在整個繫纜柱拉力測試過程中所獲取的單一最高拉力值。

【註2】雇用拖船的責任

美國聯邦管制法規（Code of Federal Regulations, CFR）規定：持有證照的引水人，在公共利益與保持專業判斷上，都被期望能夠獨立於任何與海事安全相牴觸的要求。而且，聯邦及州（當地）的發證或管理單位，並要求「強制引水人」採取所有合理的行動，防範在其引領航行下的船舶進行不安全的作業（Licensed pilots are expected to act in the public interest and to maintain a professional judgment that is independent of any desires that do not comport with the needs of maritime safety. In addition, licensing and regulatory authorities, state and federal (local), require compulsory pilots to take all reasonable actions to prevent ships under their navigational direction from engaging in unsafe operations）。

從上述規定得知，在強制引水區（Compulsory pilotage）內，爲確保航港安全，雇用拖船的決定權應落於熟知當地港灣情勢的引水人，以及負船舶安全最終責任的船長，而不是坐在遠端辦公室的船舶運航人與港口船務代理人。

9.2 港勤拖船的運用

如同其他科學領域一樣，操船者使用拖船的基本認知，不外：

1. 知道自己所使用的拖船（Know your tug）；過去數十餘年間，隨著商船的船型愈來愈大，操船者在操縱大型船舶時遭遇許多以前未曾遭遇的拖船相關問題。而此等問題主要聚焦於拖船型式、拖纜強度、推進與功率輸出方式、馬力與甲板繫纜屬具的位置等硬體領域。

另一方面，港區操船實務的特質就是在有限資訊情境下，即時評估船舶操縱之安全性，進而採取相對應的措施。故而一旦立於駕駛臺操船，在面對各種場景的當下，操船者所作出的隨機應變就是本於專業的自然反應，而這些專業反應當然包括拖船的運用與指揮。

可以預期地，經由長時間的密切合作，操船者（船長、引水人）與拖船船長當會在彼此間的了解與信任下建立起良好的工作關係（Establish good working rapport）。亦即拖船船長可以了解到各操船者的個性與操船習慣，故而可以準確的執行操船者下達的指令，也因此才能迅速地將拖船運轉至操船者所期待的理想位置，進而在最短時間內帶妥拖纜，並提供及時有效的協助。相同地，操船者亦應了解到每一艘拖船的出力狀況與操作特性，乃至拖船船長的個人習慣與技術質量，故而可以充分地運用並調整拖船，令其配置於最有利於操船的位置。

2. 知道所使用拖船的性能與限制（Know your capabilities and limitations）；欠缺拖船及其能力限制等相關知識，可能會引起誤判致造成嚴重的事故，甚至產生不幸的人員傷亡後果。但實務上，我們卻常發現少數操船者明知關於拖船的種種知識與限制，卻又常常忽略這些基本認知是成功操船的最關鍵要素，以致不是事倍功半未發揮拖船的預期效用，就是產生原可避免的意外事故。從操船專業與風險管理的職場背景來看，我們寧可相信這些現象應是操船者經常處於高時空壓力狀態下作業，無心忽略的疏失。但從航港安全的角度來看，我們絕不能以此為理由來正當化我們未適當使用拖船的缺失。

此外，由於拖船的運轉與改變作業態勢皆需時間，故而操船者應預留時間餘裕，不能做過度的零時差期待。因此操船者在利用拖船協助下作業時，最好能預先告知下一個企圖或動作為何，也就是下一個動作是「推頂」或是「拖拉」，以便讓拖船船長有所心理準備，或預先調整備便位置。猶記得早期在日本港口未雇用引水人自行離、靠碼頭時，前輩都告知要讓拖船有準備動作的時間。故而在日本港口指揮拖船操作的過程中最常講的兩句話就是：

(1) XX 丸、押しかだ用意；XX 拖船、準備推頂。

(2) XX 丸、引きかだ用意；XX 拖船、準備拖拉。

【註 3】日文解釋

「押（お）し」的意思就是「推頂」之意；

「引（ひ）き」的意思就是「拖拉」之意；

「用意（ようい）」的意思就是「準備」之意。

3. 知道自身所處的環境條件（Know the circumstances）；如拖船有無足夠的作業空間，或是拖船限於地形被迫採取特定作業方式。

4. 知道被服務商船的操船相關要目（Know the particulars of attended ship）。

9.3 運用拖船的相關知識

如同上述，有關拖船運用的知識頗多，但若從港區操船安全的角度來看，最爲核心的項目不外聯絡（Communication）、安全距離（Safe distance）與安全速度（Safe speed）。以下特從英國 Tug Master and Ship Captain Questionnaires [Report 20 April 2013] 針對引水人所作的問卷調查結果，分析探討今後操船者在運用拖船時的改善空間。

9.3.1 聯絡

當前全球所有操船者幾乎都是透過對講機與拖船聯絡，某些港口在緊急時可能使用船上汽笛或手機連絡。故而聯絡工具已不是問題，主要在於聯絡進行時所使用的語言。相信所有國籍引水人大都使用國語作爲指揮拖船的聯絡語言。事實上，全球 90% 母語非英語（Non-native speakers of the English language）的引水人，爲避免產生可能的錯誤或誤解，較喜使用當地語言作爲與拖船聯絡的工作語言（Working language），特別是在危急的關鍵時刻與操作，可見使用當地語言聯絡仍是主流。由此可知，儘管國際海運社會的共識是使用英文爲標準工作語言，但職場實務上卻是使用何種語言聯絡並不是問題，關鍵在於操船者要讓拖船船長確實了解自己的企圖才是最重要的，而且應謹守清楚、簡短、明確的無線電聯絡守則。

9.3.2 有關繫帶拖纜時被服務船的航行速度

相信每位操船者都知道速度是關係著前進中船舶繫帶拖船安全性的最重要因素，當然也都知道被服務船速度太快拖纜不容易繫帶，而且危險性高。但是在我們日常操船作業時，除了因進港條件需要，無法及時降速的情況外，試問有幾位操船者會很認眞地確認被服務船的速度不會給拖船船長帶來威脅或作業難度？

從上述問卷得知，有 65% 的引水人會主動與拖船船長交換有關安全速度的訊息；15% 的引水人只有當拖船船長反應速度太快時才會回應聯絡；10% 的引水人則完全無視速度爲何。

毫無疑問的，速度的快慢除會影響拖船趨近時的安危之外，更會影響到拖船繫帶拖纜的難易度。究竟要保持何種速度才是適當的？基本上，因爲兩船間相互作用的影響，拖船在被服務船的船艏，或是船舷繫帶拖纜時的安全速度有所不同，根據問卷統計，在船艏繫帶拖船時的安全速度：

1. 87% 的引水人認爲 6 節或以下的速度是船艏繫帶拖纜時的安全速度。

2. 13% 的引水人認爲 6 節以上的速度是船艏繫帶拖纜時的安全速度（其中有引水人認爲最快可至 7.5 節）。

至於在被服務船的船舷（Bow 或 Quarter）繫帶拖纜時的安全速度則爲：

1. 70% 的引水人認爲 6 節或以下的速度是拖船在船舷繫帶拖纜時的安全速度。但大多數的引水人認爲應取決於拖船的性能以及拖船船長的技術。

2. 20% 的引水人認爲 6～7 節或以下的速度是拖船在船舷繫帶拖纜時的安全速度。

3. 10% 的引水人認爲 7～8 節或以下的速度是拖船在船舷繫帶拖纜時的安全速度。

其次，關於在被服務船的船艉繫帶拖輪時的安全速度；

1. 45% 的引水人認爲 6 節或以下的速度是船艉繫帶拖纜時的安全速度。

2. 42% 的引水人認爲 6～8 節的速度是船艉繫帶拖纜時的安全速度。

3. 13% 的引水人認爲超過 8 節的速度是船艉繫帶拖纜時的安全速度。

從上可知，隨著拖船趨近帶纜位置的不同，引水人對於速度要求的差異是近於一致的。其實，從我們日常在港口引航的經驗得知，拖船船長的服從性、技術與經驗應該才是最關鍵的要素。

至於「安全速度」則有相當程度取決於引水人與拖船船長主觀感受，因而雙方對「安全速度」的認定亦有程度上的差異。例如某些港口就透過內部機制預先協調訂定 6 節爲最高速度，或是「頭帶頭」（船艏帶拖）時船速需降至 5 節以下。而從此統計數值得知，國內港口拖船提供的作業水平顯然與先進海運國家仍有相當差距。

必須強調的是，目前有不少新造貨櫃船的微速（Dead Slow）常高達

8～10 節，從船舶操縱的角度來看，這種設計是非常危險的，尤其在港區等限制水域操船時，操船者可資運用的時空籌碼相對減少。很遺憾的，買船與造船的人常常不是操船的人，當然也不會諮詢實際執行操船的船長或引水人何種程度的微速才是適當的。基本上，當拖船欲趨近被服務船帶纜時，有 60% 的引水人會主動降緩速度，而大多數合理謹愼的引水人當本船速度太快時，亦會告知拖船船長不要趨近。

很顯然地，在適當時間點降低大船船速是運用拖船的關鍵技術之一，因此對於降低船速，參與問卷調查的引水人提出了下列觀點：

1. 告知拖船本船的船速仍高，不要趨近；
2. 如果船速太快，我會拒絕繫帶拖纜；
3. 進入港區後，經常藉由停俥，或如果有足夠水域時會採取其他方法降低船速；
4. 可能藉由船艉繫帶拖船制動，以降低船速；
5. 如有需要可及早停俥或備錨因應。

9.3.3 適當的繫帶拖船位置

「繫帶拖船的位置」的最主要考量，就是要充分利用拖船提供的協助，使得操船者能夠安全有效地完成操船作業。然而有趣的是，愈是讓拖船能夠充分發揮效能的位置，拖船趨近繫帶拖纜的危險度就愈高。此乃因爲兩船接近時產生相互作用的影響。

眾所周知，當船舶有前進速度時，會對貼近船身航行的拖船產生不同的力（Force）與迴轉力矩（Turning moment），此等力與迴轉力矩乃是起因於大船與拖船間的相互作用效應（Interaction effect），並依下列因素而變：

1. 船型：重載散裝船效應大；小船或貨櫃船效應較小；
2. 吃水：吃水愈深，效應愈大；
3. 俯仰差：艏重吃水愈大，效應愈大；
4. 船底間隙：船底間隙愈小，效應愈大；
5. 操船水域的幅度：水域愈窄，效應愈大。

此外，相互作用效應依被服務（大）船的船速平方遞增，但卻隨著大船與拖船間的距離增加而遞減。基本上，此效應最爲明顯處爲大船的近船艏處，常對繫帶拖纜中的拖船帶來危險。故而拖船常要視上述因素而調整趨近方式。當拖船愈近於大船，且爲保持與大船等速併進時，所需輸出的額外馬力要比在距離稍遠處爲大。再者，此一效應的大小不易判斷，原則上大船速度愈小效應愈小。

其實，我們最爲關切與擔憂的是，當拖船趨近大船時，許多資淺的拖船船長無法判定相互作用的效應有多大？以及如何制衡它們？此主要取決於拖船船長的經驗、技術與大船的速度。

基於安全考量，船舶進港都會要求雇用拖船並繫帶拖纜，但職場上發現繫帶拖纜作業並不都是很順利，結果在緊要關頭迫使操船者不得不分心擔憂，影響既有的操船氛圍。其實，除了惡劣天候因素影響外，拖船之所以延誤繫帶拖纜作業大多與被服務船的速度有關，也因此職場上才有探討繫帶拖船時的安全速度爲何的議題。所謂繫帶拖纜時的安全速度，係指拖船船長可以有效操控拖船的速度，特別是當拖船採取使用倒俥以「頭對頭」模式繫帶拖纜時（Going astern for bow-to-bow operations）。

毫無疑問的，引水人與大船船長最爲在意的就是拖船趨近繫帶拖纜時相對位置的選擇。從操船安全的角度而言，操船者無不希望拖船從舷側趨近，而非由船艏方向以「頭對頭」的相對運動態勢趨近，以便讓操船者得以更精準地判斷當下的船速是否適宜，進而可及時調整。因爲「頭對頭」

方式，不僅讓操船者無法判斷兩船間的相對速度，更不易了解與掌握繫帶拖纜的進行狀況。最重要的是，採「頭對頭」模式繫帶拖纜，如果遇有拖輪主機或操舵系統故障，或是誤判大船的速度（Misjudgement of ship's speed）將是非常危險的。故而多數商船的船長不喜這類繫帶模式，因為從大船駕駛臺根本無法看到實際繫纜作業情形，這會給船長帶來很大的壓力。但是國內拖船船長每以他習慣如此作業回應，也因此常被外籍船長詬病（參閱圖 9.2、9.3）。

圖 9.2　拖船採頭帶頭繫帶作業的恐怖景象 (1)

試想，當拖船從大船的船艏趨近時，就是拖船從前進中船舶的迴旋支點的前方趨近，此時勢必會被大船船艏產生的興波效應（Wave making effect）推開（參閱圖 9.4、9.5）；反之，若從迴旋支點的後方趨近，則有可能遭受輕微吸力效應的影響。另一方面，當拖船選擇自大船的船艉或艛部（Stern or Quarter）趨近時，水流會因船殼形狀或是俥葉排出流的導引而加速。而此導引力的大小視拖船距離被服務船船殼的遠近而定。此導引力亦會因水深的變淺，或類似狹窄水道等的限制水域而增加。

圖 9.3　拖船採頭帶頭繫帶作業的恐怖景象 (2)

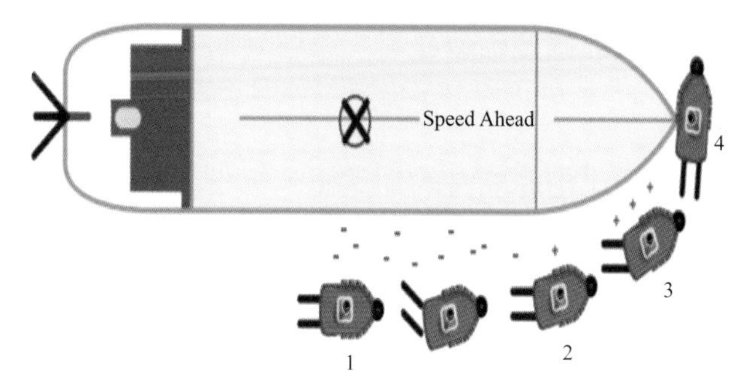

圖 9.4　拖船趨近被服務大船艏部具潛在風險

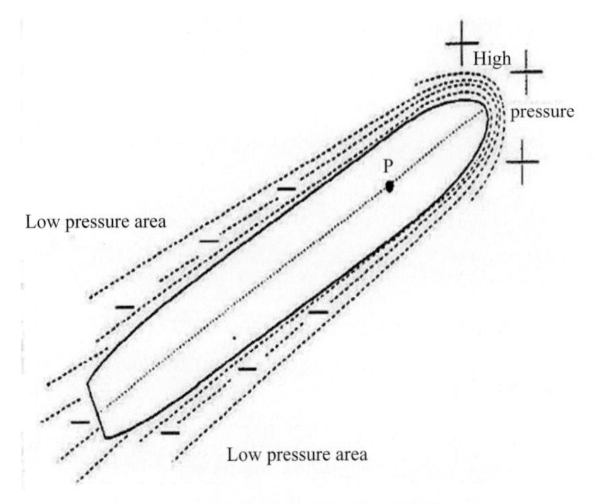

圖 9.5 船舶前進時的周遭壓力場

其實，不論採取哪一種帶纜模式，最重要的還是被服務船的速度不能太快。如前所述，如果被服務船的速度太快，拖船不僅無法有效推頂，更難拉拖制動。因此操船者在使用拖船協助操船作業時，應：

1. 在繫帶拖船前應問拖船船長，希望被服務船維持幾節速度，以利帶纜？

2. 如果速度超出拖船船長的期望值，應設法降緩速度，讓拖船儘早完成繫纜作業。又設若因操船需要暫時無法減速，亦應告知拖船船長一旁待命稍後再帶纜。

9.3.4 拖船協助是否一定要繫帶拖纜

船舶在港區內雇用拖船協助船舶離、靠碼頭時，一定要繫帶拖纜（Connect/Make fast tug's line）嗎？這是職場上常有所聞的疑惑，甚至是判定海事責任分擔的依據。事實上，有些情境繫帶拖纜反而不利於船舶的離、靠碼頭作業。但職場上少數船長常無視當下環境的條件因素，而以

「夠本、划不划算」（Cost effective）、「不用白不用」的心態看待拖船的角色功能，故而只要拖船抵達就是要繫帶拖纜。基於尊重船長負船舶最終安全責任的職責考量，引水人當會遵從船長旨意繫帶拖纜。只是無視船舶操縱的環境條件，堅信只要繫帶拖纜就可免除一旦發生事故被羅織怠忽職守罪名的憂慮，恐無助於有效且安全的操船運作。實務上，究竟有無勿需繫帶拖纜，而不易發生事故的情境？當然有。試想如果吾人堅持拖船要繫帶拖纜，而此拖纜在整個操船過程中從頭至尾未曾使用，甚至完全無法協助操船作業，那麼我們雇用此拖船有何「划算」可言？一般在港區操船可以不用繫帶拖船拖纜的情況有：

1. 離、靠碼頭時遇有強勁吹開風（Off-shore wind）時

此時欲利用拖船將大船推頂接靠碼頭，或開船時防止大船解纜不易，或解纜後迅速漂離碼頭，推頂都惟恐不及了，因此繫帶拖纜常只是爲繫帶而繫帶，反而讓拖船成爲無用武之地的累贅，平白的浪費港區有限的港勤資源。

特別強調的是，遇有強勁吹開風情況下，欲離開碼頭時，務必讓拖船頂住船體，始能開始進行繫纜的「打單」（Single up；又稱「單綁」）作業，繼而將所纜繩解掉，否則一旦「打單」後，船體勢必會被吹開碼頭導致餘繩過度吃力，岸上解纜工人根本無法解纜。故而此時拖船必須持續頂住船體，等候纜繩全部離樁（Cast off），直至確認俥葉與 B/T 清爽（Clear from get foul）後，拖船始可離開。又一般配置有 B/T 的船舶，通常只雇用一艘拖船，此時應命拖船於船艏部頂住，勿需繫帶拖纜，因爲離開碼頭後，只要靠 B/T 調整船體態勢即可。當然亦可命拖船於船艉繫帶拖纜，開船時命拖船頂住船艉，船艏利用 B/T 將船艏往碼頭方向推。只不過使用此法時必須考慮 B/T 的輸出功率是否與拖船馬力相匹配？如果 B/T 的功率太小，則可能無法頂住船體。

至於未配置有B/T的船舶則應雇用二艘拖船，分別於艏、艉外舷繫帶拖纜。雇用雙拖繫帶拖纜的原因在於吹開風情況下，一旦拖船離開後，並不能確定船體會呈艏艉線與碼頭法線平行的態勢離開，反而常會因爲船上甲板貨或住艙位置的不同，使得船體迅即偏斜，不是船艏轉向碼頭，就是船艉偏向岸邊，此時常常需要命令拖船將近岸端拖離，當然另一端則需靠上推頂，以免發生事故。

2. B/T馬力較小的情況

無風無流，若B/T的輸出馬力極微，無法與拖船相匹配（Unbalance），爲求效率，只能令拖船在船舯附近尋求一足以讓船體呈平行移動的施力作用點協助推頂。惟使用此法時，拖船推頂大船的推力應隨著船體接近碼頭的程度漸次遞減，及至船體離碼頭一個船寬時，應令拖船稍退，並利用B/T調整船舶接靠態勢，待船體快接靠碼頭且無橫移慣性時，再令其靠上推頂。

3. 低乾舷小型船

小型船舶乾舷極低，拖船舷緣相對比被服務船高，此時如果在船艏或船艉繫帶拖纜，爲避免擠壓傷及被服務船，恐怕只能拖拉而無法推頂。因此只能命令拖船在靠海側的舷邊與被服務船採平行態勢，作前後向移動並利用其俥葉排出流，將船體沖向碼頭靠岸即可。此時實務上的指令爲：「XX拖船請在旁邊打水」（參閱圖9.6）。

4. 利用俥葉的橫向推力

無風無流的情況下，船艏配置（B/T）的右旋固定螺距螺旋槳（Right handed fixed pitch propeller）船，右舷靠泊碼頭欲離開碼頭時，可利用（B/T）與俥葉的橫向推力的配合，勿需繫帶拖纜倒俥離開碼頭。亦即利用俥葉倒俥產生的橫向推力（Transverse thrust）將船艉部推離碼頭，船艏部則利用B/T的排出流推離碼頭（參閱圖9.7）。

圖 9.6　利用拖船側向排出流的推力協助操船

Source: rmdc.rh.pl

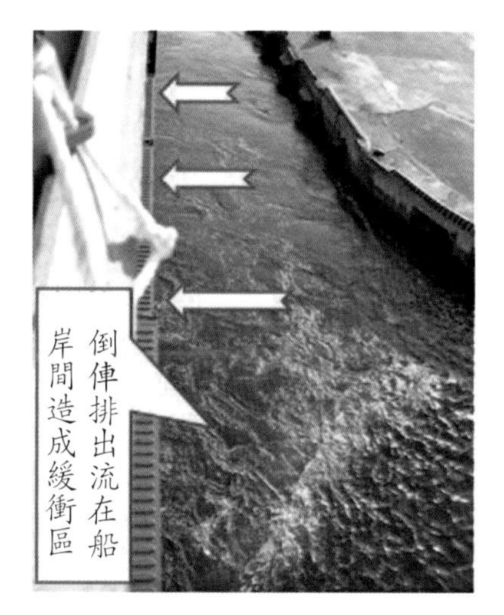

圖 9.7　利用倒俥橫向推力開艉

9.3.5 拖船的推頂與拖拉

拖船效能會隨著被服務船的速度，以及速度的方向改變：假設速度為零時，對於在泊靠碼頭、突堤、船渠狀況下的船舶，配置在艏、艉的拖船的拖力都是足夠的。無論如何，如前所述，一旦船舶有向前的對水速度，因為 PP 往船艏方向移動，船艏拖船施於船體的功率效應將會降低，而艉拖所施的力的效應則會增加。反之，當船後退時，上述效應會相反，此效應取決於船舶對水速度、船型（Hull form）、水呎、水深及俯仰差。

儘管港勤拖船的功能與使用方法頗多，但在港區操船領域，最常使用的還是推頂（Pushing）與拖拉（Pulling）。而無論推頂或拖拉，拖船效能的強弱都受迴轉支點（PP）位置所在的影響。原則上，如果船舶靜止不動，迴轉支點將位於近船舯處，此時如果位於艏、艉處的拖船施力相等，則兩端力臂相等，故而船體應可平行的作側向移動。反之，如果兩拖船施力不均等，則船體勢必產生偏轉，也就是往施力較大一端偏轉，此時如要確保平行移動，就應調整艏、艉二拖船的施力（參閱圖 9.8、9.9）。

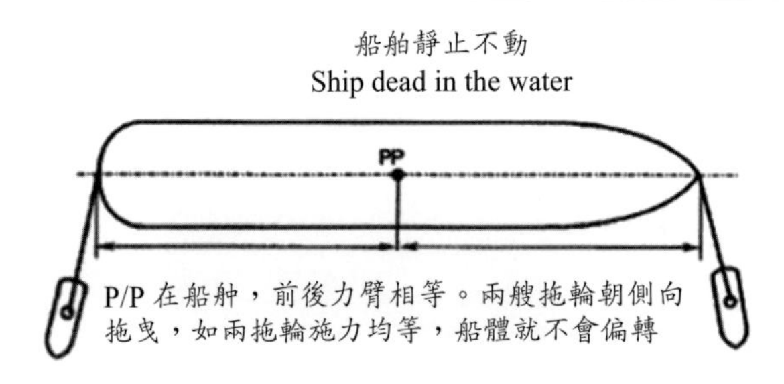

圖 9.8　拖船拖拉施力相等船體平行移動

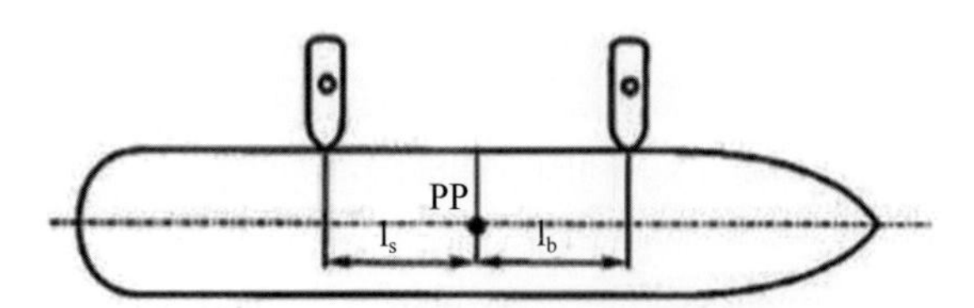

圖 9.9　拖船推頂施力相等船體平行移動

再者，當使用兩艘拖船協助推頂大船接靠碼頭時，務必要謹守拖船施力「比小不比大」的原則，也就是實務上當拖船推頂大船趨近碼頭時，艏、艉兩拖船的施力常有不同程度的差異，此時為取得艏、艉施力的平衡，應命施力較大一端的拖船降低馬力，而不是命令施力較弱一端的拖船加大推頂馬力。以免造成艏、艉二拖船競相加碼施力，無形中加大了船舶接靠碼頭的橫移速度與慣性，進而造成被服務船船體，或碼頭構造物（如碰墊）因過度擠壓而受創。

其次，若當拖船協助大船作業時，大船仍有前進速度，則迴轉支點將會在船體縱向中心線上往船艏方向移動，使得艏艉兩端的力臂產生差異，因此儘管兩拖船的施（拖）力相等，但所產生的力矩卻有所差異，結果船體常會朝力臂較長一端偏轉（參閱 9.10）。反之，當大船保有後退速度，則迴轉支點將會在船體縱向中心線上往船艉方向移動，亦會造成艏艉兩端的力臂差異，此時如果艏艉兩拖船施力相等，船體仍會朝力臂較長一端偏轉（參閱 9.11）。

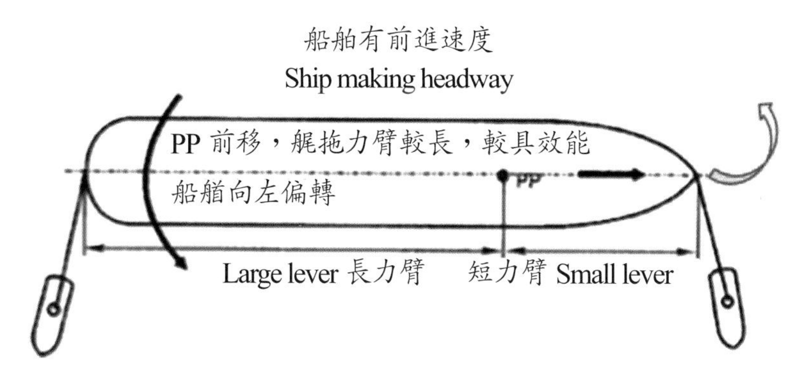

圖 9.10　船體朝力臂較長一端偏轉 (1)

基本上，拖船所產生的拖力或推力在船速三節以內都不會有太大變化。但這與拖船推力系統的種類型式，以及拖船船長的技術有相當大的關聯。此意味著當船速超過三節以上時，操船者切勿對拖船的協助抱以高度樂觀的期待。

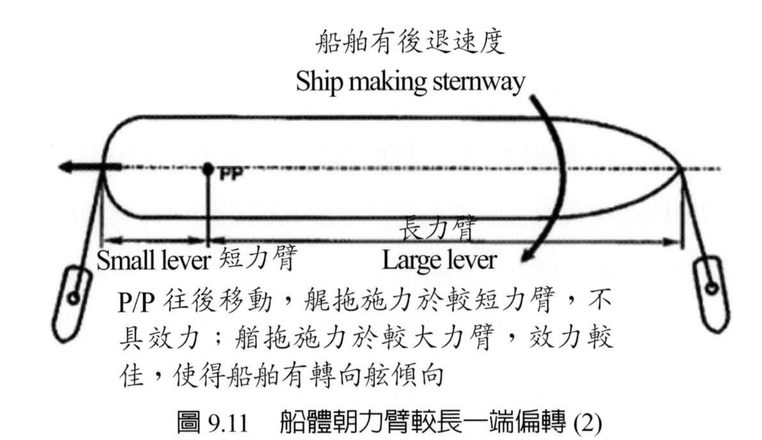

圖 9.11　船體朝力臂較長一端偏轉 (2)

9.4 拖船運用的限制

除了上述基本認知外，儘管現代科技精進操，新式拖船無論性能與馬力都大幅提升，但操船者在港區內使用拖船仍必須牢記：

1. 拖船的實質表現，可能因各種因素致無法滿足操船者的預期需求。其中，延遲抵達作業現場是國內商港最常見的缺失，以致成爲海事發生的主因。操船者應爲自身處境預留時間與空間的餘裕，以免陷入操船困境。

2. 天候的突變，如突然的強陣風（Sudden wind gusts and squalls）。在異常天氣系統即將來臨或系統已壟罩的情況下操船，風力的轉變常在瞬息之間發生的，因此受風面積較大的船舶，必須經常注意強陣風的影響。因爲我們或可預測強陣風的到來，但卻無法預測其吹襲到船舶的準確位置，以及其路徑（Which can be predicted but not the exact location and movement they will attack the ship），尤其必須記住，施於船上的風力是隨著風速的平方增加的（The wind force on the ship increases by the square of the wind speed）。

3. 波（湧）浪對拖船運作的影響難以評估（The effect of waves on a tug's performance are hard to assess）。拖船在有波浪的情況下，本身就搖搖晃晃，作業能力當會降低，例如拖船船長不願讓其拖纜因急扯（Jerk）斷裂而主動降低輸出功率。另一方面，拖船在大風浪中只有使盡全力始能頂上大船，但也因搖搖晃晃而無法穩定的提供有效推頂，通常只會在大船船邊做不同方向的摩擦擠壓。基本上，只要港區浪高達二公尺，拖船就無法提供穩定的協助。

4. 拖船能力是有限制的（Tugs have limitations）：即使是最現代的拖船，操船者亦必經常注意此點。未將拖船限制與配置列入考量，可能無法獲致最佳的拖船運作，導致在最需要時卻無有效的拖船協助，最嚴重時可能還會失去拖船。

5. 由於拖纜太短致失卻拉力效應（Loss of pulling effectiveness due to too short a towline）。如拖拉中的拖船所繫帶的拖纜過短，亦即距離被服務船過近，則其俥葉排出流打在大船船殼上，將會對拖船使出的拉力造成負面影響，而且此一負面效應可能會很大（The propeller wash of a pulling tug impinging on the ship's hull has a negative effect on the pulling force delivered by the tug.）。在特殊的情況下尤應注意此一重要因素，例如在強吹攏風的情況下拖拉一艘大型貨櫃船離開碼頭，應該加長拖纜以降低此負面影響。以下特舉數例說明港勤拖船常見之帶纜缺失：

(1) 因拖纜太短致拖船被「吊」在船艏，其本身就無法運轉自如，怎可能爲被服務船舶提供運轉協助。反而常成爲操船者的操作障礙（Operational hazard）（參閱圖 9.12）。

(2) 拖纜太短，拖船倒俥時的俥葉排出流沖擊到大船船殼形成反射流，進而與既有的排出流相互抵消，降低拖船拖拉的效能（參閱圖 9.13、9.14、9.15、9.16）【註 4】。

圖 9.12　拖纜太短致拖船「吊」在船艏

圖 9.13　拖船俥葉排出流衝擊大船船殼的負面影響 (1)

圖 9.14　拖船俥葉排出流衝擊大船船殼的負面影響 (2)

圖 9.15　拖船俥葉排出流衝擊大船船殼的負面影響 (3)

圖 9.16　拖船俥葉排出流衝擊大船船殼的負面影響 (4)

(3) 拖纜太短，如果被服務船使用進俥，形成邊拉邊走的情況；此時儘管船舶前進中，PP 位置會向前移動使得艉拖施力的力臂較長，但仍會因拖船帶短纜的拖拉效能極差，船艉仍不易拖離碼頭（參閱圖 9.17、9.18）。

圖 9.17　拖纜太短致船艉不易拖離碼頭 (1)

圖 9.18　拖纜太短致船艉不易拖離碼頭 (2)

【註 4】拖纜太短喪失拖拉效能（**Loss of pulling effectiveness due to too short a towline**）

拖纜太短的負面影響，在某些情況下更是要特別注意，例如在強勁吹攏風情況下，欲將高乾舷大貨櫃船拖離碼頭時，務必要將拖纜放長，以減少此負面效應（When pulling a large container ship off the berth with high onshore winds, lengthening the towline reduces this negative effect.）。

必須強調的是，拖纜太短有負面影響，反之，如果拖纜帶太長，亦不一定是有利操船的。毫無疑問的，拖船繫帶較長拖纜，絕對有利於拖拉，但卻也因為拖纜太長，操船者如需拖船由拖拉改為推頂模式，一定會產生時間上的延遲，也就是降低拖船的機動性。甚至會因為拖纜太長而容易絆住或糾纏拖船的屬具，乃至被服務船的俥葉（參閱圖 9.19）。

圖 9.19　拖纜太長降低拖船機動性

6. 拖船與被服務船的相對態勢；當被服務的大船具有對水速度時，會減低拖船的推頂與拖拉效能，例如在流水中離、靠碼頭，船舶會有對水速度，或是船舶進港後速度未減緩情況下。因爲此時拖船爲達致其作業態勢，不得不耗費一部分馬力或功率調整本身與大船間的相對角度，所以拖船的排出流可能會與大船的運動方向相反（參閱圖 9.20、9.21、9.22、9.23）。

圖 9.20　船舶具倒退速度時拖船排出流成斜向

圖 9.21　大船倒俥速快拖船排出流無法垂直

圖 9.22　大船船速減慢後拖船即可垂直推頂

圖 9.23　拖船為調整作業態勢耗費部分功率

7. 使用倒俥對拖船的影響；當被服務船使用倒俥時，其俥葉排出流會往船艏方向排出，而一般右旋螺旋槳（Right handed propeller）船，右舷的排出流會強過左舷的排出流，也就是右舷的排出流跡較長，左舷較短。似此，如果拖船部署在右舷船艉處，則拖船的效能勢必因爲要克服大船的俥葉排出流而受影響。

9.5 拖船俥葉排出流對路過他船的影響

使用拖船協助船舶泊靠碼頭時，應注意俥葉排出流對路過他船的影響。因爲港勤拖船的馬力動輒 4、5 千匹，當其在推頂大型船舶靠岸時常會使用全速推頂，此時其俥葉排出流通常可達七、八十公尺遠。因此若有他船經過勢必會受此排出流影響，特別是小型船。最常見的現象是路過船舶的船艏進入排出流區時，船艏會突然向拖船所在的另側偏轉，及至船艏通過排出流區，船艉進入排出流區時，船艏會再度轉向拖船所在的一側偏轉。總體言之，路過船舶通過拖船排出流區的整個過程，除會發生上述船艏左右偏轉現象之外，還會造成船舶整體被排開遠離既定航線的現象（參閱圖 9.24、9.25）。

圖 9.24　拖船排出流影響路過他船 (1)

圖 9.25　拖船排出流影響路過他船 (2)

遇此情況，路過船的操船者應及早籲請泊靠船的操船者或拖船船長暫時減俥推頂，甚至完全停俥。及至路過船完全通過後再恢復其推頂大船作業。

9.6 肇因於拖船不當運作之事故

如同上述，拖船是船舶在港區內運轉最得力的助手，但若使用或操作不當，將會帶來負面影響與嚴重損失。近年來多起發生於港區肇因於速度不當的船舶事故，經調查發現操船者船速未能控制得宜，係因拖船在協助泊靠時的不當操作所致。因此操船者務必防範拖船幫倒忙所產生的事故（Prevent from Tug-Assisted accidents）。基本上，拖船不當作爲所引發的負面效應不外：

1. 無預期的艏向偏轉（Unexpected sheer）：最常見的狀況爲行進中的船舶欲在船艉兩側（Quarter）繫帶拖纜時，拖船直接貼靠在被服務船的船艉帶纜，然因爲行進中的船舶 PP 在近船艏處，故而儘管拖船只是輕輕接觸都會產生很大的迴轉力矩。因此遇有類似帶纜情境時，務必要求拖船平行跟進帶纜，不得與被服務船的船體接觸。

此外，會造成船艏偏轉的另一個狀況就是拖船在拖纜拉緊受力的情況下改變施力方向所致。因爲少數拖船船長在改變施力方向時，爲圖操作便利，不思運用拖船本身俥葉高性能的轉向運作，竟利用拖纜帶力扭轉其態勢以改變施力方向，殊不知此一拖纜帶力扭轉的動作會產生操船者無法預期的迴轉力矩，進而發生原本不應發生的事故（參閱圖 9.26）。

2. 不易察覺的加速作用（Imperceivable acceleration）：當被服務船仍有前進速度時，如果命令繫帶於舷側的拖船推頂，因爲大船興波效應（Wave making effect）所產生的擴散波（Divergent wave）與跡流（Wake current）迫使拖船無法作 90° 方向推頂，而是與船體呈斜向推頂，結果此斜向推頂的縱向分力就會成爲推使船舶前進的潛在推力。往昔數起撞船事件就是起因於此斜向推頂的縱向分力抵銷了主機的倒俥力，致使儘管主機倒俥已正常啓動，但船速依舊未曾稍減的現象。

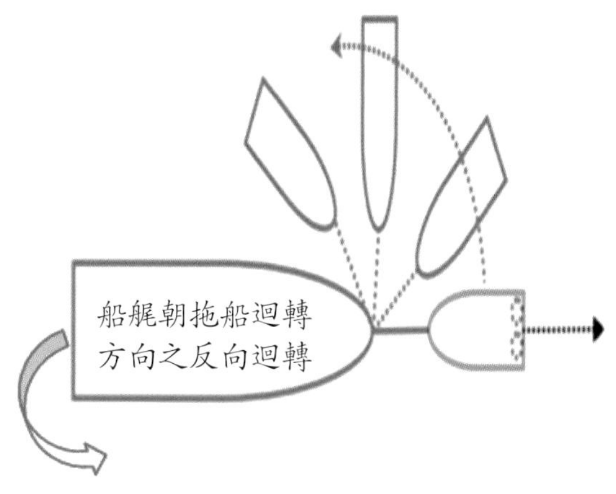

圖 9.26　操船者非預期的迴轉力矩

3. 拖船操縱失當撞擊被服務船；此情況最常發生在拖船離被服務船的船邊一段距離，操船者因突發狀況或操船需要，請拖船盡快靠上推頂時。處此狀況下，拖船船長或因求快心切或因控制不良，不慎觸撞大船，因而造成船殼凹陷的損壞。此亦即前述，操船者要轉換拖船推頂或拖拉的動作前，最好下達預備指令預先提醒，以免拖船忙中出錯。必須強調的是，除了天候海況不佳、機械性因素外，遇有拖船船長過度疲憊、新手上陣，或夜間視線不良的情況亦會發生拖船衝撞被服務船事件。

4. 拖船的拖纜絞拌被服務船的螺旋槳；此一狀況常發生在被服務船雖已動俥企圖前進，但仍未產生前進速度，也就是在俥葉排出流尚未朝後排出前就解掉拖纜。

9.7 引水人（操船者）與拖船船長間的責任義務關係

不容否認地，儘管引水人與拖船船長擁有再好的默契，但涉及兩造間的意外事故仍時有所聞，因而兩者間的權義關係當有釐清的必要。

從國際海運實務的角度看，在正常情況（Ordinary circumstance）下，爲顧及船東利益，期使船舶能夠在最短時間內安全地靠妥或離開碼頭，雇用拖船的責任完全落於船長身上，而非引水人所能置喙地。然而若處於非常狀況下，例如天候海況極其惡劣（Adverse weather conditions）時，則船長當應接受引水人的建議，並據以決定是否僱用拖船及應僱艘數。至於船舶遇難或機械故障等特殊情況下，更是需要拖船的協助。設若船長在上述正常情況下拒絕雇用拖船，或是在非常狀況下拒絕引水人雇用拖船的建議，一旦損害發生，船長當應爲其決定負最終責任。雖商業運作上，雇用拖船與否乃由船長與船務代理決定，除非遇有任何疑慮時才會事先與引水人商量雇用拖船與否及其艘數，但實務上通常由引水人決定再告知船長徵求其同意，因爲引水人終究是實際負責船舶操縱者，也只有引水人才知道究竟需要幾艘拖輪或是多少馬力的拖輪協助才是最有效與最經濟地，因爲多派拖船致妨礙其操船，或拖船不足致其難以順利運作都不是操船者所樂見者。

其次，若從法律的層面來看船長與水人的關係，則拖船船長只要確實遵守引水人的指令作業即可針對事故主張免責，然而此並不意味著拖船船長可以不顧其專業判斷而盲目地遵從，致使拖船與寶貴的人命陷入險境。毫無疑問地，拖船船長在其協助大船作業的過程中，當會如同商船船長一樣地，偶會遇有引水人有明顯的疏失或不能勝任（Manifest error or incompetence）的情況。此時拖船船長爲確保拖船與人員的安全當應盡職地提出其質疑或尋求確認，並向引水人告知本身之處境與難處，以及可能採取的因應措施。如果拖船船長疏於採取此一作爲，極可能要爲後續的事故負起一定程度的責任。

另從技術層面來看，當拖船對航行中船舶進行繫帶拖纜作業時，引水人當然要注意拖船的安全，但小心駕駛避免碰撞的發生乃是拖船船長的責任。因爲除了港區的水域受限是操船障礙的主要因素外，拖船的不當操縱卻是造成絕大多數拖船撞上被服務商船的主因。從往昔的案例我們得知，縱使碰撞係因被服務大船的船舶運動態勢變化所引起，例如船舶倒車之橫向推力所引起的劇烈甩艉動作，亦不能將過失歸諸於被服務船，因爲港勤拖船船長本就應具備預期船舶偏轉，並能迅速調整配合的作業能力。當然此亦不表示，位於被服務大船上的引水人或船長在拖船進行帶纜過程中可以無視拖船的存在，而採取某些不當的措施，例如拖船尚未離開舷側而無預警地動俥或以過快的船速航行，似此，未顧及拖船處境致使拖船受損者，船長或引水人當應爲其作爲負責。

至於引水人對於指揮拖船的權力範圍究竟可延伸至何種程度，至今仍無一明確說法，基本上拖船船長若無引水人指令，逕行採取行動致發生海事時，該拖船船長當應負起過失責任，然而若係因引水人的指令不夠明確或不適當致發生拖船船長回應錯誤的情況，則引水人亦應負起肇事責任。其次，縱使海事係因拖船船長的不當操作所引起，引水人或船長若未在事故發生前下達適當指令化解危機時，亦可能因未「盡最大努力」（Due Diligence），而無法完全脫離責任關係。因爲實務上儘管拖船本身雖有動力，但卻要聽命於位處被服務大船上的引水人的指令作業，尤其操船過程中的每一個運作都是由引水人下達一連串的指令所構成的，其中當然要包括修正錯誤或不測的補救指令。値得一提的是，若是事故係起因於拖船本身的機械故障，則引水人當然無需爲事故負起全責，因爲沒有任何引水人可以預知其所使用拖船之機具運作可免於失靈或故障。究竟引水人的責任僅限於一般較爲通用的指令，例如命令拖船開始或停止推頂，或是拖往某一方向等。至於拖船的機具狀況與操作細節則屬拖船船長的專業判斷及職掌範圍。

【註 5】質疑：在引水區內船長必須說出的一句話

Pilot, we are off the charted track, Is there any special reason for this？

Pilot, how are we going to clear that vessel？

Pilot, do you think we should reduce speed？

Pilot, please make fast the tug before berthing.

第十章　港區操船相關考古題

1. 試述港區操船的速度控制原則。

建議答案：

1. 以不危及他船的速度爲宜；
2. 以不妨礙操船自由之速度爲宜；
3. 以留有充分餘地避讓他船之速度爲宜；依據避碰規則應以當前環境與情況下能使船舶停止前進的速度航行。實務上，通常以能在當下能見距一半之距離內停止船舶前進的速度航行即可；
4. 以勿過度倚賴倒俥制動之速度航行爲宜；常見爲減低慣性或船速而使用較長時間的倒俥，將導致船艏偏轉進而失去控制；
5. 預留足以抵制風、流壓引起之偏航效應的加速空間；
6. 港內操船僅在要求動力（Power），而非動能（Inertia），亦非速力；
7. 以不影響拖船作業效能的速度航行；
8. 以不致使繫纜或拖纜承受過度負荷或應力的速度爲宜；
9. 以不會產生或減緩淺水效應或艉蹲（Squat）的速度航行；

2. 試述港內操船必須以安全速度航行的理由。

建議答案：

1. 感受外力；主在測知風、流的影響力，在抵達欲泊靠船席遠處即應開始；
2. 減少慣性；
3. 延長因應時間，以茲從容評估情勢；

4. 降低淺水效應影響；
5. 避免浪損（Wash damage）的發生；
6. 設若不幸發生事故，可使損害減至最低；
7. 有利拖船協助作業；
8. 本於法規要求；操船者若違反合理的速度要求，勢必要爲海事負責。

3. 試述港內操船發生意外事故的原因？應如何防範？

建議答案：

一、

1. 船速過快致難以制停，或過慢致舵效不足以因應外力；
2. 對船舶特性的估計不正確，如衝止距、俥、舵的反應時間；
3. 誤判或輕估外力，如風、流、拖船出力等；
4. 未保留足夠的運轉餘裕空間，致稍有漂移即生意外；
5. 對港灣情勢了解不足，如水文、氣象；
6. 他船之不當操縱，或違反常規的操作；
7. 俥、舵或其他重要輔機的失靈；
8. 對外聯絡不足；如拖船、VTS、他船引水人等；
9. 船員與岸方有關工作人員的配合不足；如帶纜作業流程與操船者意見相左；
10. 未備雙錨或未帶拖纜；
11. 視界不良；
12. 交通密度過高，相對減少操船的可航水域。

二、

1. 每次操船都要保有「第一次」的警惕態度，時時做最壞（Worst scenario）打算，備妥因應腹案；

2. 安全速度，快慢適中；
3. 充分瞭望，尤其是他船的運動態勢；
4. 保持良好暢通的對外聯絡管道；
5. 人員與雙錨及早備便；
6. 船位搶上風，運轉留餘裕；
7. 加強練習專業判斷能力；
8. 利用機會及早測試倒車；並預先向機艙查詢啓動空氣量，以了解概略有幾次動俥機會。

4. 某總噸位 15,000（G/T）貨櫃船之船艏橫向推進器的電流為 1,500 安培（Amp），電壓為 440 伏特（Vol），試問該船艏推進器之額定輸出馬力為何？又設若在一艘 3,200 匹馬力拖船的協助下，該船如何在吹開風五級的情況下泊靠碼頭。

建議答案：

一、電功率（P）= 電流（I）× 電壓（V）

P = 1,500 amp × 440 vol = 660,000 Watt

∵ 1 馬力（Hp）= 0.746 瓦（W）

∴ 額定輸出 = 660,000 ÷ 746 = 884.7（Hp）≒ 900 Hp

【註】1 kW = 1.34048 hp

貨櫃船在吹開風泊靠碼頭時，因受風面積頗大，而且風力作用中心亦隨甲板貨櫃的分布變動，所以船舶受風影響後之態勢難以預期。依題意本船之 B/T 之馬力僅有 900 Hp，因此其工作馬力明顯較拖船小，亦即船舶泊靠碼頭時之橫向運動主要仍需仰賴拖船，B/T 僅在配合拖船的施力調整船舶運動態勢而已。故而在使用一艘拖船協助的情況下，拖船不應帶纜，以免限制拖船的施力與應有功能。正確的作法是應將拖船配置於船舶舯部稍後處，先令拖船配合 B/T 的施力推頂之，若果兩者之施力仍難以達致平衡時，則應再度調整拖船的施力位置，直至 B/T 的出力足以平衡拖船的出力爲止，亦唯有如此船舶始能產生橫向位移，而且拖船得以全速推頂。

5. 試述影響舵力（Rudder Force）的因素與可能減小舵力的流體現象。

建議答案：

一、

1. 舵的形狀：舵面的展弦比、舵的輪廓、剖面形狀；
2. 船體的干擾與船艉形狀的影響；
3. 跡流與俥葉流的影響：跡流及其影響，俥葉排出流的影響，滑失率增加的影響；
4. 迴旋運動中相對於舵的流向變化。

二、

1. 失速現象（Stall）
2. 空洞現象（Cavitation）
3. 空氣吸入現象（Aeration）

6. 某船排水量 15,000 噸，在港內突然主機故障，當時該船仍以四節的船速作慣性滑行，試問欲利用拖船在船艉作水平拖曳減速至二節時所需之時間與前進距離？拖船的推力為 27 噸；不考慮風、流及本船的阻力。

建議答案 1：

若本船初速爲 Vo，經過 t 秒後之船速爲 Vt，則運動量變化與功間之關係爲

$MVt - MVo = Ft$ ………………………… ①

$\therefore t = M/F（Vt - Vo）= \dfrac{(15{,}000/9.8)}{-27}(2-4)\times\dfrac{1852}{3600} = 58.3$（秒）

M 爲船體的質量，F 爲作用於船體的外力，亦即表示拖船的推力，由①式可得

$Vt = [(F\times t)\div M] + Vo$ ……………… ②

對②式的時間積分，即可得前進距離 X

$X = [(F/M)\times(t^2/2)] + Vot$

$X = \dfrac{-27}{(15{,}000\div 9.8)}\times\dfrac{(58.3)^2}{2}+\dfrac{1852\times 4}{3600}\times 58.3$

$= 90$（公尺）

建議答案 2：

$(15000\div 9.8)\times(4-2)\times 0.5144 = 27\times t$

$t = 58.3$（秒）

$1/2\times(15000\div 9.8)\times（4^2-2^2）\times 0.5144^2 = 27\times X$

$X = 90$（公尺）

7. 吾人皆知船舶的迴轉支點（P/P）位置並非固定，但一般航海人員皆認為前進中船舶之迴轉支點約在距船艏 1/3 船長處，試問其立論理由為何？並以數據說明。請從靜止狀態中的船舶開始解釋之。

建議答案：

一般 P/P 通常會位於作用力之對應點處，而且位置會隨著作用力的大小與方向而生變動，其變化大致如下：

1. 基本上，處於靜水中船舶的 P/P 位置要由長寬比（L/B）來決定。船舶靜止中，即無外力作用時，約與重心 G 重合；

2. 用俥前進之瞬間，俥力未克服停止慣性前，P/P 約在距船艏一倍船寬（若L/B爲8的船舶，約在1/8L）處，此乃因爲產生推力的俥葉在船艉；
3. 一旦船舶克服縱向慣性而開始前進時，即會產生縱向阻力並發生水下阻力，其大小約爲俥力之 1/4，此時 P/P 將依此力相對於推進力大小的比例更進一步遠離船艏，亦即將 P/P 再往船艉方向移動 1/4×(L – B) 的距離。所以此時 P/P 的位置應在距船艉 [3/4L×(1 – 1/8)] = 3/4 L×7/8 = 21/32（L）處，亦即 P/P 與船艏的距離爲 (1 – 21/32)L = 11/32 L ≒ 1/3 L

一般船舶的船寬約爲船長的的 1/6～1/8，故 P/P 的位置爲：

1/8 L + 1/4(L – 1/8L) = 1/2.9 L ≒ 1/3 L

1/8 L + 1/4(L – 1/7L) = 1/2.8 L ≒ 1/3 L

1/8 L + 1/4(L – 1/8L) = 1/2.7 L ≒ 1/3 L

8. 何謂 Lurch？

建議答案：

Lurch 係指船舶的突然傾斜。船舶航行海上，於橫搖中因另有其他傾斜力矩突然加諸於船體上，以致產生不連續、非對等性、大幅度的急劇傾斜現象稱之。一般發生 Lurch 的原因不外：

1. GM 過短引起的突然傾斜；
2. 貨物或自由液體的移動；
3. 受強陣風引起的大幅度橫搖；
4. 在大湧浪中不當操舵轉向；
5. 在主流與迴流之境界處或強勁橫流處用舵不當。

9. 何謂緊急停船（Crash Stop）？又影響船舶緊急停船操作的因素為何？

建議答案：

1. 通常指船舶由全速前進狀態到用全速倒俥而使船舶停住的緊急停船慣性。至於此一期間船舶所航進的距離稱為緊急停止距離或最短停止距離（Short stopping distance）當船舶由全速前進中使用全速倒俥停船將產生下述變化：
   (1) 隨著倒俥的啓動，俥葉轉速（N）與推進力（Tp），會由初值 No，Tpo 急劇地減至零。而在不久後便移至後退側且穩定在該倒俥所對應的 Ns 與 Tps 值上。
   (2) 前進速度（V）將由倒俥前的 Vo 緩慢的下降，直到倒俥推進作用至一相當的時間 to 時，才會進一步降至零。
   (3) 作用於船體的前進阻力（Rs）亦會適應上述的速度變化自 Ro 起始作變化，直到後退速度穩定時，才會與倒俥推力取得平衡。
   (4) 船舶航進距離（S）的增加率，將逐漸地減少，而至 to 時，所對應的航進距離，即所謂最短停止距離（So）。
2. 影響船舶緊急停船的因素不外：
   (1) 初速：初速愈快，則 So 愈長；
   (2) 水呎與方型係數：滿載與肥型船的 So 較長；
   (3) 排水量：排水量愈大慣性亦愈大 So 約與排水量的立方根成正比；
   (4) 主機種類及推力大小；
   (5) 主機倒俥操作時間愈長，則 So 愈長；
   (6) 主機的倒俥功率越小，則 So 愈長；
   (7) 俥葉之螺距可變與否，及其直徑的大小；
   (8) 船體阻力；
   (9) 外在因素；
   (10) 人員配置及其對緊急情況可能採取之反應；

(11) 操船者所具備的專業知識。

10. 試述行進中船舶產生 Wake Current 的三個主因及其對操船之影響。

建議答案：

一、船舶產生跡流的原因不外：

1. 船舶前進時，船體後方留出之空間，引起船體後方水流向前填補；
2. 因水具黏性，當船殼與水摩擦時，造成緊貼船殼之介面層（Boundary layer）內之水體會隨船行進，至於介面層外之水體則會向後流動；
3. 船舶前進時在船舶之艏、艉部會引起靜力波（Static wave），八字波（Diverging wave），橫波（Transverse wave）等。而這些船波中之水分子作圓周運動時，在波峰處有縱向分力。

二、跡流對操船的影響如下：

1. 降低舵效；
2. 在船艉部截面上，跡流分布呈 V 字型，即在近水面處最強，愈往深處愈弱，至龍骨處為零。此一不均勻的流力分布給俥葉的上葉片增加了旋轉阻力，使得船舶艉部偏向左舷。因恰抵消了船舶前進時俥葉側推力艉部偏向右舷的現象；
3. 在狹水道亦產生波害（Wash damage）；
4. 跡流之強弱與船速快慢成正比；船舶靜止時並無跡流存在；
5. 跡流與船舶之肥瘦係數（Cb）有關；肥滿型船之跡流較細瘦型船顯著跡流可增加船體浮力。

11. 試述 Side/Lateral Thruster 的功用，及影響其效率的因素與使用中應注意事項。

建議答案：

一、功用

1. 增加船舶在靜止或低速狀況下的加操縱性能；
2. 離靠碼頭時可供調整態勢；
3. 受限水域拖船無法運用時協助操船；
4. 低速航行舵效不佳時保持航向；
5. 製造下風接送領港或救助遇難人員；
6. 協助船舶近轉或調頭用；
7. 協助保持船位；
8. 無拖船離靠碼頭；
9. 進、出水閘協助穩向；
10. 倒俥時可作爲有效舵（Effective russer）使用；
11. 使船緊貼岸壁以利繫纜作業；
12. 抵銷俥葉所生之橫向推力，使船做直線倒退；
13. 協助拋錨／起錨作業；
14. 配合舵之使用，使船平行離靠碼頭。

二、影響效率的因素

1. S/T 裝配於船體之構築方式與設計；
2. S/T 所在處之船體型狀；
3. 船速；
4. 船舶吃水；
5. L/T 通道兩端出口之水流能否保持均質化（Homogenize）；
6. L/T 通道兩端出口之水流應盡可能產生最小的反作用力（Counteracting force）；
7. L/T 通道直徑的大小；

8. L/T 的馬力大小；
9. P/P 之所在。

三、使用中應注意事項

1. 確認吃水夠深；
2. 船速降至四至五節以下；
3. 防止空蝕（Cavitation）效應或 Air Draw 產生；
4. 逐步增加負荷；
5. 確認額定輸出與最長連續使用時間；
6. 遇有任何異狀應即停止使用查明原因；
7. 接受艉側推效用不及艏側推的事實。

12. 某船船長 150 公尺，艏艉分別繫泊於 A、B 二浮筒，今該船承受五噸來自下圖所示的風壓力，致使船體偏離浮筒線。試問繫船纜 AC 與 BD 所受的水平張力為何？並請求出風壓力在船舶艏艉線上的作用點。

建議答案：

參考廖坤靜著《航海力學》。

13. 某船排水量 6,000 噸，黑夜中，因風強流急必須以 12 節速度趨近港口，行進中突然發現前方 450 公尺處有不明物體，試問該船如果繼續保持航向不變的情況下，是否會撞上該不明物體？又該輪撞上不明物體時的船速及動能（Energy）為何？該輪倒俥力為 25 噸。

建議答案：

一、

$\alpha = F/W \times g$

$F = 25t, W = 6{,}000t \quad g = 9.8$ m/s 代入上式

$\alpha = (-25/6000)\times 9.8 = -245/6000$（$m/s^2$）

另從公式 $2\alpha S = V^2 - Vo^2$

$S = (V^2 - Vo^2) \div 2\alpha$

$= [0^2 - (12\times 1852/3600)^2] \div 2(-245/6000)$

$= -38.11 \div -0.08167$

$= 466.6$（m）

$\because$ 466.6（m）> 450（m）　$\therefore$會撞上不明物體

二、該輪撞上不明物體時的船速（V'）及動能 E（tm）

$V'^2 = V^2 - 2\alpha S'$

式中 $V = 0, \quad \alpha = -245/6000\ (m/s^2), S' = 16.6(m)$

$\therefore V'^2 = 0 - 2\times(-245/6000)\times 16.6 = 1.36$

$V' = \sqrt{1.36} \fallingdotseq 1.16$（m/s）$\fallingdotseq 2.25$（kn）

另外

$E = 1/2\times$（W/g）$\times V'^2 = (6000\times 1.36)/(2\times 9.8)$

$\fallingdotseq 416$（tm）

答：1.會撞上不明物體

2.碰撞時的船速爲 2.25 節

3.碰撞的動能爲 416 tm（米、噸）

14. 衆所周知，操船模擬機已是當前操船者不可或缺的操船訓練設備，試問何謂 MMG 模式？其特色為何？

建議答案：

1. 所謂 MMG 係指 Mathematical Modeling Group 之意，爲日本造船學者建立之船舶操縱運動數學模式。

2. 由此模式所求得的 X、Y、Z、K、M、N（施於船上之總合力與總力矩在 x、y、z 各軸上的分力及分力矩）值與往昔以泰勒級數展開法所求得的數值不同。
3. 該模式除考慮船舶縱移、橫移及平擺三個自由度之運動外，並針對細瘦型高速船，如貨櫃船，及船艛面積大易受風而橫搖之船型，如汽車專用船與 LNG 船進行操縱模擬之需要，考慮橫搖對操縱運動之影響。
4. 此外，尚可針對不同型式的主機及低速柴油機，考慮操船過程中之主機轉速變動。
5. 本模式除適用於深水中之操船運動模擬外，若能適當考慮相關流體力係數之淺水效應，則亦可適用於淺水中之操船運動模擬。

15. 船舶進、出港操船與離、靠碼頭時常採用拖錨走（Dredging）的動作，試問拖錨走時應考慮事項，以及其運用要領為何？

建議答案：

一、拖錨走時應考慮事項如下：

1. 主機的種類與馬力；
2. 錨機性能；
3. 吃水深淺；
4. 靠岸舷側；
5. 船舶噸位；
6. 水域的寬闊度；
7. 慢速運轉中的操縱性能。

二、拖錨走的運用要領如下：

1. 保持最小的對地速度；
2. 對錨鏈施以固定不變的拉力；

3. 放短鏈：一般爲錨鏈筒至海底距離的 1.5 倍，以防錨爪抓入海底；
4. 拖錨用俥時，迴旋支點（P/P）前移，致操舵時產生更大的橫向力，此有助船舶轉向；
5. 拖錨用俥時，船舶前進力被抵消，但不影響俥葉排出流的強度，使得船舶幾乎可以在保持原位的情況下運轉；
6. 當錨鏈長度大於水深三倍時，若急劇吃力將傷及錨機的煞俥片，或有斷鏈之虞，非緊急情況不可用。

16. 引水人引領船舶的過程中常發生所謂的置換性干預（Convert Interference），試問遇此情形汝該如何處置？

建議答案：

所謂 convert interference 係指引水人引領船舶時遭遇船長變相或技巧性的的干預。船長的干預常是以各種掩飾，小船駕駛臺常只有船長一人當值，兼掌俥、舵的操控，因而對引水人所下達的俥、舵令、航向每有陽奉陰違的情況。此等不當干預在設備新穎的船舶更是不易察覺，例如時下最爲興起的 B/T 或 CPP，常是船長最便於動手腳的利器。似此，引水人實在很難即時察覺。因而每每影響引水人的正常判斷與採取正確因應措施，而最嚴重的是，此等設施通常並未設有記錄器，故而一旦事故發生後船長常會掩飾其隱瞞行爲而故作無事狀。此使得不知情的引水人蒙受原本可以避免的肇事責任。此種情形在外籍船隻亦常會發生，亦即船長與其船員常用英文以外的第三語言或本國方言交換不願被引水人知悉的訊息，而此等訊息對引水人而言通常是負面而且必須知道的。處此情形下引水人當然會心神不定地質疑其所下指令是否會被確實且適當地執行或遵守。

17. 吾人皆知，餘裕水深影響船舶操縱與航行安全至鉅，試問影響船底間隙（Underkeel clearance）的因素為何？

建議答案：

1. 海底平面（Level of sea floor）是否平坦；即凹凸不平的程度；
2. 船舶吃水的變化；吃水固與裝卸有關，但船速過快亦會使水呎增加；
3. 水平面（The water level）的變化；即海象、氣象的變化；
4. 船舶迴轉時船體的傾側；與速度平方成正比，與迴轉半徑成反比；
5. 受風面積（Windage）所生的之傾側；
6. 因波浪所生的船體上、下運動；
7. 緊急拋錨情況下，避免錨爪觸破船底之餘裕；
8. 考慮不會受淺水效應至保向及改向困難的影響。

18. 試問 Railroad track effect 對操船上有何影響？要如何因應？

建議答案：

有關鐵路軌道效應（Railroad track effect）對操船的影響，實務上最常見者，乃指巨型船對於其船身究竟是否平行接靠碼頭之判斷，常因船舶長度太長，而造成視差的影響，不易判斷，此正如同鐵道遠處似乎較窄一般，故而即令船舶與碼頭完全平行，亦即艏、艉部與岸邊等距，但感覺上仍是認爲船艏部較近於岸邊。故而常會誤判情勢而下達不正確的指令，造成船舶無法整體平行接靠碼頭，而生衝力過大致船體受損的情形。

爲防止上述現象的影響，操船者應隨時參考都普勒測速儀所顯示的船舶横向移動趨勢，並據以調整船舶泊靠態勢。

19. 船舶科技日新月異，促使船舶操縱系統亦隨之改善精進，時下許多需要靈敏操縱性的船舶已採用 AZIPODS（全方位吊掛式螺旋槳體）操縱系統，請就您對此一系統的了解加以說明。

建議答案：

一、

AZIPODS 乃係 Azimuthing Podded Drives 的簡稱。此系統乃將船舶的推進與操舵系統合而為一，並將俥葉裝置於內含操舵系統的流線型梭體（POD）的前端，再藉轉動 POD 以控制船舶運動方向。亦即以 POD 相對於船體的方向取代傳統舵板導引水流的功能。此 POD 亦被稱為全方位吊掛式螺旋梭體。一般多有二具 POD（若配備三具，中間為固定朝後方向）。由於此一系統為全新科技系統，故而其在操縱上與傳統上的作法存有很大差異，因為俥葉裝於上述 POD 的前方，所以當操船者下達某一舵令時，常隨著俥葉的運轉方向不同，產生完全相反的結果，此尤以船速超過十節者為最。因此儘管操船的原則是永遠不變的，但要操船者僅憑操縱桿來操船可能要經過相當的調適，是故為了要適當的操縱此一系統，以及管理操縱上的風險，必須充分體認人為因素在此一「船／機」介面上所扮演的角色。基本上，AZIPODS 系統都只有二套基本模式：

1. 巡弋模式（Cruise mode）：又稱同步模式，表示藉由一與最大操舵角度可達（35°）同步的可移動的 Pod 進行操舵的模式。
2. 操縱模式（Manoeuvre mode）：此模式又稱不同步模式，或是 POD 操作（Pod operation）。使用此模式則 POD 可以獨立操作（舵角可變的），亦即不同步。

   此外，由於有關 AZIPODS 的專有名詞與操縱指令每家海運公司的說法不一，故而引水人登輪引領前務必確認該輪操縱機具的指令語言，以免混淆發生誤下指令的風險。下圖為客船「海洋神話」的 AZI POD 操俥台。

例 1.：日本籍電纜船 Subaru 的俥令（船艉兩具 360° 可變螺距螺旋槳（ZP）；船艏有 B/T）

指令：四點鐘方向百分之三十出力（よじ、30パーセンド）

解釋：所謂「四點鐘方向」係指兩俥結合的出力與方向，即欲使船舶移動的方向。

本例係用於左舷靠泊基隆東二號碼頭，開船時倒俥並開右艉，再左轉出港。

下圖（操縱顯示器）顯示光點即雙俥的作用點與方向，光點會隨著出力大小與方向移動。下圖為 Monitor 的示意簡圖。

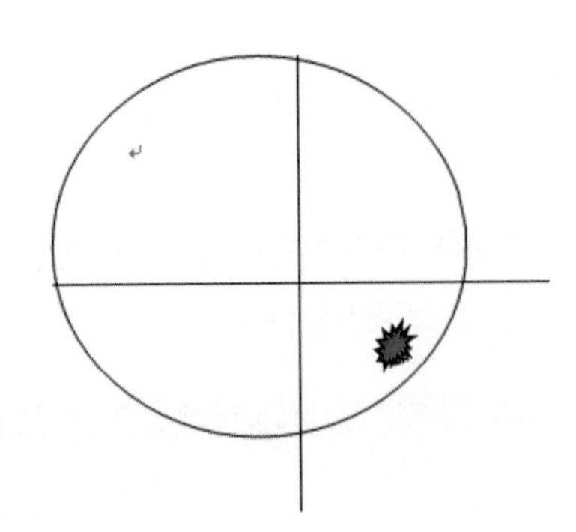

例 2.：客船 Seven Seas Voyager 的 POD 使用實況

船長下達 Port 10 指令，舵工將舵輪向右扳；亦即舵工扳舵方向與 AZIPODS 指示器顯示之偏轉方向相反。因爲所謂 Port 10 係指要讓俥葉排出流向左後方（與中線成 10 度角）排出，如此船艉水流才會往左船艉十度方向排出，推使船艉向右偏，如此船艏才會向左轉向。此時（兩具）梭體指示器會如下圖所示，呈現梭體向右偏轉的指示。

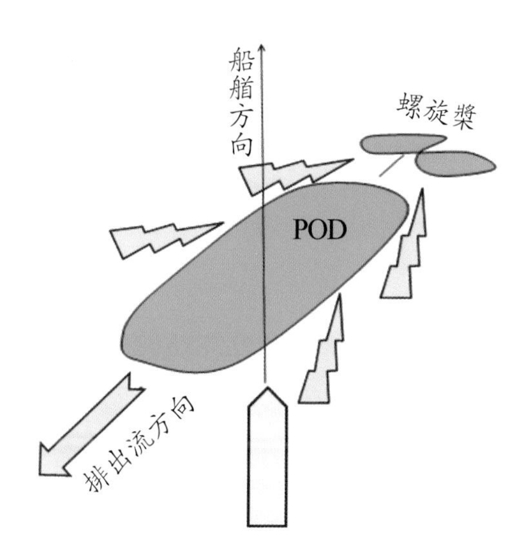

二、

用 POD 應注意與避免事項：

1. 兩部 POD 的俥葉排出流，不應相互干擾；
2. 如排出流流向船殼或下流側之 POD，則推力效應會大幅降低；
3. 低速時避免介於 13～30RPM，或高於 50RPM，以避免「水磨效應」（watermilling effect)，此有如傳統推進器的「危險轉數」。

所謂「水磨效應」則是指俥葉排出流的相互作用干擾致預期效能降低。

20. 請列述影響作業中拖船額定拉力（Bollard pull）的因素。

建議答案：

1. 港口環境的因素：風向、風力，有無水流，波浪的方向與高度；
2. 大船的狀況：船舶種類、大小、吃水、龍骨下水深、俯仰差、受風面積、主機馬力、俥葉種類、運轉特性、有無前俥或特殊舵；
3. 拖船的馬力大小，主機型式為 VSP 或 ZP；
4. 拖船船齡；
5. 拖船船長的經驗與技術；
6. 拖船協助作業的方式：包括是否帶拖纜、如何帶拖纜；
7. 作業水域是否有限制：碼頭附近的水域寬廣度，水深，有無其他船舶繫泊或錨泊。

21. 試列述引水人與船長對於船舶操縱的觀點差異。

建議答案：（參閱方信雄著《引水概論》）

引水人因長期在固定水域帶船，所以操船上的主觀因素會較偶而來港的船長強烈，一般兩者最大的操船差異在於

1. 距離的判斷；
2. 船速的判斷與掌控；
3. 慣性的感應；
4. 船舶狀況與機具的認知差異；
5. 船員能力評估的落差；
6. 對影響操船之外在因素的感應（風、水流、他船的影響、港埠設施的服務品質）。

22. 試述船舶併靠他船外檔（Double banked）時應注意事項。

建議答案：

1. 兩船均應在適當部位備妥足夠碰墊；
2. 風與流等外力的狀況；
3. 有無拖船協助；
4. 兩船的接靠舷有無突出物，如有應收回固定；
5. 本船與他船是否均無傾斜狀況；
6. 備便外舷錨；爲求開船方便應拋長錨；
7. 查明內檔船的狀況；如船型種類，左靠或右靠，有、無拋錨與錨的位置。
8. 盡可能保持緩慢平行靠泊；

23. 試比較操船者利用舵與船艏橫向推進器（Bow Thruster）進行迴轉時的影響差異。

建議答案：

1. 兩者雖都可使船轉向，但作用點不同，一在船艏處，一在船艉端處。利用舵轉向不僅會使船體產生迴轉運動，而且會伴隨產生側向移動，即船艉更會甩向用舵的反對側；而利用 B/T 轉向則是以艉爲支點作迴轉，所需迴轉水域亦較小。
2. 利用舵轉向只有在進俥時才能生效；而利用 B/T 轉向時則是倒車時較有效。
3. 兩者的轉向效能會隨著速度的變化會有所消長。也就是利用舵迴轉時，船速愈快，舵效愈佳。反之若速度太快，則超過五節時 B/T 會變成無效。
4. 一般船艏吃水較船艉淺，所以利用舵轉向的效果較佳。
5. 迴轉支點的變化。

6. 推力轉換的差異；利用舵迴轉時只有部分推力被轉換成舵力，至於使用 B/T 時的出力則會完全轉化成側向推力。

24. 吾人皆知舵為影響船舶操縱的主要因素之一，舵板過小舵效不佳，但因受機械性與船體構造上的限制又不能太大。今有某船總噸（GRT）15,000 噸，船寬 26 米，艏艉垂線間長度（LBP）150 米，設計吃水 9 米，試問欲滿足該船操縱需要之最小舵板面積為何？該船之舵裝置於俥葉之正後方。

建議答案：

公式

$$Ar = (T \times LBP/100)[1 + 25(B/LBP)^2]$$

式中 Ar：舵板面積　B：船寬　LBP：艏艉垂線長度　T：設計吃水

$$Ar = (9 \times 150/100)[1 + 25(26/150)^2]$$

$$= (13.5)[1 + (0.751)]$$

$$= 13.5 \times 1.751 = 23.6385\ m^2$$

答：$23.6385\ m^2$

25. 試問何謂參數橫搖效應（Parametric Rolling Effect）？以及其產生條件為何？

建議答案：

此爲近年來多起大型貨櫃船翻覆事故的主因。係指當一波浪沿船身通過時，會使船舶的穩定度發生變化，故而只要船舶存有些微的傾側角（Slight heel angle），穩定性將會隨著船舶縱擺與上下起浮的週期作韻律性的增加或減少，此一現象稱爲參數效應。因爲不同的波浪橫斷面會改變船舶的穩定性參數，其在某些環境下會產生非常劇烈的橫搖。此最常發生在船舶遭遇來自近於船艏或船艉的浪，且波浪長度介於0.5～2倍船長時。

大型貨櫃船的自然橫搖週期約在 20～30 秒之間，所以其參數橫搖最易發生時機在波浪約自船艏或船艉方向來，且遭遇週期爲 10～15 秒時。

易於引起船舶招致參數橫搖的條件：

1. 交互更迭於船舶艏、艉的波浪橫剖面必須改變船舶的直立 GM 值至一超過極限的數值，其主要依船舶的 KG、船體線型、波長及波浪高度而定。
2. 所遭遇的波浪週期必須爲船舶自然橫搖週期的一半。
3. 船舶必須遭遇某些反覆無常的起始傾側力，諸如突如其來的陣風（Gust of wind）或舵的使用（Helm action）。以至當其穩定度極小時，會使船舶產生橫搖，進而使傾側角持續增加。
4. 橫搖的鎮偏必須相對的輕，此通常意味著船舶是以較緩速度航行。由於 Bilge keel 及其他船殼附屬物（Hull appendages）消除橫搖能量的效用是依船舶前進速度的平方增加的，故而其效用在緩速航行時會明顯降低。

26. 何謂 Virtual Mass 與 Added Mass？何謂 Froude's Number？試問有何公式可以近似或表示及其對操船上有何影響？

建議答案：

一、

舉凡具有形狀的物體在流體中作加、減速運動時，除了物體本身的質量（m）外，更有因物體周圍水流的移動所生之附加質量（Added mass）。所以當船舶作加、減速運動時亦會產生附加質量，其純屬流體力學的物理量，與船舶所浮處之周圍海水密度成正比，且依水下船體型狀及加速度運動的方向而異。

在淺水域或狹窄水道，因船體周圍流體的加速以及流體的自由流動度受限，導致反作用力的增加，亦即造成附加質量的增加。在水深足夠且水域寬闊處，相對於前後方向的附加質量約爲船體質量的 5～15%，橫向則高達 90～120%。

因此，如令前進方向的附加質量爲 mx，橫向移動的附加質量爲 my，則

前進方向的實際質量爲 m'x = m + mx = m×kx

橫向移動的實際質量爲 m'y = m + my = m× ky

二、

佛氏數乃 Froude's 氏利用船模實驗，並修正因水之黏性隨溫度所生之變化而求出之摩擦阻力係數。一般以之作爲衡量船速快慢之標準。

Froude's 氏認爲

1. 設若佛氏數保持不變時，則剩餘阻力與船長之立方成正比（Froude's law of comparison）；
2. 若兩船具有相同之佛氏數，則在相同之環境下，如流體無任何黏度，將會有相同的動作。事實上，並不可能。佛氏數可以下列公式表示之：

$$F = v/\sqrt{gl}$$

v：船速（m/sec）

l：船長（m）

g：重力加速度（m/sec）

27. 請列述汽車專用船（PCC）的船體特徵與靠泊注意事項。

建議答案：

一、特徵：

1. 駕駛臺在船艏；
2. 肥瘦係數約在 0.67 左右；

3. 船體平行部分較短，約為 LOA 的 35%；
4. 船艏與船艉的外展（Flare）斜度較大；
5. 受風面積大；
6. 滿載與空船時的水呎並無太大變化；

二、靠泊注意事項

1. 多採右靠；除非船舯有車道板（Ramp）；
2. 易受風力影響；應考慮風向（向岸或離岸）與風力（是否超過拖船負荷）；
3. 相對於高乾舷，吃水較淺，俥、舵浸水不深致保向性較差；
4. 駕駛臺在船艏，致速度判斷不易；
5. 因船型限制，致拖船在艏、艉推頂不易；
6. 轉向時，船艉部的迴轉弧度較大；
7. 轉向時，用舵點不易掌握；
8. 船艉方向視線受甲板建物影響，盲區較大；
9. 船身較高，常因拖船拖纜長度太短致拉力不彰；
10. 安排船席長度時，應考慮車道板能否放下；
11. 停船位置是否因纜樁所在，致車道板無法放下；
12. 潮差是否過大而無法放下車道板；
13. 上、下領港時，應考慮從領港梯走至駕駛臺的時間延遲；
14. 吹攏風開船時，常有拉不出碼頭的困擾。

28. 試問依據 2002 年 IMO Resolution MSC 137（76）號決議案【取代原 1993 年 IMO A751（18）號決議案】之規定，自 1994 年 7 月 1 日以後，船長超過百米以上之船舶，有關船舶操縱應符合何種標準？又該標準中有關基準（Criteria）之規定如何？

建議答案：

IMO 決議案中之操縱標準，主要實施於新造船的海試過程中，包括經由各不同超越角度（Overshoot Angle）的 Z 型試驗求得；

1. 制止偏轉的能力（Yaw checking ability）；
2. 航向穩定能力（Course keeping ability）；
3. 迴轉能力（Turning ability）。

上述船舶操縱資料，必須經由下列方式提供給引水人與船長參考；

1. 領港卡（Pilot card）；
2. 駕駛臺貼圖（Wheelhouse poster）；
3. 操縱手冊（Manoeuvring booklet）；
4. 海試應在下列基準情況下進行；
5. 實施海測試驗之水域的水深至少應在船長四倍以上；
6. 海象條件之上限爲浦氏風力級數表五級、波浪四級；
7. 滿載之定義爲設計滿載吃水（Design load line draft），即夏季滿載吃水（Summer load line draft）。

29. 某貨櫃船全長 294 公尺，寬 32.2 公尺，吃水 12.2 公尺，排水量為 70,000 噸，其要靠泊於某一實心碼頭，該輪趨近碼頭的速度為 1 節，試問在無風、無流的情況下，要用多少拖船的拉力施於距離碼頭 30 公尺處外的貨櫃船，始能讓其在靠上碼頭時的側向速度為零？該輪無船艏橫向推進器，船席水深足夠勿需考慮淺水效應。

建議答案：

依照公式 $(0.07\ D \times Vi^2) \div S$

式中 Vi：起始速度（公尺／秒）

D：排水量（噸）

S：停止距離（公尺）

$0.07 \times 70{,}000 \times 0.514^2 = 1{,}294.56$

$1{,}294.56 \div 30 = 43.15$ 噸

30. 試述目前大型船舶所採用之 AZIPODS（全方位吊掛式螺旋梭體）操縱系統的優劣點，以及引水人引領該等船舶應注意事項。

答：

AZIPODS 乃係 Azimuthing Podded Drives 的簡稱。

優點：

1. 提升流體力學的效率，降低燃料消耗量，有利改善環境。依據廠商的水槽試驗與海上試俥結果顯示，效率可提升 10%。
2. 操縱性能變佳：進、倒俥轉換能力較高；倒俥時的操舵效能亦佳。
3. 由於俥葉的驅動馬達係裝置於 POD 內，因此降低了振動與噪音，而且因俥葉所造成的船體振動也變小了。
4. 由於不需裝置俥葉軸、舵板、艉橫向推進器，故而可充分利用船內空間。
5. 由於 POD 可採預鑄方式同步進行，故可降低施工期間，進而節省成本。

缺點：

1. 港內操船因螺旋轉數較低，故而轉向時，每因船艉雙俥設置過近，無法發揮預期迴旋功能或側向運動，而需尋求拖船協助。
2. 由於採用本系統操船，需頻繁轉動梭體，故而軸承受損機率甚高。
3. 由於未採用傳統內燃機，完全依賴電機系統，電機系統一旦發生故障，即完全失能。

4. 舵工扳舵方向與 AZIPODS 指示器所顯示之偏轉方向相反，甚易造成操船者的誤判。
5. 因為俥葉裝於縮體的前方，所以當操船者下達某一舵令時，POD 的轉動方向與所下舵令方向相反，易造成混淆。

引領時應注意事項

1. 由於 AZIPODS 的操縱指令尚未統一，每家航運公司的說法不一，故而引水人登輪引領時務必確認該輪有關操船的模式與指令語言，以免滋生爭議與危險。
2. 確實核對 POD 的指示器，以便確認所下指令被忠實執行。
3. 泊靠碼頭時，艏、艉側向力不易達致平衡。因為欲調整設於船艉的兩 POD 間的相對位置，期以和船艏的 B/T 的功率達致平衡並不容易。

31. 吾人皆知船速較快時，船艏橫向推進器（B/T）之效率會相對降低，試問速度之所以會降低船艏橫向推進器效率之原因為何。

建議答案：

1. 水下整體側向阻力改變：當船舶作前進運動時，因迴旋支點的前移，致使水下整體側向阻力前移，且此阻力隨船速的加快而增大，並與 B/T 的推力成相反方向。結果因 B/T 之施力點過於接近側向阻力中心，造成力臂過短，終無法與水下阻力相抗衡，而失去應有效率。
2. 水流影響：由於水體快速通過 B/T 通道（Tunnel）之開口（Aperture），有部分的水下阻力被吸入流（Intake）所吸收，因而嚴重降低可用效率。
3. 壓力場改變：船舶前進時，B/T 通道進、出口近處因吸入流與排出流所形成的各種壓力場（Pressure field），而此等壓力場的合力則與 B/T 作用方向相反，而減緩其效率。
4. 船艏高壓區的形成：當船舶有前進速度時，在船艏前方會產生一高壓區，使得船體之前部的側面阻力會達到最高，且隨著船速的增加提高。尤其在作迴轉操作時，B/T 必須推使船舶克服此高壓區及因船舶運動所生之船艏波，所以會使應有效率被抵消。

5. 排出流角度改變：船速太快，B/T 排出流與船艏艉線所成之角度，不再是靜止時之直角狀態，而是趨向船舶運動的反方向。船速愈快曲折度愈大，故效率愈差。

32. 最近台灣各大商港常有大型客船泊靠，而在操船過程中常遭遇「露台效應」（Balcony Effect）的影響，試就您所知詳述此現象與因應之道。

建議答案：

新型客船主甲板上各層客房皆有陽台設計，以及相鄰客房之陽台都設有隔板，此等陽台的內凹設計與單舷數百片隔板，都會增加風阻效應，進而產生駛帆作用，亦即風力無法隨傳統船體流線快速消散，因此增加風壓效力，致使船速不易減緩，更難操縱。

此類大型客船最怕風從船艉 30° 左右方向來風，因爲自單舷吹入各上層客房陽台隔間的風，會嚴重影響操船。港外對應之道只有改變受風角度或加速克服；港內只有及早減速多留操船餘裕，並借由拖船與 B/T 的協助克服。

33. 試述影響緊急停船距離（Crash Stop Distance）的因素。

建議答案：

1. 初速；
2. 吃水與方型係數；
3. 排水量；

4. 主機種類與推力；
5. 俥葉螺距係爲固定或可變；及其直徑大小；
6. 船體阻力；
7. 用舵的頻度；
8. 外在條件：風、流、水深。

34. 駕駛臺資源管理（BRM）已成當前海運界改善航行安全的重要課題之一，試問當前國際海運社會推行「Close Loop Communication」之立意與內容為何？

建議答案：

駕駛臺所有關於航行指令的下達與確認是非常重要的，類似指令是有效與成功的 BRM 的最重要因素。因爲對引航區內的船舶而言，指令未被聽到或是被誤解將迅即造成大災禍。

所謂「閉環式指令傳達」（Close Loop Communication）即是指操船者所下達的指令，由駕駛臺團隊成員中的執行者正確接收並執行，再以口誦回覆，最後再由操船者本身口誦回覆，以確認自己所下達指令被充分執行之意。其實，口誦回覆指令乃傳統航海習慣，只不過日趨勢微而已，由於當前實務上下達指令者常疏於監督所下指令是否被確實執行，因而每造成海事。所以國際間乃積極推行此一指令傳達循環模式，以加強操船者之責任，進而提升海事安全。

尤其當船舶由引水人操船時，所下操船指令常較大洋航行爲多，此時引水人的角色即處於「Closed loop」指令傳達環境的啓始與終端，更應明確傳達與驗證所下指令的完全貫徹，以確保引航安全。

此一方法包括下指令者，駕駛臺團隊中的適當人員的回覆，發令者的確認後回答「Yes」。回覆命令者，不僅確認他已聽到正確指令，更在心智上確認指令的有效性。

【註】

目前大型郵輪船長作進、出港 MPX 簡報（MPX briefing）時，都會強調駕駛臺團隊採用 Close Loop Communication 模式作爲溝通聯絡方法，請引水人配合參與。

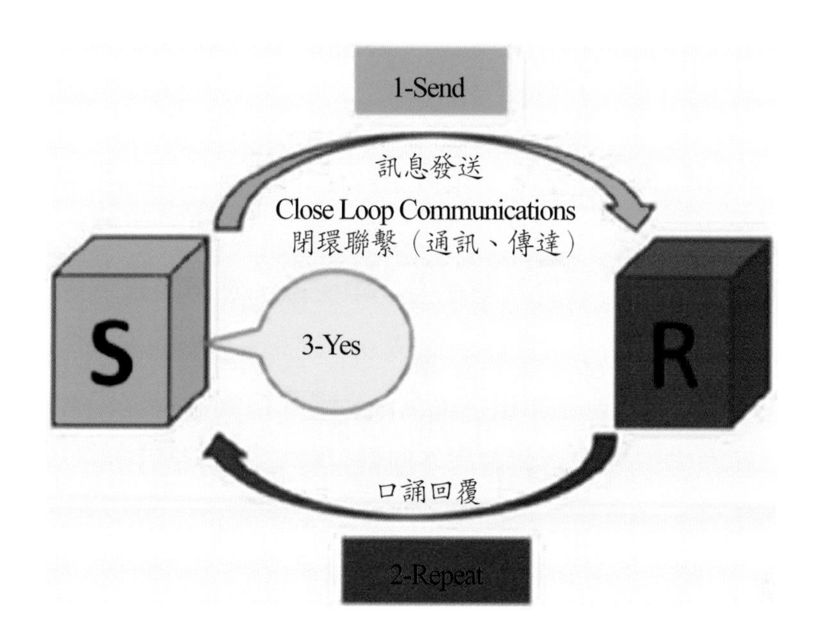

35. 試述港內拖帶一萬噸級無動力船舶泊靠碼頭應注意事項。

建議答案：

1. 確認被拖帶船之狀況；有無沉沒之虞？
2. 請求航道淨空；
3. 確認發電機、錨機、絞纜機是否可用？
4. 錨機若可使用，則應雙錨備便；
5. 舵板最好固定於正舵位置；
6. 至少請求二艘拖船協助；

7. 確認拖纜狀況良好；
8. 較大馬力、操縱靈活之拖船配置船艉以利停船與調整態勢；
9. 拖帶速度不宜過快，以免拖船運轉不易致生危險；
10. 死船雖無動力但慣性甚大，大角度轉向時，應令艉拖倒俥減緩慣性以利運轉；
11. 抵船席前及早將船停止；
12. 泊靠前視情況調整拖纜長度。

36. 某汽車船船長 220 公尺，船寬 36 公尺欲進入堤口間距為 230 公尺寬的港口，該船駕駛臺至船艏距離 35 公尺。該輪於距堤口二浬外即將船位置於入港航道之中央線，然當該輪抵堤口附近時，因受到流向與航道中央線成 90°、流速 2 節的潮流影響，致產生 7° 的偏流角（Drift Angle），試問該輪通過堤口當時船艉偏離航道中央線之距離為何？離最近堤岸距離為何？

建議答案：

船艉偏離中央線之距離 = [tan 7°×(220 – 35)] + 18.

= [tan 7°× 185) + 18.

= (0.12278×185) + 18

= 40.71 公尺

離最近堤岸距離 = 115 – 40.71 = 74.29 公尺

37. 最近國內各大商港時有大型客船灣靠，試問引領大型客船在操船上應注意事項為何？

建議答案：

1. 登船後應依據 IMO 規定與船長進行 MPX；唯有與船長完成 MPX 並取得船長授權後始能開始接手操船；

2. 確認被引領船舶的推進系統種類、型式、馬力與俥、舵指令的下達模式；
3. 注意各項操船相關數據顯示器（Monitor）的位置所在；
4. 引領過程中，應隨時比對船舶運動軌跡顯示器上之顯像是否與電子海圖顯示器（ECDIS）所示的計畫航跡接近，否則應即修正；
5. 客船駕駛臺在船艏，迴轉時應注意甩尾，確保船艉安全；
6. 由於駕駛臺在船艏，轉向時易產生方向性錯覺，故而引領過程中應注意船舶艏向的變化；
7. 詢問船長在港區內操船有無迴轉率（Rate Of Turn, ROT）的限制；若有，轉向時應注意迴轉率（Rate Of Turn, ROT），切勿超過船上設限的迴轉率度數，以免迴轉慣性過大難以控制；
8. 轉向時要避免使用大舵角，以免船身過度傾斜，造成旅客的不舒適感，甚或影響旅客用餐的進行或餐具的損害；
9. 客船乾舷高受風面積大，慢速行進時應注意風壓的影響；
10. 應平行接靠碼頭；
11. 注意是否有任何設備、機具突出船舷；
12. 務必對準旅客橋所在位置，以免影響旅客上下。

38. 試述港內操縱大型重載船舶的船速控制原則為何？

建議答案：

1. 不危及他船；
2. 不妨礙操船自由；
3. 留有充分餘裕避讓他船；
4. 勿過度依賴倒俥；
5. 預估風、流偏壓之影響；

6. 僅求動力不求速力；
7. 不影響拖船作業；
8. 確認拖纜與繫纜的負荷；
9. 當前環境下如何令船停止；
10. 避免淺水效應的產生；
11. 容許有充分時間評估判斷情勢；
12. 不影響情緒。

39. 試述錨在操船上的運用。

建議答案：

1. 停泊用；權宜性拋錨或地中海式繫泊法；
2. 協助調頭或迴轉；
3. 控制或減緩船舶慣性與速度；
4. 控制橫向移動速度；
5. 前進或倒退運動時可協助保持艏向；
6. 協助調整泊靠角度；
7. 繫浮筒時的配合作業；
8. 調整與他船或岸邊的距離；
9. 協助離泊；
10. 雙錨泊時可限制船舶迴轉方向與範圍；
11. 藉由錨鍊的吃力，使得 P/P 往前移，進而提昇迴轉效率；
12. 緊急狀況時作爲避碰用。

40. 試述配置可變螺距螺旋槳（CPP）船舶的優、缺點。

建議答案：

優點

1. 一旦主機運轉後即無需重新啓動，減少壓縮空氣的使用；
2. 速度可微調至操船所需之最低速度（Minimum）；
3. 俥葉朝同一方向迴轉且轉數固定，僅藉調整葉片角度即可達到進、倒俥與速度，勿庸擔心高速行駛時倒俥不來之虞，且俥的轉換亦快；
4. CPP 船的緊急停止距（Crash stopping distance）較固定螺距船短，大約只有 60～80%；
5. 主機不必設置逆轉裝置；
6. 在極短時間內可達致較高速度；
7. 航行中可選用最適螺距（Optimal pitch）以節省燃油，不似固定螺距船需用微調器（Governor）作微調所受到的容許度限制；
8. 駕駛臺操俥便利。

缺點：

1. CPP 船一般無適當指示器替代傳統俥鐘，加諸螺距轉盤刻度不夠明確，且螺距由船長自行調整加減，因而引水人甚難得知船長是否確實回應其指令；
2. 減速需漸次調降，以免舵效突失；
3. 慢速時舵效不佳，航向穩定性較差；
4. 螺距歸零時，舵力可能全失；
5. 俥葉不停旋轉，易絞纜；
6. 倒俥力較固定螺距船小，應及早減速；
7. 螺距相對應的速度不易掌握，致操船者對速度的掌控較爲不易；
8. 即使螺距歸零停俥時，亦會產生船體向前或向後的現象；
9. 俥葉之轂部較大，使得推進效率變差；

10.構造複雜，製造費用較高。

41. 何謂慣性係數（Inertia Factor）及其影響因素？何謂船舶艤裝數（Equipment Number）？

建議答案：

1. 慣性係數係指船舶改變速率，自發令至達到所要求的速率時止，其間所產生之延遲距離除以新、初速率差，所得之商。

   即，慣性係數＝衝距 ÷（新速－初速）

   影響船舶慣性係數之因素如下：船舶吃水；船速；相對風向／流向；船體阻力；受風面積；相對於吃水之水深；主機倒俥馬力。

2. 往昔船舶所需置備的錨、鍊、繫纜的呎吋規格，常因各國法規依據不同而有差異，因此世界各船級協會為求統一，乃制定一公認依據，並據以求出船舶應置備之錨、鍊、繫纜之規格呎吋。所謂船舶艤裝數乃指以船舶的深度（D）與船寬（B）之和乘以船長（L）之積，再加以依據船艛及甲板艙間之種類自船舶設備規程中所列之增益數值（C）而得者：

   $$K = L \times (B + D) + C$$

   又由於上述公式中之增益值（C）之數值極微，故每略而不計，所以船舶艤裝數常以 $K = L \times (B + D)$ 表示。

42. 國際海事組織（IMO）STCW 公約 2010 年修正案通過的「駕駛臺資源管理（BRM）」訓練課程中，強調船舶引領過程中應避免發生「Single Point Failure」，試問何謂「Single Point Failure」？

建議答案：

所謂「Single point failure」係指船舶在有引水人參與的駕駛臺團隊運作過程中，當團隊中的某一成員造成錯誤或疏忽時，其他成員未能及時糾正錯誤，而造成非預期的結果。BRM 的核心功能就是要確保團隊內個別成員的錯誤或遺漏可以被即時發現，而且此等錯誤或疏忽也會引起團隊領導者的注意，並立即採取糾正措施。

此一機制旨在落實駕駛臺團隊成員要分工明確，並充分了解自己所承擔的任務，各人之間的對話與聯絡應明確無誤，集中精力工作，並能隨時針對環境與情勢的變化作出即時反應，以降低船舶步向危險的機率。

43. 某行進中三萬噸級商船欲借助拖船在船艏處帶纜協助泊靠，請以簡圖說明拖船與商船間相互作用力（Interaction Forces）之變化與其影響因素。商船船速四節，無風無流。

建議答案：

當船舶有前進速度時，會對貼近船身處的拖船會產生不同的力（Force）與迴轉力矩（Turning Moment），此等力與迴轉力矩乃是起因於大船與拖船間的相互作用效應（Interaction Effect）。並依下列因素而變：

1. 船型：重載散裝船效應大；小船或貨櫃船效應小；
2. 吃水：吃水愈深，效應愈大；
3. 俯仰差：艏重吃水效應愈大；
4. 船底間隙：船底間隙愈小效應愈大；
5. 操船水域的幅度：水域愈窄效應愈大；

又此一效應依船速的平方遞增，但卻隨著大船與拖船間的距離增加而遞減。基本上，此效應最爲明顯處爲近船艏處，常對帶纜中的拖船帶來危險。故而拖船常要視上述因素而調整趨近方式。

當拖船愈近於大船，且爲保持與大船等速前進時，所需輸出的額外馬力要比在距離稍遠處爲大。此一效應的大小不易判斷，原則上大船速度愈小效應愈小。

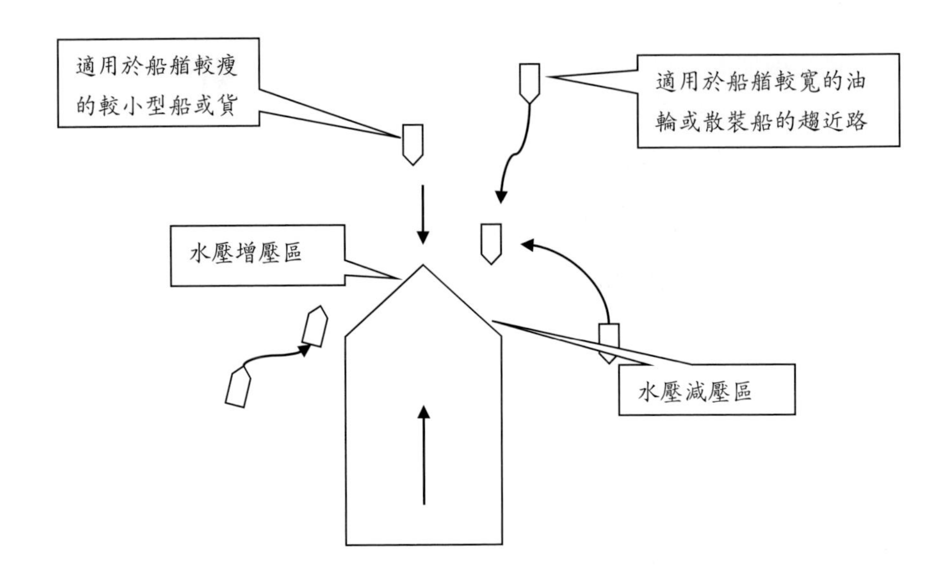

44. 何謂岸基領航（Shore Based Pilotage）？應考慮事項為何？

建議答案：

指較小型船舶，在天候或海況惡劣，或其他特殊環境下，引水人無法出海至既定引水登船區登船，而必須乘坐引水艇等候在遮掩度較佳處登船之謂。

1. 取得船長與 VTS 的同意；
2. 事先與船長作好 MPX；
3. 天候、水文狀況；
4. 交通狀況與密度；
5. 進港後有無足夠滑行距離；
6. 進港船船況：貨載、吃水、受風面積；

7. 主機狀況；
8. 拖船足夠否？

45. 請列述影響作業中拖船額定拉力（Bollard Pull）的因素。

建議答案：

1. 港口條件：含航道的限制、港口至船席間水道狀況、船席附近的可運轉水域、水深、船速限制、有無其他船舶繫泊；
2. 碼頭構造：含碼頭形狀（開放或封閉）、空心或實心；
3. 欲協助的船舶：含船舶種類、大小、吃水、龍骨下水深、俯仰差、受風面積、主機馬力、俥葉種類、運轉特性、有無前俥或特殊舵；
4. 環境因素：包括風、水流、波浪及能見度；
5. 拖船的型式與船齡；
6. 拖船協助的方式：包括有無帶拖纜、使用大船纜或拖船纜，或是緊貼船邊作業。拖船船長的養成背景與經驗。

46. 理論上，拖船在協助大船作業時，其所施出的拉力只要能夠克服風力、水流與波浪等施於船體上的總作用力即可產生效用。但除此之外，實務操船上仍有許多必須考量的因素，試列述之。

建議答案：

1. 拖船仍需具備充分的預留馬力，以便在強風或強流中可以推頂或拉曳船舶，或迅速的阻止船舶漂流。
2. 拖船不可能永遠與大船保持九十度的態勢作推頂或拉曳的動作。結果常會消耗拖船的部分既有效能。
3. 拖船不可能百分之百施力。
4. 配置於船艏與船艉的拖船不可能同時以最大馬力作推頂或拉曳的動作。亦即因船艏與船艉的拖船施力不平均易產生偏轉力矩。

5. 帶纜作業的拖船，若拖船纜太短，則其俥葉的排出流可能衝擊到大船的船殼，此會明顯降低拖船的拉曳效能。此時必須藉調整拖纜長度與拖曳角度改善之。

所以為求安全起見，操船所需的拖船馬力，應在估算風、流與波浪施於船體上的總作用力後，再加上 20～25% 的餘裕馬力。

47. 某船於視線良好的夜間進港裝卸貨櫃，突然船上所有測速儀器皆故障無法使用，試問汝將如何判定船速以及如何因應？

建議答案：

操船者可從：

1. 駕駛臺的定點位置通過碼頭橋式機腳架跨距（約 40 呎）的時間判斷船速，如通過時間為 12 秒，則船速約為 2 節；或可；
2. 從船舶通過兩繫纜樁間（約 25 公尺）的時間間隔判斷，如通過時間為 24 秒，則船速約為 2 節；
3. 請求船交中心的岸基雷達提供速度資訊。

   夜間港內遇有航行與測速儀器故障，操船者應即將船速減至可保持舵效的最低速，並採取預防措施，如備妥雙錨，拖船及早帶纜等。

48. 試問引領大型郵輪進、出港時應注意事項為何？

建議答案：

1. 注意服裝儀容；
2. 及早登船以便有充分時間依據 IMO 規定與船長進行 MPX；唯有與船長完成 MPX 後始能開始操船；
3. 確認被引領船舶的推進系統種類、型式、馬力與俥、舵指令的下達模式；

4. 注意各項操船相關數據顯示器（Monitor）的位置所在；
5. 確認船長決定在何處調頭；
6. 依船長要求確認哪一舷泊靠；
7. 客船駕駛臺在船艏處，迴轉時應注意甩尾，確保船艉安全；
8. 由於駕駛臺在船艏，轉向時易產生方向性錯覺，故而引領過程中應注意船舶艏向的變化；
9. 轉向時應注意迴轉率（Rate Of Turn, ROT），切勿超過船上設限的迴轉率度數，以免迴轉慣性過大難以控制；
10. 引領過程中，應隨時比對船舶運動軌跡顯示器上之顯像是否與電子海圖顯示器（ECDIS）所示者接近，否則應即修正；
11. 客船乾舷高受風面積大，應注意風壓的影響；
12. 調頭時應注意前後離岸距離；
13. 要拖船加蓋帆布，以免汙損船殼；
14. 轉向時要避免使用大舵角，以免船身過度傾斜，造成旅客的不舒適感，甚或影響旅客用餐的進行或餐具的損害；
15. 注意是否有任何設備、機具突出船舷，如有，接近岸邊前應請領班將旅客橋移走；
16. 考慮相對於纜樁負荷的絞纜機馬力；
16. 應平行接靠碼頭，以免觸及旅客橋支架；
17. 協助的港勤拖船應於船艏處加掛白帆布以免沾汙客船船殼；
18. 確認旅客橋所在位置以免影響旅客上下；
19. 碼頭歡迎人員應遠離岸邊，以免影響繫纜作業；
20. 如無必要應避免鳴笛。

49. 試比較橫向推進器（Bow thruster）與拖船在船舶操縱上的優缺點。

建議答案：

一、B/T 的優點：

1. 勿需太大的作業水域；
2. 所下達指令之回應較快；
3. 不受外在時間控制；
4. 一人即可操作；
5. 受風、潮流影響較小；
6. 省卻使用拖船艘數，節省營運成本；
7. 勿需派遣人員帶解拖纜，可節省人力；
8. 協助拋錨作業，調整低速下的適當艏向。

二、B/T 的缺點：

1. 作業效率受船速影響；
2. 易受發電機負荷影響，常無法輸出額定馬力；
3. 受吃水、俯仰差影響；
4. 只能產生橫向推力；
5. 遇有空心碼頭則反作用力較小；
6. 馬力不及拖船。

三、拖船的優點：

1. 馬力穩定，不受船載電機負荷影響；
2. 可遵照操船者所希望的各方向施力；
3. 具有制止與推進船舶的效用；
4. 可支援其他作業；
5. 可補強舵力或作爲拖曳阻力（Drag）用；

6. 在推頂或拖拉之同時，更可達到降低被服務船船速的目的。

四、拖船的缺點：

1. 需較大的作業水域；
2. 受派遣、調度之限制，常有延遲可能；
3. 工作品質會因操船者之背景、工作態度與經驗技術不同有所差異；
4. 需較多之人力參與和配合；
5. 需與操船者保持良好聯絡與作業默契；
6. 拖纜之回收，可能延宕動俥時機；
7. 被服務船之船速度過快時，不僅不易保持相對態勢，更且會失去既有效能；
8. 有橫反拖、斷纜、絞絆大船俥葉的危險性；
9. 泊靠碼頭時，可能因拖船的無預期傍靠，產生不必要的側向運動（Lateral motion）與迴轉運動；
10. 被服務船的俥葉排出流可能影響拖船效率；
11. 倒俥時，艉拖會因力臂變短而降低效能。

50. 試比較夜間操船與日間之差異。

建議答案：

1. 喪失對目標物的深感度（Depth perception），因而對速度、距離之估計較為困難；難以從船艏方向判斷距離，只能觀察正橫及後方目標；
2. 晴朗的夜間使物體或目標物顯得較近，視界不良時距離則顯得較遠；
3. 無燈光浮標不可見，雷達有時亦無法測知，需賴目視瞭望，或引水艇等小船協助；
4. 與岸壁距離不易判斷；
5. 岸上突出物、結構物可能因照明不足難以辨識；

6. 岸上背景燈光之干擾可能使導航標誌與參考目標變爲不可見或誤判；
7. 夜間作業人員易於疲憊，不僅會降低警覺度、效率，更招致危險。此包括船員、岸上工作人員等。

註：深感度（Depth perception）：爲雙眼之視景（Binocular vision）及相對位置之不正確評估的結果。

51. 試述採取緊急停船（Stopping ship in an emergency）的原因與影響停船因素。

建議答案：

一、採取緊急停船的可能原因如下：

1. 判斷錯誤（Error of judgement）；
2. 對俥、舵令的錯誤回應（Mistake responseto a helm or engine order）；
3. 船舶的主、輔機的無預警故障（Sudden breakdown of the main/auxiliary machinery of the ship）；
4. 航道前方有航行障礙物（A navigational obstruction in the fairway ahead）；
5. 拖船的拖纜斷裂而需避免緊急危險（To avoid imminent danger due to the tug's line is parted）；
6. 交通管制的缺失（Failure of traffic control）。

二、影響緊急停船的因素：

1. 初始速度；
2. 船型；吃水、方型係數；
3. 排水量；
4. 主機種類及推力；
5. 俥葉螺距的可變與否，及其直徑大小；

6. 船體阻力；
7. 外在條件；
8. 人力因素；因應緊急情況的反應能力；
9. 操船者具備的當地港灣知識，如水文資訊、拖船性能與限制。

52. 試述連續壁碼頭與空心立樁碼頭對操船的影響。

建議答案：

一、靠泊時

連續壁碼頭：

1. 倒俥俥葉流會在船體與碼頭間形成楔墊作用（Cushion effect）；
2. 橫向移動時亦會使船、岸間水位增高而增大阻力，可和緩船體與碼頭間的衝擊負荷；
3. 船舶從近處通過時易生岸壁效應，且與速度成正比。

空心碼頭：

不具上述碰墊作用，因此需使用拖船協助控制接靠速度。

二、離泊時

連續壁碼頭：

1. 正舵進俥時，在船體與碼頭間之水體被俥葉吸入而使水位降低，水壓減少，易使船體靠向碼頭；
2. 倒俥時，俥葉流排入船體與碼頭間，有助於將船體推離碼頭；
3. 受水流沖擊時會產生渦流或反流。

空心碼頭：

倒俥時，俥葉流自由排入碼頭下方，並無推使船體離開碼頭之力。

三、使用橫向推進器時

空心碼頭之效用較大；實心碼頭則因水流反射作用或會降低效率。

四、實心碼頭結構牢固；空心碼頭構造較爲脆弱，接靠時務必減緩橫向位移速度。

53. 作為一個引水人，試問汝應如何就港口的操船環境決定離、靠碼頭時的拖船艘數與馬力，又雇用拖船時有何限制？設若遇有特殊氣象系統通過時又該如何處置？

建議答案：

1. 船舶大小與船舶種類型式？
2. 船舶狀況爲何？
3. 是否要調頭？
4. 進港或出港？
5. 風力大小與相對風向
6. 船席泊位之所在與水域的寬窄；
7. 交通頻度；
8. 遇有特殊氣象系統致有安全顧慮時可考慮暫時不開船；
9. 只考慮安全，沒有限制。

54. 請以簡圖說明目前國內商港之設計水深、計畫水深與餘裕水深間之關係，以及其依據基準為何。

建議答案：

一、說明三者間之關係

在碼頭設計時，依據交通部頒布之港灣構造物設計基準——碼頭設計基準及說明，碼頭之設計水深應依碼頭之計畫水深（船舶吃水深），考量碼頭之結構型式、現地之水深、施工法、施工精度及碼頭沖淤之情形決定，通常設計水深爲計畫水深與餘裕水深之和。據此規定及該基準中參考表，許多碼頭原設計時留有百分之十供作餘裕水深。此餘裕水深在 –14 公尺之碼頭，大約爲 1 公尺；即設計水深爲 –14 公尺之碼頭，實際上是供吃水深 12.8 公尺之船舶靠泊。

現階段當有大型船欲靠泊時，港務公司在無法及時改建和經濟成本之考量，爲滿足航商需求，加諸港內漂沙量少之因素，乃將淤積量設定爲零。此一設定對於船席水深之維護產生極大之挑戰，因海上濬挖其不比陸上可精準控制，加上潮汐波浪、測量誤差及港區漂沙量並非爲零，故僅有以設定設計水深下 50 公分爲濬挖誤差，並加以嚴格控制避免過大之超挖行爲。

二、依據基準

碼頭水深設計，依據交通部頒布之港灣構造物設計基準——碼頭設計基準及說明之規定。

三、簡圖說明：以簡圖說明三者間之關係。

55. 試問引水站指示抵港船舶將引水梯固定在「水上 1 公尺」的正確意義為何？

建議答案：

「水上 1 公尺」指在各種海面狀況下，均保持在水上 1 公尺，即船舶橫搖至最低點時，引水梯仍應保持在水上 1 公尺之意。

56. 依據一九八五年九月一日生效的 IMO 第 A.526（XIII）號決議案，船舶應於駕駛臺設置「迴轉率指示器」（Rate-of-Turn Indicator, ROTI），供船舶操縱參考。今某船指示器故障，該船欲以 10 節對地速度（Speed Over Ground）欲通過長度 1,000 公尺的彎曲河道，河道彎曲角度為 90°，當時視線良好，無風，落

潮流流速 2 節，試問該船通過彎曲河道的迴轉率為何？

建議答案：

1852 米 ×10 節 = 18520 米

18520 米 ÷ 3,600 秒 = 5.14 米 / 秒（m/s）

1000 ÷ 5.14 m/s = 194.6 sec

90° ÷ 194.6 sec = 0.46°/ sec

答：0.46°/ sec

57. 近年來諸多新船採推進與操舵功能合而為一的吊掛式流線型梭體系統（Azimuthing Podded Drives System, AZIPODS）。試問該系統在「舵工操縱」（Helmsman Control）模式前進航行中，引水人下達「Rate of Turn 10° to Starboard」指令時，其企圖為何？舵工應如何操舵？請以簡圖畫出流線型梭體相對於船體運動的作動位置。

建議答案：

AZIPODS 系統，即將螺旋槳裝置於流線型梭體（Pod）的一端，再藉轉動流線型梭體以控制船舶運動方向。

當引水人下達「迴轉率向右 10 度」（Rate of Turn 10° to Starboard），係指要讓船艏向右以迴轉率 10 度的迴轉速度轉向。亦即要使俥葉排出流向右後方（與中線成 10 度角）排出，如此船艏才會向右轉。

舵工應透過操舵系統將梭體向左偏轉 10°（俥葉在近船艏側；約 10 點鐘方向）。即推艉向左，使船艏向右轉向。

此時梭體指示器（Pod Indicator）會如下圖所示，呈現梭體向左偏轉的指示。

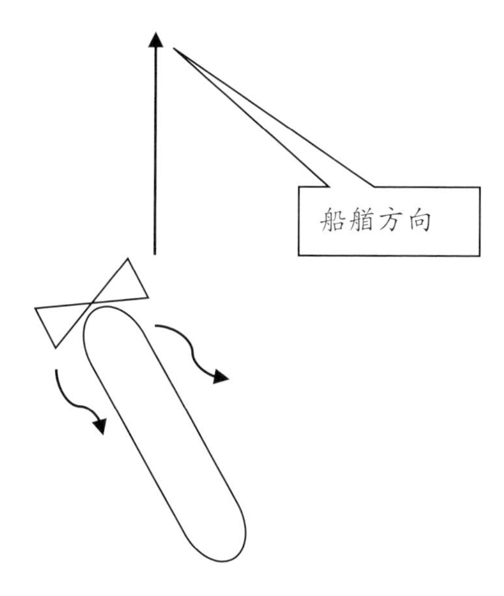

58. 最近國內各大商港時有大型客船灣靠，請以簡圖畫出客船裝置的鰭狀穩定器（Fin Stabilizer）的標誌，並說明其種類、功能與使用注意事項。

建議答案：

1. 裝有鰭狀穩定器的客船會在穩定器所在位置的水線上船殼標示如下標誌，以提醒操船者與他船注意。
2. 客船裝置的穩定器，功能猶如飛機的翼板（Wing flap），藉由自水下

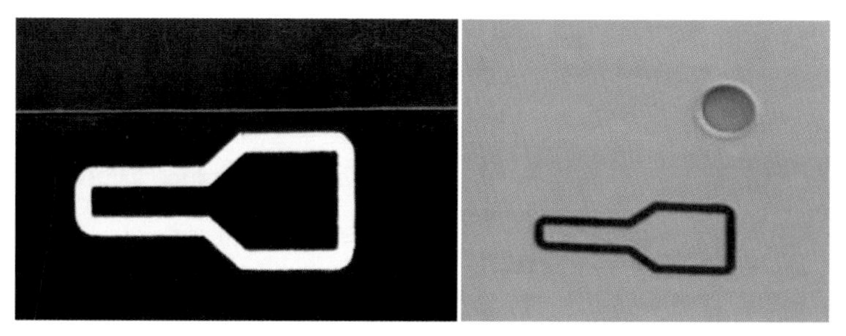

圖　船舷標示的鰭狀穩定器標誌

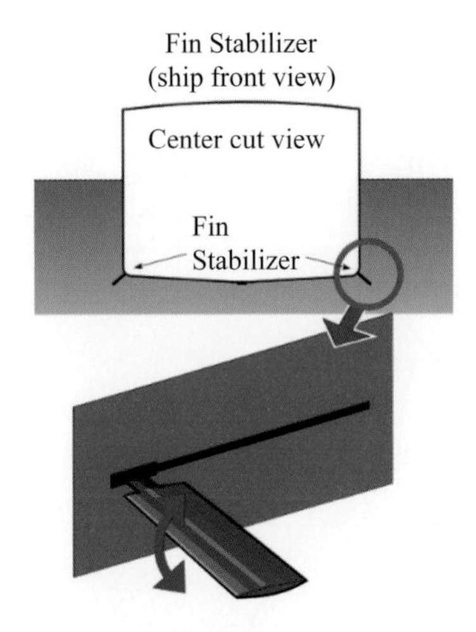

圖　鰭狀穩定器作動示意圖

兩舷伸出穩定器，防止左右過度搖擺。

使船體搖擺幅度降至最低，減少旅客暈船。多使用於強風巨浪中。藉由擋水抑制船體搖擺，裝設穩定器的附加重量雖會增加燃油使用量，但可因船體減少搖動產生純前進運動抵銷之。

駕駛臺操縱台上應隨著穩定器的使用狀態標示「穩定器已收回」或「穩定器外放」進港時應收回。

目前新式客船都使用「迴轉儀式穩定器」（Gyroscopic stabilizer），可由船上控制系統針對當下的風力與海況調整。並可藉由油壓系統（Hydraulic systems）將穩定器船殼內，以便精確的泊靠碼頭位置。

穩定器的種類：

1. 傳統式穩定器（Traditional ship stabilizer）：也就是 Bilge Keel。位於船底船殼彎曲處，主要靠其物理阻力（Physical resistance）降低橫搖壓力。
2. 固定式穩定器（Fixed stabiliser type）：位於兩舷艏艉處，外伸程度較傳統式穩定器大。不利於船舶的操縱性。泊靠碼頭需要與馬頭保持較大間隔。

3. 螺旋式穩定器（Gyroscopic stabiliser）：目前客船使用者。

59. 請解釋「Steerage way」一詞在船舶操縱領域的意義與考量因素。

建議答案：

1. Steerage way 一詞係指舵效速度，即足以讓「特定的船舶」特定的船舶在「特定的環境」下，回應操舵的最低前進速度。
2. 此速度指的是「對水速度」（Speed through water）。此速度不僅讓船舶可以保持航向，亦可適當運用於保持船位於定點。
3. 天候海況愈差愈需較快的舵效速度。
4. 保持舵效速度之意義，在於避免船速過快，以致遇有突發狀況難以停船，違反避碰規則第六條「在適合當前環境與情況之距離內，能使船舶停止前進」的規定。
5. 操船者在決定舵效速度時應考量下列因素：

   操船水域的空曠度、能見度、交通密度、船舶的操縱特性（停止距、迴轉能力）、背景燈光、航行障礙物的接近程度、船舶吃水、風浪與流水的狀況。

60. 某艘未配置船艏橫推進器的萬噸級貨櫃船在港內利用二艘馬力相同的拖輪協助泊靠碼頭，試問有何因素會造成貨櫃船船體的偏轉？當日港內無風無流，水深為該船吃水的二倍。

建議答案：

1. 前後拖船施力不均。
2. 拖船施力方向不同。
3. 艏艉吃水相差過大，雖前後拖船施力相同，但水底側面積不同。
4. 船體與碼頭的距離，以及相對態勢。

61. 理論上，拖船在協助大船作業時，其所施出的拉力只要能夠克服風力、水流與波浪等施於船體上的總作用力即可產生效用。但除此之外，實務操船上仍有許多必須考量的因素，試列述之。

建議答案：

1. 拖船仍需具備充分的預留馬力，以便在強風或強流中可以推頂或拉曳船舶，或迅速的阻止船舶漂流。
2. 拖船不可能永遠與大船保持九十度的態勢作推頂或拉曳的動作。結果常會消耗拖船的部分既有效能。
3. 拖船不可能百分之百施力。
4. 配置於船艏與船艉的拖船不可能同時以最大馬力作推頂或拉曳的動作。亦即因船艏與船艉的拖船施力不平均易產生偏轉力矩。
5. 帶纜作業的拖船，若拖船纜太短，則其俥葉的排出流可能衝擊到大船的船殼，此會明顯降低拖船的拉曳效能。此時必須藉調整拖纜長度與拖曳角度改善之。
6. 所以為求安全起見，操船所需的拖船馬力，應在估算風、流與波浪施於船體上的總作用力後，再加上 20% 的餘裕馬力。

參考文獻

1. 陳運揚、沈濤，國際海上避碰規則與艙面當值，中華民國船長公會，民國 75 年 7 月。
2. 森田紗衣子、藤本昌志、「船員の常務」に関する考察—アンケート調査に基づく比較と検証—，日本航海學會第 119 回演講，第 120 号，2008 年 10 月 7 日，第 191-198 頁 .（Consideration of the “ordinary practice of seamen” — Comparison and verification based on questionnaire —）。
3. 竹本效弘、操船者を中心としたヒューマンエレメント、日本航海學會論文集、2012 年 3 月、第 143-151 頁。
4. 森田紗衣子（Saeko Fujieara）、藤本昌志（Shoji Fujimoto），「船員の常務」解釋の変化につての考察—「早期の行動」導入の影響—，日本航海學會論文集，第 128 号，2013 年 3 月，第 123-131 頁（A study on changes of interpretation of “the ordinary practice of seamen”—Influence of “act at an earlier stage”—）。
5. 船舶の大型化で複雜化する，海運，東京，2013 年 8 月第 26-29 頁。
6. Jillian Carson, Share the message, the Navigator, June, 2018, p.p.6-7.
7. Capt.Yashwant Chhabra, Preventing Collision, Seaways APR 2015, p.p.14-15.
8. Dr Nippin Anand, Accident investigations, Seaways, March 2015, p.p.24-25.
9. Capt.Rob Hinton, Towage - training and endorsement, Seaways, NOV 2014, p.p.10-13.

10. Capt.Steve Ford, Tow slow, tow safe, Seaways, NOV 2014, p.p.14-15.

11. Capt. Henk Hensen FNI FITA,Captain Daan Merkelbach FITA,Captain F. van Wijnen MNI, Report on Safe Tug Procedures Based on Pilot, Tug Master and Ship Captain Questionnaires [Report 20 April 2013].

12. Brdging control and communication, Shipping World & Shipbuilder, MAR 2013, p.p.36-37.

13. Capt.Esteban Pacha, The evolution of maritime communications, Seaways, DEC 2012, p.p.10-11.

14. Dik Gregory, The view from the wheelhouse, Seaways, February 2011, p.p.22-23

15. Captain Shridhar, Effective communications, Seaways, February 2009, p.p.3-4.

16. Cpat. Henk Hensen, Situational awareness and tug use, Seaways, July 2007, p.p.26-28.

17. Capt.Shridhar, Effective communication, Seaways, FEB 2009, p.p.3-4.

18. Bonita Nightingale, Tug of war, Lloyd's Shipping Economist, Jan 2007. p.p.25.19.Capt. Henk Hensen, Tug design factor,Tug use in port, p.p.1-7, London, 2003.

國家圖書館出版品預行編目資料

航行避碰與港區操船／方信雄著. --二版. --臺北市：五南圖書出版股份有限公司, 2022.12
面； 公分.

ISBN 978-626-343-536-0(平裝)

1.CST: 航海 2.CST: 航運管理
3.CST: 航運法規

444.8 111018829

5I48

航行避碰與港區操船

作　　者 — 方信雄（3.5）

發 行 人 — 楊榮川

總 經 理 — 楊士清

總 編 輯 — 楊秀麗

副總編輯 — 王正華

責任編輯 — 金明芬、張維文

封面設計 — 王麗娟、姚孝慈

出 版 者 — 五南圖書出版股份有限公司

地　　址：106台北市大安區和平東路二段339號4樓

電　　話：(02)2705-5066　　傳　　真：(02)2706-6100

網　　址：https://www.wunan.com.tw

電子郵件：wunan@wunan.com.tw

劃撥帳號：01068953

戶　　名：五南圖書出版股份有限公司

法律顧問　林勝安律師事務所　林勝安律師

出版日期　2019年 9 月初版一刷

　　　　　2022年12月二版一刷

定　　價　新臺幣650元